LIBRI BOTANICI

Band 3

Allgemeine Taxonomie und Chorologie der Pflanzen

Grundzüge der speziellen Botanik

von

Werner Rothmaler

Mit 49 Abbildungen

IHW-Verlag
Reprint 1992

Der Reprint der zweiten, im Wilhelm Gronau Verlag (Jena) 1955 erschienenen Auflage von W. ROTHMALER: Allgemeine Taxonomie und Chorologie der Pflanzen ist freundlicherweise von Frau E. Rothmaler genehmigt worden.

Impressum

ISBN 3 - 9802732 - 5 - 3

Herausgeber:	IHW-Verlag Bert-Brecht-Str. 18 D - 8057 Eching bei München
Herstellung:	Berchtesgadener Anzeiger Griesstätter Str. 1 D - 8240 Berchtesgaden
Bezugsquelle:	IHW-Verlag Bert-Brecht-Str. 18 D - 8057 Eching bei München

© 1992

Alle Rechte, auch das der Übersetzung, des auszugsweisen Nachdrucks, der Herstellung von Mikrofilmen und der photomechanischen Wiedergabe, vorbehalten. Die Herstellung von Photokopien des Werkes für den eigenen Gebrauch ist gesetzlich ausdrücklich untersagt.

Geleitwort

Werner Rothmalers "Allgemeine Taxonomie und Chorologie der Pflanzen", 1950 und 1955 in zwei bescheidenen Auflagen, auf schlechtem Papier gedruckt, in einem wenig bekannten Verlag erschienen, gilt seit langem als Geheimtip für alle Interessenten an Fragen der Pflanzentaxonomie und Phylogenetik. In gewissem Grad enthält dieses kleine Werk das wissenschaftliche Credo seines Verfassers: so ist in den Kapiteln 7 und 8 die von Rothmaler bereicherte geographisch-morphologische Methode Richard von Wettsteins dargestellt; Kapitel 9 enthält und begründet eine beachtenswerte Definition der Art und Kapitel 12 schließt mit Rothmalers Bekenntnis zu einem Mehrreichsystem der Organismen, wie es erstmalig von Ernst Haeckel postuliert worden war und schließlich als Fünfreichsystem von Whittacker (1969) in vielen Schriften und Lehrbüchern Eingang gefunden hat.

Das Büchlein erschien zum Zeitpunkt einer wesentlichen Zäsur in Rothmalers farbigem Leben. Hatte der 1908 in Sangerhausen Geborene bis dahin ein zeitbedingt unstetes Forscherdasein geführt, dessen Stationen Weimar, Jena, Barcelona, Coimbra, Lissabon, Berlin, Griechenland, Wien und Gatersleben am Harz gewesen waren, so wird mit Berufungen an die Universitäten Halle (1949) und Greifswald (1953) eine nicht minder fruchtbare Periode als Hochschullehrer eingeleitet, die leider allzu früh (1962) durch schwere Krankheit beendet wurde.

Rothmaler - Schüler von Theodor Herzog und Ludwig Diels - hatte sich inbesondere durch taxonomische und vegetationskundliche Forschungen in Spanien (1932-1936) und Portugal (1936-1940) schon frühzeitig einen Ruf als hervorragender Kenner der iberischen Flora und Vegetation erworben. Er pflegte intensiven fachlichen, oft auch freundschaftlichen Kontakt mit führenden Botanikern und Mykologen seiner Zeit, u.a. mit Josias Braun-Blanquet, P. Font-Quer, N. Hylander, Erwin Janchen, Askell und Doris Löve, Rudolf Mansfeld, Hermann Meusel, A.R. Pinto da Silva, Karlheinz Rechinger, Otto Schwarz, Rolf Singer, Hans Stubbe, Luis Unamuno, Jan Walas und Walter Zimmermann. Rothmaler wurde Mitglied der Nomenklaturkommission des Internationalen Botanischen Kongresses und war Mitbegründer der "Flora Europaea". Wesentlich sind seine Arbeiten zur Taxonomie der Gattungen Alchemilla, Antirrhinum, Petrocoptis, Ulex und anderer Genisteen sowie Studien zur Geschichte von Kulturpflanzen und Ackerunkräutern. Sehr erfolgreich wurde Rothmalers "Exkursionsflora" (1953 ff.), zunächst für die DDR konzipiert und schon bald auf das Territorium ganz Deutschlands ausgedehnt.

Das hier wieder vorgelegte Buch zeigt Rothmalers Fähigkeit, grundsätzliche Dinge in kurzer und präziser Form darzustellen, ohne den philosophischen Hintergrund der Thematik zu verleugnen. Auch wenn seither die allgemeine Taxonomie und Chorologie der Pflanzen bedeutende Entwicklungen erfahren hat - erinnert sei an die numerische und die phylogenetische Taxonnmie, die Kladistik, die Endosymbiontentheorie, die Entdeckung der Archaebakterien mit molekularbiologischen Methoden, die Meusel'schen Arealformeln und die etappenweise Weiterentwicklung der Nomenklaturregeln - so sind die Ausführungen Rothmalers noch immer gültig und beherzigenswert. Dem Biologen und Verleger Helmuth Schmid gebührt daher Dank, daß er das selten gewordene Werk einer weiteren Generation von Biologen als Nachdruck zugänglich macht.

Greifswald, Februar 1992   Hanns Kreisel

Inhaltsverzeichnis

Seite

Inhaltsverzeichnis V

Vorwort 1

Kapitel 1 Aufgaben und Ziele der Taxonomie 3

[Ordnung — Denksystem (Materialismus — Physik — Biologie — Dialektik) — Spezielle Botanik (Allgemeine Botanik — Idiobotanik — Synbotanik) — Systematik (Taxonomie: Phytographie — Phylogenie) — Beschreibung und Ordnung.]

Kapitel 2 Hilfswissenschaften der Taxonomie 7

[Phytographie — Morphologie (Organographie — Anatomie — Histologie — Zytologie — Karyologie) — Innerer und äußerer Bau — Entwicklungsphysiologie (Ontogenie) — Genetik — Zytogenetik — Modifikationen — Phylogenetik — Paläobotanik — Chorologie (Geobotanik — Ökologie — Coenologie) — Biochemie — Serodiagnostik.]

Kapitel 3 Sippenbildung 14

[Sippe — Abstammungslehre (LAMARCK — GEOFFROY — DARWIN — Beweise — Selektionstheorie) — Konstanz — Variabilität — Modifikation — Variation — Zufall — Notwendigkeit — Kombination — TIMIRJASEW — MITSCHURIN — LYSSENKO — Künstliche Formbildung — Selektion — Eignung — Antagonismus — Synagonismus — Isolation — Evention (Populationswellen — Elimination) — Selektionslehre (Differentiation — Integration) — Sippenentwicklung.]

Kapitel 4 Sippenentwicklung 24

[Selektionstheorie — Polytopie — Homologe Variation — Monophylie — Polyphylie — Stammbaum — Kladogenese (Epacme — Acme — Paracme) — Divergente Sippenbildung (Genogeographische — Ökogeographische — Genetische Trennung) — Sukzessive Sippenbildung — Konvergente Sippenbildung (Hybridisation — Hybridogene Sippen — Waise — Halbwaise) — Retikulate Sippenbildung („Dynam." System) — Kombinatorische Sippenbildung — Weiterentwicklung — Orthogenese (Orthoselektion — Parallele Variation — Entwicklungsrichtung) — Praeadaptation — Evolution — Anagenese (Progression — Fortschritt — Spezialisierung — Degeneration — Reduktionsreihen) — Neuentwicklung (DOLLOS Irreversibilitäts-Gesetz).]

Kapitel 5 Chorologie (Arealkunde) 35

[Geobotanik — Phytochorologie — Areal — Arealbild (Punktkarte — Gitternetzkarte — Flächenkarte — Umrißkarte — Profil) — Arealform (Kontinuierliche Areale — Exklaven — Disjunktionsschwelle — Disjunkte Areale — Stenochor — Eurychor — Kosmopoliten — Endemiten) — Arealtypen (Florenelemente) — Florenregion.]

Kapitel 6 Areal und Umwelt 45

[Ausbreitung — Karpobiologie (Allochorie — Zoochorie — Hydrochorie — Autochorie — Myxospermie — Trypanospermie — Synaptospermie — Hygrochasie — Xerochasie — Viviparie) — Wanderungsträgheit — Wanderung (Krakatau — Trümmerflora) — Anthropochorie — Anthropophilie (Proanthrope — Hemerophobe

Inhaltsverzeichnis

Seite

— Hemeradiaphore — Synanthrope — Apophyten — Adventive — Archaeophyten — Segetale — Ruderale — Neophyten — Ephemerophyten) — Standort (Biotyp) — Fundort — stenöke und euryöke Sippen — Ubiquisten — Spezialisten — Vegetationslinien — Klima (Mikroklima — Temperatur — Licht — Luft — Wasser — Hydrophyten — Hygrophyten — Mesophyten — Xerophyten — Tropophyten) — Boden (Physik — Chemie) — Bodenanzeiger (Nitrate — Metallsalze — Serpentin — Gips — Salz — Halophyten — Kalk — Basiphile — Oxyphile — Moorpflanzen) — Vikarianz (edaphisch — geographisch — orographisch — chronologisch — ökologisch) — Pseudovikariismus — Orographie — Höhenstufen (nival — alpin — oreal — montan — collin — planar) — Biotische Faktoren (Symbiose — Mykorrhiza) — Lebensformen.]

Kapitel 7 Areal und Zeit 59

[Ausbreitung — Adventive — Antropophile — Wanderung — Age and Area — Historische Pflanzengeographie — Paläobotanik (Pollenanalyse — Pollendiagramm) — Arealanalyse — Disjunktionsbildung (Areallücke — Arealzerreißung — Landbrückentheorie — Kontinentalverschiebung — Glazialdisjunktion) — Relikte (Glazialrelikte — Tertiärrelikte — Reliktendemiten) — Endemismus (Reliktendemismus — Neoendemismus — Inselendemismus) — Floren (Inselfloren — Gebirgsfloren — Übergangsfloren — Residualfloren — Regressionsfloren — Progressionsfloren — Primärfloren — Invasionsfloren) — Aus- und Einstrahlungen (Florengefälle — Florenschwelle) — Karten (Historische Karten — Wanderungskarten — Endemitenkarten — Isoporienkarten) — Spezielle Pflanzenchorologie.]

Kapitel 8 Die geographisch-morphologische Methode 77

[Grundlagen (WETTSTEIN) — Arealgröße und Sippenstabilität — Raum und Zeit — Isolation — Morphologie und Areal — Merkmalsgeographie — Phänoareale — Isosemen — Merkmalsphylogenie — Isoporien — Mannigfaltigkeitszentren — Isopsepheren — Ursprungszentren — Primär- und Sekundärzentren — Kategorienbildung.]

Kapitel 9 Die taxonomischen Einheiten 84

[Definition — Realität — Individuum — Population — Linie — Genotyp — Phänotyp — Biotyp — Klon — Kombination — Sippe (Tiersippen — Pflanzensippen) — Rangstufen — Art (LINNÉ — JORDAN — LAMARCK — DARWIN — DE VRIES — LOTSY — DU RIETZ — O. SCHWARZ — KOMAROV — TURRILL — DOBZHANSKY — MAYR) — Apogamie — Dynamik (HUXLEY) — Stammesentwicklung (Hiatus — Stammbaum — Stammkreis — Stammrasen) — Realität der Art — Charakteristik der Art — (Monomorphie — Polymorphie — Polytypie) — Unterart (Subspecies — Rassenkreis — Rassenkette — Rassenschnur) — Synchore (Cline) — Diachore (Chore) — Varietät (Varietas) — Form (Forma) — Bastard (Hybrida) — Kulturpflanzen (Convarietas — Cultigrex — Cultivar) — Höhere Kategorien — Gattung (Genus) — Familie (Familia) — Ordnung (Ordo) — Klasse (Classis) — Abteilung (Divisio) oder Stamm (Phylum) — Reich (Regnum) — Gleichwertigkeit — Sippenalter — Beispiel zur Kategorienbildung (Form — Varietät — Unterart — Art — Gattung — Tribus — Familie — Ordnung — Klasse — Abteilung — Stamm — Reich (Organismenwelt) — Beispiel zur Sippengliederung (Scrophulariaceae — *Antirrhinoideae* — *Antirrhineae* — *Linariinae* — *Antirrhinum* — Sect. *Antirrhinum* — Subsect. *Antirrhinum* — Ser. *Majora* — *A. majus* — ssp. *latifolium, linkianum* — var. *ramoissimum, linkianum* — f. *glandulosum, linkianum* — Modification (Lusus) — Apogame Sippen (Monomorphie — Polytypie — Status (Lusus) *Alchemilla* — *Hieracium* — *Taraxacum* etc. — Klone) — Kleinsippen].

Inhaltsverzeichnis

Seite

Kapitel 10 Nomenklatur 113
[Kategorien — Volksnamen — Phrasen — Gattungsnamen — Binome — Nomenklaturregeln — Benennungsgrundsätze — Synonyme — Homonyme — Hauptregeln — Prioritätsregeln — Typenmethode (Nomenklatorischer — Taxonomischer Typus) — Gattungswechsel — Namensform (Sippen oberh. der Art — Art und Untersippen — Bastarde) — Autorzitat (Rangstufen und Gattungswechsel — Zusätze) — Tautonyme — Namensverwerfung — Namensschutz — Botanische Kongresse.]

Kapitel 11 Phytographie 121
[Taxonomische Technik — Individualbeschreibung (Typus — Herbarmaterial — Habitus — Morphologie — Verbreitung — Diagnose — Name — Synonyme) — Monographie (Allgemeiner Teil — Spezieller Teil — Conspectus — Clavis — Iconographie — Exsiccate — Species excludendae) — Revision — Flora (Enumeratio — Verzeichnis — Synopsis — Prodromus) — Floristik — Satztypen — Gruppenmerkmale — Merkmale (konstitutive — funktionelle — epharmonische adaptative — Organisations- und Adaptationsmerkmale — homologe und analoge — konservative und progressive — alternative und epallele) — Merkmalsauswertung — Merkmalstabelle — Bastardpopulationen (Introgression — Diskordante und konkordante Variabilität — Massenkollektionen — Hybrid-Index — Polygon-Methode) — Literatur — Typus (Holotypus — Isotypus — Paratypus — Topotypus — Lectotypus — Neotypus) — Benennung — Beispiel *Petrocoptis* (Merkmalstabelle — Synonymie — Beschreibung — Gattungstypus — Verbreitung — Übersetzung — Conspectus — Übersetzung — Schlüssel) — Bestimmungsschlüssel — Schlüsselregeln — Schlüsselmerkmale — Beispiel *Ulex* (Synonymie — Artbeschreibung — Unterartenschlüssel — Unterartenbeschreibung und Verbreitung.]

Kapitel 12 Systemgeschichte 144
[Deskriptive Periode (ARISTOTELES — DIOSKORIDES — MATTIOLI — Kräuterbücher) — Patres (BRUNFELS — BOCK — BAUHIN) — Systematische Periode: Künstliche Systeme (GESSNER — LOBELIUS — CAESALPINUS — MORISON — RAY — RIVINUS — CLUSIUS — TOURNEFORT — LINNAEUS) — Natürliche Systeme (JUSSIEU — ADANSON — Organisationshöhe) — A. L. JUSSIEUS System — A. P. DE CANDOLLE — A. BRONGNIART — S. ENDLICHER — J. LINDLEY — A. BRAUN — A. W. EICHLER — A. ENGLER — R. VON WETTSTEIN — Taxonomische Periode — Phylogenetische Systeme — (BESSEY — HALLIER — BUSCH — HUTCHINSON — KUSNETZOV — BERTRAND — TIPPO — J. P. LOTSY — A. PASCHER — G. M. SMITH — F. E. FRITSCH — B. M. KOSO-POLJANSKY) — Systeme der Organismenwelt (V. FRANZ — E. HAECKEL — F. A. BARKLEY — H. F. COPELAND — W. ROTHMALER)].

Bibliographie und Autorennachweis 165

Glossarium und Schlagwortverzeichnis 178

Abbildungsverzeichnis 212

Vorwort

> Die Taxonomie kann als die universellste Betrachtungsweise des Pflanzenreichs betrachtet werden.
>
> Nach R. v. WETTSTEIN

Taxonomie (Systematik) und Chorologie (Arealkunde), Geschichte und Verbreitung der Organismen, beides Ausdrücke ihrer Dynamik, ihrer Existenz in Raum und Zeit, stehen so eng miteinander in Beziehung, daß wir sie in ihren Grundzügen gemeinsam darstellen müssen. Die Pflanzengeographie war von alters her eine Ergänzung der Taxonomie; von ihr löste sie sich erst im vergangenen Jahrhundert, doch gehört die Arealkunde oder Phytochorologie ohne Zweifel engstens zu ihr. Eine Trennung ist gar nicht mehr durchführbar; Arealkunde kann ohne Taxonomie nicht betrieben werden, ebensowenig wie Taxonomie ohne Arealkunde möglich ist.

In dieser Umgrenzung ist meines Wissens der Fragenkomplex noch nicht allgemein und zusammenhängend behandelt worden, so daß mir eine Einführung in diese Gebiete besonders notwendig erscheint. Außerdem sind aber auch die speziellen Werke und Einzelarbeiten über diese Themen nicht leicht zugänglich oder genügen unseren Ansprüchen nicht mehr. Vor allem aber gleiten die einschlägigen Kapitel in den zusammenfassenden Handbüchern über so vieles des Wesentlichen hinweg, daß dieses Büchlein trotz seiner Kürze manchem von Nutzen sein mag.

Dem Gebrauch in anderen Ländern folgend, habe ich mich zur Verwendung des Wortes Taxonomie an Stelle von Systematik entschlossen, auch wenn beide Begriffe als weitgehend synonym betrachtet werden können. Auch in der nichttaxonomischen Botanik wie im allgemeinen Sprachgebrauch muß der Begriff der Systematik und vor allem der systematischen Arbeit vielfach benutzt werden. Deshalb erscheint es vorteilhaft, die reine Ordnungslehre mit einem besonderen Ausdruck, eben der Taxonomie, zu bezeichnen. Der Begriff Chorologie oder Arealkunde ist uns dagegen schon geläufiger, jedoch in den meisten anderen Ländern nicht gebräuchlich. Er vermag die ungeeigneten oder unpräzisen Bezeichnungen Pflanzengeographie oder Geobotanik, die außerdem die selbständigen Zweige der Oekologie und Coenologie der Pflanzen umfassen, voll zu ersetzen; es handelt sich ja bei der Arealkunde auch um einen selbständigen Forschungszweig, der, wie schon gesagt, nur enge Bindungen an die Taxonomie aufweist.

In der vorliegenden Arbeit wurde größter Wert auf Einschränkung und Vereinfachung der Terminologie gelegt. Gerade in der verhältnismäßig jungen Chorologie, aber auch in der Taxonomie, ist eine besonders große Zahl von besonderen Begriffen eingeführt worden, die sich im Laufe der Zeit als überflüssig erwiesen haben. Außerdem sind bestimmte Ausdrücke von den verschiedenen Autoren in wechselndem Sinn gebraucht worden, so daß auch da eine Klärung notwendig erschien. Ich habe mich bemüht, alle diese Termini zu berücksichtigen, doch sind die Synonyme oft im Text überhaupt nicht aufgeführt, vor allem, wenn sie weniger bekannt schienen. Alle Fachausdrücke und speziellen Begriffe aber werden in einem Glossarium und Schlagwortregister am Schluß des Bandes zusammengestellt. Es ist noch daraufhinzuweisen, daß dieser Band nur die Pflanzen im engeren Sinn (Gefäßpflanzen, *Cormobionta*) berücksichtigt, wenn er auch im großen und ganzen allgemeingültig sein dürfte.

Ein wichtiger Punkt bei der Abfassung allgemeiner oder generalisierender Werke scheint mir zum allgemeinen Verständnis zu sein, daß die grundlegende Betrachtungsweise und die Methodik des Verfassers klar zu erkennen sei. So wurde auch in diesem Buch kurz aber klar zur Erkenntniskritik und Denkmethodik Stellung genommen, was dem Leser die Arbeit und die kritische Betrachtung erleichtern dürfte. Diese Ansichten des Verfassers decken sich praktisch vielfach mit denen Max Hartmanns (1948), vor allem soweit es die Methoden naturwissenschaftlicher Arbeit betrifft und soweit nicht von irrationalen Dingen die Rede ist, die außerhalb der naturwissenschaftlichen Betrachtung liegen.

Besonders vorteilhaft wirkte sich bei der Abfassung der ständige Kontakt mit Kollegen, Mitarbeitern und Freunden aus, die durch Rat, Kritik und Tat halfen. An der Verbesserung der zweiten Auflage haben schließlich auch die zahlreichen Rezensenten der ersten Auflage, selbst die weniger wohlmeinenden nicht ausgeschlossen, Anteil. Alle Anregungen wurden aufgenommen und die Kritik, soweit sie mir berechtigt erschien, bei der Neuabfassung des Textes berücksichtigt. Allen diesen Freunden und Mitarbeitern sei an dieser Stelle besonderer Dank ausgesprochen.

H a l l e , den 1. Januar 1950.
G r e i f s w a l d , den 1. Januar 1954.

Werner Rothmaler

KAPITEL 1

Aufgaben und Ziele der Taxonomie

> Before progress can begin to be rapid, man must cease being afraid of his uniqueness, and must not continue to put off the responsibilities that are really his on to the shoulders of mythical gods or metaphysical absolutes.
>
> J. HUXLEY

[Ordnung — Denksystem (Materialismus — Physik — Biologie — Dialektik) — Spezielle Botanik (Allgemeine Botanik — Idiobotanik — Synbotanik) — Systematik (Taxonomie: Phytographie — Phylogenie) — Beschreibung und Ordnung.]

Anfang und Ende jeder wissenschaftlichen Arbeit ist die Ordnung, die Sonderung der verschiedenen Objekte und ihre Zusammenfassung zu höheren Einheiten. Die Bezeichnung der Ordnungsbegriffe und die Benennung der zu ordnenden Einheiten sind die Grundlagen der Verständigung. So ist Ausgangspunkt und Ziel jeder wissenschaftlichen Arbeit die Systembildung. Nicht die Tatsachen im einzelnen vermitteln uns das, was wir in der wissenschaftlichen Arbeit suchen, sondern ihre Ordnung, ihre Gliederung, ihre Vereinigung mit anderen Tatsachen und ihr Einfügen in ein übergeordnetes System, in eine Weltordnung schließlich mit ganz allgemeinen Gesetzen und Prinzipien. Das, was für alle Wissenschaften gilt, trifft in ganz besonderem Maße auf die Naturwissenschaften zu. In der Fülle der Objekte, mit denen vor allem die Biologie arbeitet, kann erst dann allgemein Gültiges ermittelt werden, wenn ein System geschaffen worden ist. Mit Recht ist die Taxonomie ein eigener Zweig der biologischen Wissenschaften, ein Zweig, der wiederum die Ergebnisse aller anderen biologischen Forschungen in sich vereinigen muß. Es war ein charakteristisches Zeichen des Niedergangs der biologischen Wissenschaften, vor allem im Deutschland der Gründerzeit, daß die Taxonomie so geringschätzig betrachtet wurde. Die idealistische und skeptische Einstellung zur Realität der Kategorien, vor allem gegenüber dem Artbegriff, untergrub das Vertrauen zur eigenen Arbeit; der gedankliche Zusammenbruch der Taxonomie aber brachte auch andere Spezialgebiete ins Wanken. Die planmäßige systematische Arbeit, das konsequente Denken widerstrebt vielen, die deshalb nicht zur Wissenschaft berufen zu sein scheinen; sie lösen kleine Teilgebiete aus ihrem Zusammenhang und ihren vielfach verzweigten Bindungen und behandeln diese als interessante Einzelfälle, ohne ihren Beziehungen zum Allgemeinen Rechnung zu tragen.

Ordnung

So werden auch die Anfänger im Studium der Biologie oft ganz falsche Wege geführt. Die Mißachtung gegenüber der Taxonomie, die ihnen oft unbeabsichtigt eingeimpft wird, ist nicht nur unberechtigt, sie stellt auch oft den ganzen Erfolg späterer wissenschaftlicher Tätigkeit in Frage. Nur auf planmäßiger, systematischer Arbeit läßt sich eine Ordnung des Denkens aufbauen; ein nicht tiefgründiges allgemeines Wissen ist allerdings leichter zu erwerben, als die Kenntnis eines umfassenden systematischen Gebäudes.

Denksystem — Die Prinzipien der modernen Taxonomie sind zunächst Grundsätze moderner Wissenschaft überhaupt. Wissenschaftliche Arbeit, vor allem in den Naturwissenschaften, muß ohne alle übersinnliche Postulate erfolgen, sie muß frei von jeder Metaphysik auf Tatsachen aufbauen. Die Zusammenhänge dürfen nicht in die Tatsachen hineinkonstruiert werden, sondern müssen in ihnen gefunden werden. Wir sind als Wissenschaftler ohne Zweifel Materialisten, wenn sich auch viele gegen diese Bezeichnung sträuben mögen. Die meisten möchten sich ein Stückchen Metaphysik, eine geheime, nicht erfaßbare Ordnungsgewalt, ein Streben der Natur nach Ordnung, das außerhalb der natürlichen Gesetze steht, reservieren. Es ist ein inkonsequentes Streben nach etwas, was über unsere Sinne hinausgeht; solche Argumente wurden früher vielleicht zum Schutz der eigenen Arbeit benötigt, heute ist dieses Hängen am Übersinnlichen ein Zopf geworden. Wir müssen uns auf den Boden der Tatsachen stellen und die Dinge in ihren naturgesetzlichen Zusammenhängen zu betrachten versuchen.

Materialismus

Physik — Die moderne Physik wehrt sich gegen den alten Grundsatz „Natura non facit saltus" (Die Natur macht keine Sprünge), da sie zu der Erkenntnis gekommen ist, daß sich alles in Quantensprüngen bewegt. Sie kommt auch gerade in letzter Zeit bei der Betrachtung der Elektronen, die sich einmal als Welle und einmal als Korpuskel nachweisen lassen, zu anderen Konflikten mit der Überlieferung, nämlich zu Auseinandersetzungen mit Logik und Kausalität. Mit den neuen Erkenntnissen konnten auch viele Physiker nicht ganz fertig werden, weil sie innerlich, gefühlsmäßig nicht bereit waren, die letzten philosophischen Konsequenzen daraus zu ziehen. Sprünge und Widersprüche oder Gegensätzlichkeiten zeichnen die moderne Physik aus.

Biologie — Das gleiche gilt auch für die neueren Erkenntnisse der Biologie, und zwar vor allem der Entwicklungslehre. Wir finden sprunghafte Abweichungen, quantenmäßige Veränderungen, die schließlich zur Änderung der Qualität führen. Auf diese sprunghaften Änderungen und das plötzliche Umschlagen von Quantität in Qualität und umgekehrt weist bereits FRIEDRICH ENGELS in der zweiten Hälfte des vorigen Jahrhunderts hin. Er schreibt weiter: „Die Dialektik ist für die heutige Naturwissenschaft die wichtigste Denkform, weil sie allein das Analogon und damit die Erklärungsmethode bietet für die in der Natur vorkommenden Entwicklungsprozesse; sie ist weiter nichts als die Wissenschaft von den allgemeinen Bewegungssätzen der Natur, der Menschengesellschaft und des Denkens. Sie faßt die Dinge und ihre begrifflichen Abbilder wesentlich in ihrem Zusammenhang, ihrer Verkettung, ihrer Bewegung, ihrem Entstehen und Vergehen auf. In der Natur geht es dialektisch her, sie bewegt sich nicht im ewigen Einerlei eines stets wiederholten Kreises, sondern macht eine wirkliche Geschichte durch. Eine exakte Darstellung des Weltganzen kann nur auf dialektischem Wege, mit steter Beachtung der allgemeinen Wechselwirkungen des Werdens und Vergehens, der fort- oder rückschreitenden Änderungen zustande kommen." Die neuesten Erkenntnisse bestätigen die Forderung dieses Denkers, so daß wir die Dialektik als adäquate Methode materialistischen Denkens annehmen, zumal die rein mechanistische Betrachtungsweise an diesen Problemen gescheitert ist. Gerade für die taxonomische Botanik werden wir die große Bedeutung solcher Denkmethoden kennen und schätzen lernen. So kommen wir zu der Erkenntnis, daß die Naturbetrachtung an der Entwicklung orientiert sein muß, und daß so alle Naturwissenschaft Naturgeschichte ist. *Dialektik*

Die spezielle Botanik beschäftigt sich mit der Betrachtung der pflanzlichen Einzelformen im Gegensatz zur allgemeinen Botanik, die die Organe und ihre Funktionen in der Pflanzenwelt ganz allgemein betrachtet. Dieser Gegensatz ist allerdings nicht sehr gut begründet und in der alten Form nicht haltbar, da sich auch in der sogenannten allgemeinen Biologie, nämlich in der Physiologie und Morphologie Allgemeinbetrachtung und Verallgemeinerung nur bis zu einem gewissen Grade mit der Mannigfaltigkeit der Organismen vertragen. Es ist besser, die einzelnen Zweige der Botanik gesondert zu behandeln, wie wir es in dieser Schriftenreihe tun, und nicht Zusammenfassungen in spezielle und allgemeine Botanik oder auch in Idiobotanik (Lehre von den Einzelpflanzen) und Synbotanik (Lehre von den Pflanzengemeinschaften) zu treffen. Jeder Zweig hat seine eigenen Methoden; seine Ergebnisse werden von allen anderen Zweigen benötigt und tragen zum Bau des Gesamtbildes bei. *Spezielle Botanik* *Idiobotanik*

Das gilt auch für die botanische Taxonomie oder taxonomische Botanik, die früher meist als Systematik oder systematische Botanik bezeichnet wurde. Nach R. v. WETTSTEIN ist ihre Aufgabe „die Feststellung der Pflanzen, welche jetzt existieren, sowie derjenigen, welche in früheren Epochen der Erdentwicklung lebten, und der Versuch, sie zu einem Systeme zu gruppieren, welches einerseits der wissenschaftlichen Forderung gerecht wird, eine Darstellung der entwicklungsgeschichtlichen Beziehungen der Pflanzen zueinander zu geben, andererseits dem praktischen Bedürfnisse nach Übersicht entspricht." Auch andere *Taxonomie*

Autoren und vor allem moderne Taxonomen sehen die Aufgabe dieses Wissenschaftszweiges darin, daß er die einzelnen Objekte voneinander trennt und beschreibt. Der Vergleich der einzelnen Formen und ihre Anordnung in ein praktisches Ordnungssystem wird aber heute nicht mehr als einziges Ziel betrachtet, sondern vor allem die Schaffung eines natürlichen Systems. „Dieses soll ... vor allem auch die Baupläne und deren Abwandlungen darlegen, die der Formenfülle zugrunde liegen, und damit der Stammesgeschichte der Pflanzen entsprechen" (HARDER). Nach W. ZIMMERMANN aber ist die Taxonomie eine praktische Wissenschaft, deren Aufgabe es ist, alle Pflanzen in ein praktisch brauchbares und übersichtliches System zu bringen, während die anderen Aufgaben der Phylogenetik zukämen.

Phytographie [margin, next to upper paragraph]

Sicher ist die Taxonomie eine reine Ordnungs- oder Gruppierungswissenschaft, doch ist die dem System zugrunde liegende Ordnung keine menschliche Idee oder Vorstellung, sondern eine in der Natur vorhandene Realität. Und zwar ist es gerade die Phylogenese der Organismen, auf der das einzige, endgültige, natürliche System fußt. Damit begreift die moderne Taxonomie aber in sich nicht nur die Phytographie, sondern auch die Phylogenetik. Die Paläobotanik würde auch hierher gehören, doch muß sie wegen ihrer vielfach anders gearteten, meist geologischen Arbeitsweisen und Forschungsmethoden gesondert behandelt werden. Die Phylogenetik dagegen benutzt die gleichen Methoden wie die Taxonomie. Beide müssen ihre Erkenntnisse aus vergleichender Morphologie und Merkmalsphylogenie beziehen, beide müssen sich weitgehend der Ergebnisse der Phytochorologie und Merkmalsgeographie sowie der Paläobotanik bedienen. Beide haben auch das gleiche Ziel und sind als Wissenschaftszweige gar nicht mehr zu trennen. Diese Trennung hatte nur eine Berechtigung, solange die Taxonomie sich bewußt von der Phylogenie distanzierte. Es gibt aber keine ungeschichtliche Biologie; es gibt auch keine von den Objekten unabhängige, abstrakte Geschichte. Die Phylogenetik gehört zu jedem Teil der Biologie, also zur Morphologie (Merkmalsphylogenie), zur Physiologie usw. So stellt schließlich die Taxonomie als Krönung der Biologie die Vereinigung von Systematik und Phylogenetik dar. Es ist das unbestrittene Verdienst ZIMMERMANNS, die wahren Grundlagen der Taxonomie in seinen Werken über Phylogenetik verteidigt und erhalten zu haben. Jetzt aber ist es an der Zeit, mit dieser Sonderung aufzuhören und die vielleicht inzwischen aufgeworfenen Grenzwälle einzuebnen, wie wir das auch in dieser Schriftenreihe tun wollen. Dieser gesamte Fragenkomplex einschließlich der oft getrennt behandelten Phytochorologie soll in diesem Band in seinen Grundlagen und Methoden allgemein dargestellt werden, während die Ergebnisse in anderen Bänden, die

Phylogenie [margin, next to lower paragraph]

der speziellen Taxonomie und Chorologie gewidmet sind, geschildert werden sollen.

Die ungeheure Formenfülle der Organismen führte frühzeitig zum Ordnungsbedürfnis, dem nur Rechnung getragen werden konnte, wenn man die einzelnen Formen beschrieb; nur dadurch war ihr Wiedererkennen möglich. Später erst trat zu dieser Beschreibung die Charakterisierung des Wohnraumes, das chorologische Moment, und danach das Bedürfnis, die einzelnen Formen in einen phylogenetischen Zusammenhang zu bringen. In den ältesten Zeiten biologischer Forschung, in der deskriptiven Periode, befaßte man sich allein mit der Scheidung von Ungleichem und mit der Beschreibung der Einzelobjekte. Später erst, in der systematischen Periode, wurde versucht, diese Erkenntnis der Einzelobjekte zu einem Gesamtbilde zu ordnen, das Ähnliche zu vereinigen und ein System dieser Ordnung zu schaffen.

Beschreibung

Ordnung

So wie das die geschichtliche Entwicklung zeigt, geht die Arbeit auch heute im Einzelfall vor sich: Die Objekte werden analysiert, beschrieben und benannt, dann werden sie geordnet und klassifiziert. So hat die botanische Taxonomie stets zwei einander entgegengesetzte Tätigkeiten auszuführen, zwei sich widerstrebende Aufgaben zu vereinen: Die Einzelformen müssen in ihrer Verschiedenheit definiert und getrennt werden, ihre Divergenz muß festgelegt werden, um dann die Ordnung durch Vereinigung des Ähnlichen, durch Feststellung der Konvergenz vornehmen zu können. So wächst aus den Gegensätzen heraus das natürliche System, das Ziel der Taxonomie.

KAPITEL 2

Hilfswissenschaften der Taxonomie

> Wissenschaft ist das Versessensein auf das Finden von Unterschieden. HERMANN HESSE

[Phytographie — Morphologie (Organographie — Anatomie — Histologie — Zytologie — Karyologie) — Innerer und äußerer Bau — Entwicklungsphysiologie (Ontogenie) — Genetik — Zytogenetik — Modifikationen — Phylogenetik — Paläobotanik — Chorologie (Geobotanik — Ökologie — Coenologie) — Biochemie — Serodiagnostik.]

Die Taxonomie bedarf, um ihre Ziele erreichen zu können, spezieller Arbeitsmethoden. Außerdem benötigt sie die in zahlreichen anderen Wissenschaftszweigen gewonnenen Erkenntnisse, wenn sie ihren Aufgaben völlig gerecht werden will. Die Beschreibung der Objekte (Phytographie) war früher die wesentliche Aufgabe der systematischen Forschung. Daraus ist in den vergangenen Jahrhunderten ein eigenes Teilgebiet der botanischen Wissenschaft entstanden, die Morphologie,

Phytographie

Morphologie

die die einzelnen Teile des Pflanzenkörpers beschreibt und benennt. Sie lehrt uns die verschiedenen Organe der Pflanze erfassen und mit denen anderer Pflanzen zu vergleichen, um damit die Unterschiede von einer zur anderen festzustellen.

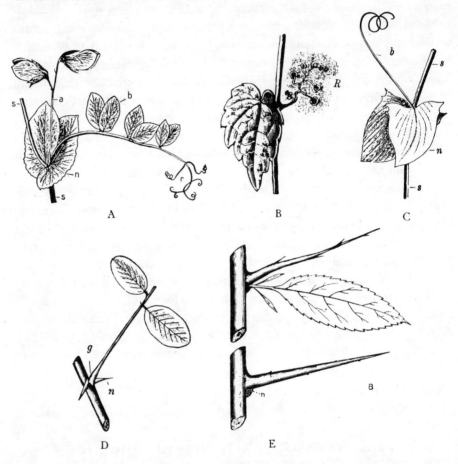

Abb. 1. **Analogie und Homologie.** Analoge Organe sind die aus Blättern gebildeten Ranken in A (r) und C (b) und die aus einem Sproß entstandene Ranke in B (R), sowie die aus Nebenblättern gebildeten Dornen in D (n) und die aus Sprossen umgebildeten Dornen in E. Homolog sind die verschieden gestalteten Nebenblätter in C (als Laubblätter), D (als Dornen), E (als hinfällige Blättchen). (Nach SCHENK und NOLL).

Organographie   Die äußeren, meist mit dem bloßen Auge erkennbaren Merkmale behandelt die Organographie, die uns Wurzel, Sproß und Blatt in ihren verschiedenen Abänderungen und Ausbildungen beschreibt. Sie ermittelt die Homologien der einzelnen Organe, die, wie wir aus diesen Vergleichen wissen, sich zunächst auf die drei genannten Grundorgane zurückführen lassen. Wir erkennen die Entwicklung eines Organs aus dem anderen und erfahren damit etwas über die Beziehungen der einzelnen Pflanzensippen zueinander. Aus dem Vergleich lernen wir die homologen Bildungen, also die, die sich aus dem gleichen Organ auf Grund verschiedener Funktion zu verschiedenen Formen entwickelt haben, von den analogen Bildungen unterscheiden, die sich aus ganz verschiedenen Organen auf Grund gleicher Funktion zu ähnlicher Form entwickelt haben. So sind beispielsweise Wurzel-, Stengel- und Blattdornen aus den verschiedenen Grundformen zu ähnlichen Organen gleicher Funktion umgestaltete, analoge Gebilde, während andererseits Blattdornen und Blattranken als aus dem Blatt gestaltet diesem homologe Organe sind (Abb. 1). Homologie und Analogie (Konvergenz) können aber nur im Zusammenhang mit taxonomischen Untersuchungen konkret unterschieden werden. Wir müssen auch die durch die Umgebung weitgehend umformbaren Organe gegenüber solchen charakterisieren, die durch die Umwelt weniger beeinflußbar sind; sie haben sich sicher in ihrer Entwicklungsgeschichte weniger verändert, so daß sie wichtige Anhaltspunkte zur Erkenntnis verwandtschaftlicher Beziehungen sind.

Der innere Bau der Pflanze wird von der Anatomie untersucht, die vor allem auf die Arbeit mit dem Mikroskop angewiesen ist. Verschiedene Arbeitsmethoden führen zur weiteren Unterteilung dieses Spezialzweiges. Die Histologie untersucht die Gewebe, die den Pflanzenkörper aufbauen. Diese Gewebe bestehen aus Zellen, deren Bau von der Zytologie untersucht wird, in die man auch oft die Karyologie einschließt, die den inneren Bau des Zellkerns erforscht. Vor allem die letzte hat besondere, komplizierte Arbeitsmethoden entwickelt, so daß sie als eigener Forschungszweig betrachtet wurde. Sie betreibt speziell das Studium der Chromosomen, deren komplizierter Bau zur Erklärung der Gesetzmäßigkeiten gewisser Vererbungsvorgänge herangezogen wurde.

Anatomie

Histologie

Zytologie Karyologie

Die Kenntnis vom Bau der äußeren wie der inneren Organe der Pflanze ist die wesentliche Grundlage der taxonomischen Botanik. Dabei ist besonders hervorzuheben, daß man nicht den inneren oder den äußeren Merkmalen Prävalenz über die anderen zugestehen kann, denn Zahl und Bau der Chromosomen können für die Erkenntnis von gleicher Bedeutung sein wie Aufbau und Anordnung der Blätter. Die Bedeutung eines Organes in taxonomischer Hinsicht kann auch bei den verschiedenen Pflanzengruppen ganz außerordentlich wechseln. In einer Gruppe kann der Blattbau oder die Chromosomenstruktur erblich sehr bestimmt fixiert sein, in einer anderen Gruppe kann das — durch äußere oder innere Einflüsse veranlaßt — sehr wechseln. Der Taxonom muß im Laufe eigener Forschungen unterscheiden lernen, ob bestimmte Baueigentümlichkeiten als konstant und erblich oder als vorübergehend durch unmittelbare Einwirkung der Umwelt bedingt aufzufassen sind. Oft kann man aber auch durch Untersuchungen umfangreichen Mate-

Innerer und äußerer Bau

rials oder durch Kulturversuche festzustellen trachten, wie weit bestimmte Eigenschaften erblich sind.

Entwicklungsphysiologie

Von taxonomisch größter Bedeutung ist das Studium der Organentwicklung von der Zeugung bis zum erwachsenen Individuum. Das ist das Arbeitsgebiet der Entwicklungsphysiologie oder der Physiologie des Formenwechsels. Zunächst einmal ist schon der reine Verlauf der Entwicklung vom embryonalen bis zum geschlechtsreifen Zustand, die

Ontogenie

Ontogenie eines Organismus, von Wichtigkeit, da in ihm morphologische Ausbildungen manifestiert erscheinen, die das erwachsene Individuum nicht mehr erkennen läßt. Jugendstadien geben Aufschluß über verwandtschaftliche Beziehungen zu anderen Gruppen, die man aus erwachsenen Zuständen kaum mehr erschließen könnte (Abb. 2).

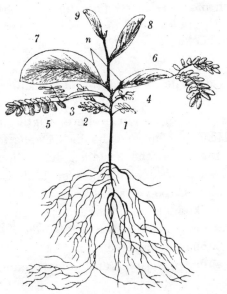

Abb. 2. Jugendexemplar einer Akazie *(Acacia pycnantha)* die noch die für die Leguminosen charakteristischen Fiederblätter zeigt, während die späteren Blätter der erwachsenen Pflanzen nur aus blattartigen Blattstielen bestehen. (Nach SCHENK).

Nach dem biogenetischen Grundgesetz ERNST HAECKELS stellt die Ontogenie eines Individuums eine kurze Wiederholung seiner Phylogenie dar. Im Embryo oder auch noch an Jugendblättern sieht man wichtige Schritte der phylogenetischen Entwicklung wiederholt, so daß man auf die Abstammung einer Pflanze schließen kann. Auch die Generationenfolge (Generationswechsel) ist hierher zu rechnen, da ihr Ablauf ebenfalls Rückschlüsse auf die Abstammung gestattet.

Genetik

Hier schließt sich die Genetik oder Vererbungslehre an, die die Konstanz und die Veränderlichkeit der Merkmale und damit deren Bedeutung für die Charakterisierung der Sippen untersucht. Alle Erkenntnisse dieses Wissenschaftszweiges sind für die Taxonomie wichtig, vor allem auch das rein genetisch angelegte Experiment. In diesem Fall wird oft von einem eigenen Zweig, von der experimentellen Systematik, gesprochen. Tatsächlich aber kann man hier nicht von Systematik, geschweige denn von Taxonomie, reden; das Experiment zur Prüfung der Konstanz oder überhaupt der Vererbbarkeit gehört zur Genetik, die eventuell auch die Ursache für diese Vorgänge ermitteln kann. Die Kenntnis der Korrelationen erlangt besonderes Interesse, da man oft geneigt ist, zwei verschiedenen Merkmalen große und gesonderte Bedeutung beizumessen, während ihr gemeinsames Auftreten vielleicht nur auf Korrelationen beruht. Es kann auch eine geringe Veränderung im Chemismus einer Pflanze ihr Gesamtaussehen wesentlich verändern, wie z. B. der Albinismus einer sonst anthozyanreichen Sippe, der nicht nur Weißblütigkeit, sondern auch helle Blätter und Stengel bedingen kann. Auf Grund von Modellversuchen an verschiedenen Pflanzen hat man auch die Möglichkeit, die Bedeutung solcher geringer Veränderungen für das Aussehen einer Pflanze zu ermessen. Es ist ohne Zweifel leichter geworden, den taxonomischen Wert einer Sippe zu bestimmen, seitdem wir genetische Kenntnisse haben; doch ist immer wieder darauf hinzuweisen, daß der genetische Befund allein nicht entscheidend ist. Die Taxonomie geht von der Morphologie aus und verlangt die Existenz gewisser, wenn oft auch kleiner morphologischer Unterschiede für die einzelnen Sippen.

Die Zytogenetik, d. h. die Verbindung von Zytologie und Genetik ist naturgemäß ebenfalls von Wichtigkeit. In den Chromosomen kann sich morphologisch ein genetischer Unterschied ausdrücken; allerdings ist es sicher, daß nur ein Bruchteil dieser Veränderungen auch in den Chromosomen zu erkennen ist. Wir können morphologische Veränderungen in den Chromosomen wahrnehmen, doch spielen sie in der praktischen Taxonomie keine wesentliche Rolle. Genomveränderungen, also zahlenmäßige Veränderungen des Chromosomensatzes (z. B. Polyploidie) dagegen, werden oft beobachtet; diese Abweichungen in der Chromosomenzahl werden vielfach taxonomisch besonders hoch bewertet. Wir dürfen solche Merkmale jedoch nicht höher einschätzen als andere morphologische Abweichungen. Wenn eine solche Chromosomen- oder Genomveränderung keine erkennbaren Merkmale im Äußeren der Pflanze hervorruft, dann handelt es sich um ein Einzelmerkmal von geringer systematischer Bedeutung wie jedes andere auch; erst die Summe mehrerer, möglichst voneinander unabhängiger Merkmale charakterisiert eine taxonomisch wichtige Sippe. *Zytogenetik*

Die Genetik zeigt uns schließlich, daß es zahlreiche Abweichungen gibt, die nur vorübergehend durch Umwelteinflüsse hervorgerufen werden. Diese Abweichungen oder Modifikationen haben für die Taxonomie nur negatives Interesse. Die Taxonomie beschäftigt sich ja mit *Modifikationen* konstanten Sippen mit vererbbaren Merkmalen und nicht mit nur vorübergehend auftretenden Abweichungen, wie sie z. B. Schattenformen oder Hochgebirgsformen darstellen, die sich oft äußerlich sehr stark von der Normalform unterscheiden können, bei gleichen Außenbedingungen jedoch die ursprüngliche Gestalt wieder annehmen. Zu ihrem Nachweis bedarf es oft des Experimentes. Hier ist zu erwähnen, daß das, was in

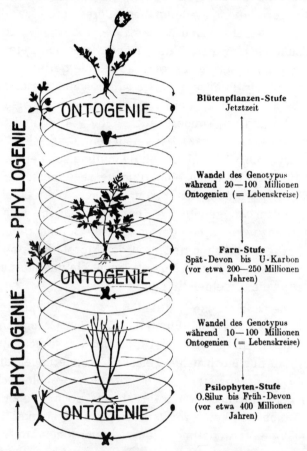

Abb. 3. Darstellung der aus den Ontogenien der einzelnen aufeinanderfolgenden Individuen zusammengesetzten Phylogenie einer Sippe. Nach ZIMMERMANN).

einer Sippe modifikativ auftritt, auch erblich auftreten kann oder zu erwarten ist. Denn nur das, was im Konstruktionsbereich einer Pflanzenform liegt, kann durch äußere Einflüsse bedingt modifikativ auftreten und gleichfalls leicht zu einer dauerhaften Veränderung werden.

Phylogenetik In engen Beziehungen zur Genetik steht die Phylogenetik, die wir als Teilgebiet der Taxonomie in späteren Kapiteln ausführlicher behandeln werden; sie untersucht die Entwicklungsgeschichte der Objekte, die sich aus der Phylogenie (Stammesentwicklung) oder der Aneinanderreihung der Ontogenien (Individualentwicklungen) ergibt (Abb. 3). Die Phylogenie zeigt, daß alle Organismen in verwandtschaftlicher Beziehung zueinander stehen, daß sie also alle gemeinsamer Abstammung sind. Darauf haben wir auch schon bei der Entwicklungsphysiologie hingewiesen; ja die ganze vergleichende Morphologie hätte keinen Sinn, wenn wir nicht die Entstehung des Komplizierten aus dem Einfacheren für Tatsache hielten. Der Erforschung dieser geschichtlichen Zusammenhänge gilt ein großer und vielleicht der wichtigste Teil der taxonomischen Arbeit.

Eine wesentliche Stütze der Phylogenetik und der Taxonomie überhaupt ist die Paläontologie oder speziell in unserem Fall die Paläobotanik. Mit geologischen Arbeitsmethoden erforscht sie die Pflanzenreste in den Gesteinsschichten der Erde und bietet uns so Möglichkeiten, die Entstehung und Entwicklung der Pflanzen im Laufe der Erdgeschichte kennenzulernen. Sie ist heute für die Phylogenetik und Taxonomie unentbehrlich. Paläobotanik

Die Chorologie wird als wichtiger Teil der Taxonomie in späteren Kapiteln speziell behandelt. Sie wurde meist mit anderen Zweigen zur Pflanzengeographie oder Geobotanik zusammengefaßt, die als Ökologie und Coenologie für die Taxonomie auch eine gewisse, wenn auch weniger wichtige Rolle spielen. Die Ökologie untersucht die Wirkung der Umgebung auf die einzelnen Pflanzen. Die Umweltverhältnisse rufen z. B. die Bildung von Veränderungen hervor, sie bewirken aber auch im wesentlichen die Auslese. Jede Pflanzensippe bedarf bestimmter Außenbedingungen und bestimmter Stoffe für ihren Haushalt, so daß zu ihrer Charakterisierung die Schilderung ihrer Umwelt und der Einfluß dieser auf die Pflanze wichtig ist. Dazu gehören auch Feststellungen über das Zusammenleben mit anderen Individuen oder Organismen, die von der Pflanzensoziologie oder Phytocoenologie getroffen werden. Chorologie / Ökologie / Coenologie

Die Biochemie, die chemische Untersuchung der Pflanzenstoffe, kann uns viele Aufschlüsse über verwandtschaftliche Beziehungen geben. Das zeigt sich schon einmal an den lebenswichtigen Farbstoffen und den Assimilationsprodukten, die für ganz große Organismengruppen charakteristisch sind. Dann gibt es aber auch Inhaltsstoffe, die gewissen Ordnungen, Familien, Gattungen und Arten eigentümlich sind. So kommt Alkannin nur bei *Boraginaceen* und Ruberythrin nur bei *Rubiaceen* vor. *Brassicaceen, Resedaceen* und *Capparidaceen* beweisen ihre enge Verwandtschaft durch das häufige Vorkommen von Myrosin. Die Ordnung *Malvales* ist durch das Vorhandensein bestimmter Öle in den ihr zugehörigen Sippen charakterisiert. Die Flechten entwickeln eine große Zahl von naheverwandten Säuren, die nur bei ihnen vorkommen; durch ihren Nachweis können nicht nur Gattungsverwandtschaften festgestellt, sondern auch Artbestimmungen durchgeführt werden. So könnte man noch zahlreiche Beispiele anführen, bei denen Biochemie die Chemie als wesentliche Stütze für die taxonomische Arbeit herangezogen werden kann.

Serodiagnostik Ebenfalls auf chemischen Methoden beruht das für die Botanik vor allem von Mez und seinen Schülern entwickelte Verfahren der Serodiagnostik. Die übliche Methode ist das Präzipitationsverfahren oder das diesem nahestehende Konglutinationsverfahren. Wird in die Blutbahn eines Kaninchens fremdes Eiweiß (das Antigen) eingespritzt, so antwortet das Tier mit der Bildung eines Antikörpers (Antiserum). Nach mehrmaligen Einspritzungen kann nach einigen Wochen Antiserum entnommen werden, das mit dem Antigen vermischt einen Niederschlag, ein Präzipitat, hervorruft. Ein solcher Niederschlag kann aber auch bei Verwendung eines Antigens aus nahe verwandten Arten entstehen, während ein Antigen entfernt verwandter Arten keinen solchen Niederschlag ergibt. Diese Methode, in der Zoologie bestens bewährt kann für die Botanik herangezogen werden, wenn auch der Aufbau ganzer Stammbäume auf der Serodiagnostik sicher eine Überschätzung dieser Methode bedeutet. Vor allem aber muß man sich hüten, sie höher zu schätzen als unsere anderen Erkenntnismittel. Grundlage der Taxonomie ist die Morphologie im weitesten Sinne, andere Wissenschaftszweige können deren Befunde stützen und bestätigen, sie können sie aber nicht ersetzen.

KAPITEL 3

Sippenbildung

> Die Variabilität ist eine Grundeigenschaft der organisierten Substanz, insonderheit eine Grundeigenschaft der lebenden Zelle. C. RABL

[Sippe — Abstammungslehre (LAMARCK — GEOFFROY — DARWIN — Beweise — Selektionstheorie) — Konstanz — Variabilität — Modifikation — Variation — Zufall — Notwendigkeit — Kombination — TIMIRJASEW — MITSCHURIN — LYSSENKO — Künstliche Formbildung — Selektion — Eignung — Antagonismus — Synagonismus — Isolation — Evention (Populationswellen — Elimination) — Selektionslehre (Differentiation — Integration) — Sippenentwicklung.]

Sippe Wir sprechen in der Taxonomie von Sippen (taxon, pl. taxa) ganz allgemein und meinen damit Formen unbestimmter Kategorie, die sich durch das konstante Auftreten bestimmer Merkmale von anderen Formen ständig trennen lassen.

Wenn wir Sippen unterscheiden oder überhaupt das uns verschieden Scheinende trennen wollen, müssen wir in erster Linie zu verstehen suchen, wie Formbildung und Formveränderung überhaupt zu erklären sind. Wir müssen auch das Wesen der Konstanz der Formen erklären, ehe wir tiefer in die Dinge eindringen können. Ganz sind diese Fragen noch nicht gelöst, ja es gibt verschiedene Meinungen darüber. So müssen wir zunächst einmal kurz die Grundzüge der Abstammungslehre einer Betrachtung unterziehen, um dabei unseren eigenen Standpunkt entwickeln zu können.

Die Abstammungslehre sagt, daß alle lebenden Formen in verwandtschaftlichen Beziehungen zueinander stehen, d. h. daß sie alle gemeinsamer Abstammung sind. *Abstammungslehre*

LAMARCK war der erste, der 1809 behauptete, daß sich eine jede Sippe aus einer anderen, primitiveren oder einfacheren entwickelt habe. Er nahm insofern eine Vererbung erworbener Eigenschaften an, als er meinte, daß die Organe durch Gebrauch und Benutzung sich entwickelten und durch Nichtgebrauch verkümmerten. In LAMARCKS Thesen war aber auch noch etwas angedeutet, was die modernen Anhänger LAMARCKS vor allem aufgegriffen haben, nämlich ein Streben der Lebewesen nach Anpassung und Vollkommenheit. Damit nimmt man zu übersinnlichen Kräften Zuflucht und vermeidet eine kausale Erklärungsweise; das gilt vor allem für den Psycholamarckismus. Bei LAMARCK werden also die Gründe zur Weiterentwicklung vor allem in den Körper hineinverlegt, während sein Nachfolger GEOFFROY bereits das Milieu, die Umgebung, dafür verantwortlich machte. Die Umgebung direkt bewirke Veränderungen im Organismus, die erblich seien; so entständen zweckmäßige Anpassungen. *LAMARCK* *GEOFFROY*

DARWIN griff 1859 den Abstammungsgedanken LAMARCKS auf und versuchte ganz auf dem Boden nüchterner Kausalität ein anderes Prinzip für die natürliche Entwicklung der Organismen voranzustellen. Zunächst, meinte er, erzeuge jedes Lebewesen immer wieder eine große Zahl von Nachkommen, von denen im Kampf ums Dasein nur die besten, an die Verhältnisse besonders angepaßten, überleben können. Wenn unter den Nachkommen neue erbliche Verschiedenheiten auftreten, dann werden eventuell neue, besser angepaßte Sippen entstehen und die alten verdrängen. Die ständige Wiederholung solcher Ereignisse muß zu immer fortgeschrittneren Formen führen. Die Selektion wirkt also als wesentlicher Faktor bei der Bildung neuer Formen, indem sie nur die bestangepaßten Formen am Leben läßt, während alle anderen vernichtet werden. Veränderungen im Milieu — Klima, Boden, Organismenwelt — können neben ihrer direkten Einwirkung auch als Auslesefaktoren erscheinen und ganz andere Formen fördern und damit der Formbildung eine andere Richtung geben. DARWIN hat mit der Einführung dieses Selektionsprinzips als gestaltendes Mittel die Evolutionslehre von aller Metaphysik befreit und ihr damit zu ihrem Erfolg verholfen. *DARWIN*

Diese verständliche Erklärung aller Evolutionsvorgänge ohne Zuhilfenahme übernatürlicher Vorgänge würde uns den Weg der DARWIN- *Beweise* schen Abstammungslehre und Selektionstheorie auch weiter verfolgen lassen, selbst wenn wir keine weiteren Beweise dafür hätten. Wir wissen aber aus der Paläontologie, daß ursprünglich nur primitive Gruppen vorkamen, die z. T. wieder ausstarben, und daß die höchst entwickelten Gruppen nur in den jüngeren Schichten vorkommen. Wir kennen pflanzengeographische und andere Beweise mehr und finden schließlich auch Bestätigungen in der vergleichenden Morphologie. Einmal ist der einheitliche Bau in großen Gruppen und auch die einheitliche Konstruktion der Bausteine der Lebewesen (der Zellen z. B.) ein deutlicher Beweis. Die gemeinsame Abstammung der Organismen und die einmalige Entstehung des Lebens ist beispielsweise dadurch sehr wahrscheinlich gemacht, daß alle natürlichen Eiweiße Linksformen sind; bei mehrmaliger Entstehung hätten sich auch einmal Rechtsformen bilden müssen. Deshalb können wir also auch annehmen, daß das Leben nur einmal entstanden ist und daß sich alle Organismen von da aus ableiten. Als weitere Beweise haben wir die zahlreichen morphologischen Gleichwertigkeiten oder Homologien gewisser Organe mit verschiedenem Bau und verschiedener Funktion wie die Kelch-, Kron-, Staub- und Fruchtblätter, die nur von der Entstehung aus Blättern her verständlich sind. Oder andererseits wieder die Analogien von Organen gleichen Baus und gleicher Funktion, die verschiedenen Ursprungs sein müssen, wie z. B. Ranken aus Sproßachsen, Blättern oder Wurzeln. Die Erhaltung nutzloser, reduzierter Organe wie der Staminodien der *Scrophulariaceen* ist ein Beweis, ebenso wie die Atavismen oder Rückschläge, d. h. das Wiederauftreten reduzierter oder verschwundener Organe. Noch stärker zeichnet sich das in der Ontogenie ab, wenn dort Organe angelegt werden und anscheinend ohne erkennbaren Nutzen und Sinn wieder verschwinden. Hier zeigt sich der Einfluß der Phylogenie, der Stammesgeschichte, auf die Entwicklungsgeschichte des Einzelindividuums (Ontogenie).

Selektionstheorie — Das sind die wesentlichsten Punkte in LAMARCKS und DARWINS Abstammungslehre, soweit sie fast allgemein anerkannt werden. Die Formen verändern sich, eine geht aus der anderen hervor, wobei die Selektion oder die Auslese eine Rolle spielt. Wie aber verändern sich nun die konstanten Formen, damit eine Entwicklung erfolgen kann? Die genannten Begründer der Abstammungslehre und auch ihre größten Förderer HAECKEL und TIMIRJASEW betonten, daß wenigstens zum Teil eine direkte Bewirkung durch die Umgebung vorliegen müsse; die Formbildung müsse sich gerichtet abspielen. Allein durch die Selektion könne sich eine solche Fülle von Anpassungserscheinungen nicht ergeben haben, wie wir sie in der Natur tatsächlich sehen. So ergibt sich auch ein mehr oder weniger starker Zweifel an der Konstanz der Sippen überhaupt, der bei LAMARCK stärker, bei DARWIN weniger stark ausgeprägt ist. Doch hat gewiß keiner dieser Denker die Existenz der Konstanz anzweifeln wollen. Wir erkennen doch in der Natur und in der Kultur überall die Beständigkeit der Sippen. Wenn wir aber die Konstanz der Objekte fordern und im gleichen Atemzuge behaupten, eines habe sich aus dem anderen entwickelt, so ist das ein Widerspruch, der aufgelöst werden muß.

Es gibt natürlich weder absolute Konstanz noch absolute Veränderlichkeit. Konstanz und Variabilität bilden eine Einheit; das eine kann vom anderen nicht getrennt werden. Auch die Organismen sind nicht entweder konstant oder veränderlich, sondern konstant und veränderlich zugleich. Die Konstanz beruht auf der Erblichkeit. Die Reaktion der Organismen auf die Reize der Umwelt bedingt die Veränderlichkeit, die zur Anpassung führt. Man kann dabei, wie ENGELS sagt, „die Vererbung als die positive, erhaltende Seite, die Anpassung als die negative, das Ererbte fortwährend zerstörende Seite, aber ebensogut die Anpassung als die schöpferische, aktive, positive, die Vererbung als die widerstrebende, passive, negative Tätigkeit auffassen". Beide Aktionen sind untrennbar verbunden und gehen ineinander über, denn die Veränderungen werden unter Umständen vererbt, so daß aus Anpassung Vererbung wird. Konstanz

In der Veränderlichkeit oder Variabilität der Organismen können wir in der Praxis verschiedene Grade unterscheiden. Unter normalen Bedingungen sind die Merkmale der Organismen erblich festgelegt, die Formen sind konstant, so daß ihre Nachkommenschaft sich durch die gleichen Merkmale auszeichnet, wie sie ihnen von den Vorfahren überkommen sind. Unter veränderten Bedingungen aber werden sich einzelne Merkmale anders ausbilden; die Sippen können als Reaktion auf bestimmte Umweltbedingungen abweichende Erscheinungsformen ausbilden. Sie reagieren also auf abgewandelte Umweltverhältnisse unter Umständen mit Veränderung ihrer Gestalt oder ihres Verhaltens. Sind diese Veränderungen nur vorübergehende Reaktionen auf abweichende Umwelteinflüsse, die unter normalen Umständen wieder in die ursprüngliche Form zurückkehren, dann sprechen wir von Modifikationen (Somationen). Die Veränderungen sind also nicht erblich. So können Nährstoff- und Wassermangel Kümmerwuchs bewirken, Beschattung ruft Vergrößerung der Blattflächen hervor usw.; diese Eigenschaften vermögen sich aber zunächst nicht auf die Keimzellen zu übertragen. Sie sind nicht erblich und können demnach auch nicht zur Entwicklung der Organismen im Sinne der Phylogenie beitragen. Für die rein taxonomische Betrachtung scheiden wir sie als nebensächlich aus. Variabilität Modifikation

Wir können aber andere Veränderungen beobachten, die erblich sind. Auch diese können im Zusammenhang mit einer veränderten Umwelt auftreten und durch diese bewirkt sein. Dadurch, daß sie erblich Variation werden, bekommen sie für die Entwicklung der Organismenwelt, für die Phylogenie, Bedeutung. Erbliche Veränderungen bezeichnen wir als Variationen. Dieser Begriff schließt den der Mutation ein, den ich nicht mehr verwenden zu können glaube, da er entgegen seiner ursprünglichen Fassung heute ganz einseitig angewandt wird. Variationen sind also Veränderungen, die erblich sind oder erblich geworden sind. Es gibt demnach keinen grundsätzlichen Unterschied zwischen Modifikation und Variation. Es ist dabei aber festzuhalten, daß Variationen nicht nur als Reaktion auf die Umwelt auftreten, sondern auch

Zufall zufällig erscheinen. Wenn wir hier von Zufall sprechen, so ist dabei natürlich stets an das arabische Sprichwort zu denken: „Jeder Zufall hat seinen Grund." Wir wissen wohl, daß alle Variationen durch äußere und innere Einflüsse und Ursachen ausgelöst werden, auch Gifte, Strahlen, Trockenheit und Temperaturextreme können sie hervorrufen. Auch experimentell können wir also Veränderungen bewirken. Wir müssen aber feststellen, daß die entstandenen neuen Eigenschaften oft in keinem Zusammenhang mit den erzeugenden Mitteln stehen, ja daß die verschiedensten Einflüsse gleiche Variationen, gleiche Einflüsse verschiedenste Variationen hervorrufen können. Nicht alle Variationen sind also gerichtet, nicht alle sind direkte Antworten des Organismus

Notwendigkeit auf die Umweltbedingungen, nicht alle sind notwendig. Notwendigkeit und Zufall sind voneinander untrennbar. In der Natur setzt sich die Notwendigkeit auch in Zufälligkeiten durch, wobei dem Zufall die Notwendigkeit innewohnt.

Kombination Eine weitere Form der Veränderlichkeit entsteht durch die in der Organismenwelt vorherrschende Zweigeschlechtigkeit und die damit zusammenhängenden notwendigen Kreuzungen zweier Individuen. Durch das Zusammentreten zweier Keimzellen zu einer Zygote, die die Erblichkeit beider Keimzellen vereinigen kann, ergibt sich die Möglichkeit der Merkmalsmischung. Diese Erscheinung bezeichnen wir als Kombination. Es ist hier nicht der Ort, auf die Fragen der Vererbungslehre einzugehen, die in einem besonderen Band der Reihe zu behandeln wären. Es sei hier nur kurz darauf hingewiesen, daß sich in der Nachkommenschaft solcher Kreuzungen, in den Bastarden und ihren Abkömmlingen verschiedenerlei Prinzipien der Vererbung manifestieren können. Dominanz und Rezessivität führen unter Umständen zu Aufspaltungen; es treten aber auch intermediäres Verhalten der Nachkommen und Vermischung oder Verbindung der Merkmale auf, wie

TIMIRJASEW das besonders von TIMIRJASEW in seinem Schema der verschiedenen Vererbungsformen übersichtlich dargestellt worden ist.

MITSCHURIN Mit diesen Auffassungen stehen wir im Gegensatz zur Chromosomentheorie der Vererbung oder überhaupt zur klassischen Genetik. Wir schließen uns damit den Feststellungen von MITSCHURIN und seiner Schule an. Die Gesamtheit des lebenden Protoplasmas bzw. der lebenden Zelle ist der Träger der Vererbung, wie es sich im Grunde genommen auch aus den Untersuchungen von MICHAELIS bezüglich der plasmatischen Vererbung ergibt. Der konsequente Weg führt dazu, daß man nicht mehr plasmatische und chromosomale Vererbung voneinander trennt, sondern die Vererbung als systematische Eigenschaft der lebenden Materie betrachtet, wie es LYSSENKO tut. Es gibt weder eine gesonderte Erbsubstanz noch eine gesonderte Lebenssubstanz und auch keine gesonderte Keimbahn. Auch eine Trennung von Phänotyp und Genotyp ist nicht möglich; es sind die zwei Seiten eines jeden Organismus (Wesen und Erscheinung). Die lebende Zelle ist ein Prozeß, der nicht von den Einflüssen der Umgebung isoliert werden kann, wie auch ihr lebender Inhalt an Kern, Plastiden und Chondriosomen keine ruhenden Materiepartikel, sondern lebende Prozesse in einem lebenden Protoplasma sind, die untereinander in Abhängigkeit und Wechselwirkung stehen. Die Gesamtheit der lebenden Zelle enthält die Möglichkeiten zum Aufbau eines neuen Individuums, wie wir das an pflanzlichen Brutknospen und Einspor-Kulturen feststellen können. Die Umwelt nimmt einen entscheidenden Anteil an der Entwicklung der Organismen, so daß eine scharfe Trennung von Modifikation und Variation nicht möglich ist. Im individuellen Leben erworbene Eigenschaften oder Modifikationen können zu erblichen Eigenschaften werden, ohne daß alle Variationen auf diesem Wege entstanden sein müssen. Wir kommen so zu Auffassungen, die der den Lebensprozessen eigenen Dynamik besser gerecht wird. Die „klassische" Genetik nimmt mit ihren Tatsachen eine etwa der klassischen Physik vergleichbare Stellung ein; hier wie dort war nur ein Teil der Wahrheit mechanistisch zu fassen, während die wahre Lösung sich nur dialektischem Denken erschließen konnte. LYSSENKO

Variationen und Kombinationen können, wie schon erwähnt, auch künstlich erzeugt werden. Nicht nur daß man durch Einwirken von physikalischen Mitteln (z. B. Röntgenstrahlen) oder auch mit chemischen Stoffen (z. B. Colchicin) solche Änderungen erzielen kann, die durch Störung des inneren Gefüges der Zellen erblich werden. Man kann auch bewußt die Natur der Organismen durch Veränderung der Umwelt, durch Erblockerung und durch Bastardierung verändern. Variationen und Kombinationen entstehen aber auch dauernd in der Natur, wenn auch in geringer Zahl; ihr spontanes Entstehen aber hat man mehrfach beobachtet. Es erfolgt somit in der Natur zufällig und notwendig eine ständige Produktion neuer Formen, von denen allerdings ein Teil nicht lebensfähig und nicht anpassungsfähig ist, so daß er durch die natürliche Auslese der Umwelt schließlich vernichtet und ausgeschaltet wird. Künstliche Formbildung

Selektion   Auch die Selektion oder Auslese (Zuchtwahl nach Darwin) ist engstens mit der Formbildung verbunden. Die Individuen einer Art sind in ständiger Auseinandersetzung mit ihrer lebenden und toten Umwelt begriffen, die aber gleichzeitig mehr oder weniger zu den Lebensbedingungen dieser Individuen gehört. Die Organismen sind an diese Umwelt durch ihre Anpassung gebunden. Ständige Anpassung an sie und dauernde Auslese durch sie führen zum Überleben des Angepaßten (survival of the fittest). Es lebt nur das, was angepaßt ist; alles, was nicht voll lebens- und vermehrungsfähig ist, stirbt ab. Es geht auch alles das zu Grunde, was anderen unter gleichen Bedingungen lebenden Organismen unterlegen ist. Die sich ändernde Umwelt führt entweder zur Anpassung der Organismen oder zum Aussterben des Nichtangepaßten. Neu entstandene Formen sind durch bessere oder schlechtere

Eignung   Eignung (fitness nach Darwin) der Auslese stärkstens unterworfen. In der Auslese spielt auch der Druck der Überbevölkerung im sogenannten Kampf ums Dasein eine Rolle; der Entwicklungsprozeß hängt aber nicht von diesem Selektionsdruck durch Überbevölkerung ab. Die größere Anpassungsfähigkeit an die spezielle Umwelt liest auch ohne irgendwelchen Bevölkerungsdruck aus. Natürlich gibt es Kampf ums Dasein zwischen Organismen, vor allem aber eine Auseinandersetzung mit den Umweltfaktoren (wie auch Darwin den Kampf ums Dasein metaphorisch in dieser ganzen Breite aufgefaßt wissen wollte).

Antagonismus   Engels betont dagegen mit Recht: „Die Wechselwirkung toter Naturkörper schließt Harmonie und Kollision, die lebender bewußtes und unbewußtes Zusammenwirken wie bewußten und unbewußten Kampf ein." Kampf ums Dasein (Antagonismus) und Hilfe im Dasein (Begünstigung) sind untrennbar verbunden und gehen in der Natur ineinander über, wie sich besonders im Übergang und Umschlagen von Symbiose zu Parasitismus erkennen läßt. Die Individuen einer Art stehen in Wechselbeziehungen zu Individuen anderer Arten, die teils fördernd oder synagonistisch, teils hemmend oder antagonistisch aufeinander einwirken. Da die Begriffe Kampf und Hilfe zu einseitig auf menschliche Beziehungen oder allenfalls auf die der Organismen untereinander gemünzt sind und so mit ihrer Vieldeutigkeit oft zu vitalistischen Auffassungen führen, schlage ich vor, sie durch das Gegensatzpaar Anta-

Synagonismus   gonismus (Wettbewerb, Wettstreit) und Synagonismus (Mitstreit, Mitwirkung, Unterstützung) zu ersetzen. Dieses Gegensatzpaar stellt, wie schon oben angedeutet, eine dialektische Einheit dar; es kann eins nicht ohne das andere sein. Ganz anders sind die Wechselbeziehungen zwischen gleichartigen Individuen. Hier gibt es keine derartigen Auseinandersetzungen. Es kann also auch keine Entwicklung aus gleichartigen Populationen erfolgen. Allerdings ist dabei zu betonen, daß der kleinste qualitative Sprung, ein geringer Unterschied schon, die Selektions- und Lebensbedingungen grundsätzlich ändern kann. Es können sich dadurch sofort Widersprüche dieser neuen Formen zur übrigen Population ergeben, die dann zum Besserangepaßtsein einer der beiden und damit zum Aussterben der anderen oder zu ihrer Verdrängung aus den betreffenden Lebensbereichen führen muß.

Die Selektion schließt aber noch einen weiteren Faktor ein, der die ausgelesenen Formen größere Selbständigkeit erreichen läßt, nämlich die Isolation, d. h. die Verhinderung der Panmixie (Vermischung). Wenn solche neugebildeten Formen ständig mit den Ausgangsformen in Kreuzungsverbindung bleiben, wenn dauernd Kreuzungsmöglichkeiten mit anderen Sippen vorhanden sind, dann entstehen immer

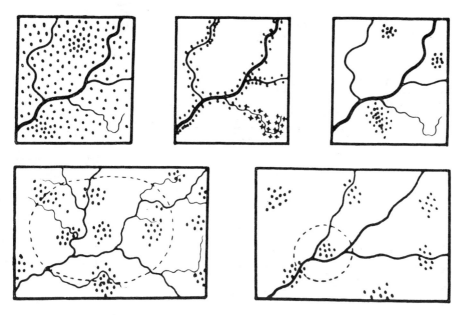

Abb. 4. Schema der verschiedenen Verteilung von Individuen in einem gegebenen Areal. Ist der Aktionsbereich (— — —) klein, oder sehr klein (unten rechts), dann macht sich Isolation bereits auf kleinem Raum bemerkbar.
(Nach TIMOFEEF-RESSOVSKY).

wieder Mischpopulationen; es entsteht nichts Neues, Abgesondertes. Tritt jedoch eine räumliche oder zeitliche Isolation ein, d. h. wird eine dieser Neubildungen ökologisch oder geographisch von den übrigen abgesondert, sei es, daß sie andere Nahrung bevorzugt oder zu einer anderen Jahreszeit fortpflanzungsfähig wird, dann bleibt die neue Population frei von der Vermischung mit anderen Formen. Die Isolierung kann auch genetisch erfolgen, also dadurch, daß Bastardierung der beiden Ausgangsformen überhaupt fehlt, wenn z. B. die Sippen physiologisch nicht zusammenpassen oder der Pollen auf einer anderen Narbe nicht zu keimen vermag usw. Vielfach werden zwar noch Kreuzungsprodukte gebildet, diese selbst sind aber nicht fortpflanzungsfähig. So kann auf verschiedenste Weise eine Isolierung erfolgen, die den neugebildeten Formen erst wirkliche Selbständigkeit verleiht und sie von anderen, verwandten Formen völlig abtrennt (Abb. 4).

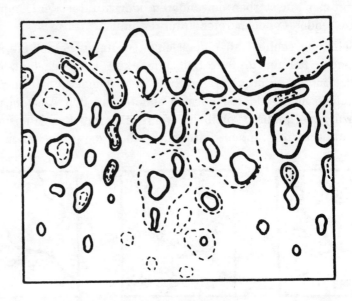

Abb. 5. Schema territorialer Populationsschwankungen (— — — frühere, ▬▬▬ spätere Verhältnisse). Die Pfeile zeigen vordringende Populationswellen an. Populationsinseln entstehen und vergehen. (Nach TIMOFEEF-RESSOVSKY).

Evention

Schließlich ist noch auf die Bedeutung des Zufalls (Evention) hinzuweisen. Dieser spielt eine gewisse Rolle besonders in kleinen Populationen; er richtet im großen Durchschnitt nichts aus. In einer Population geringen Umfangs kann aber ein im großen und ganzen seltenes Merkmal bei zunächst einmaligem Auftreten sich durch Zufall erhalten und die ganze Population durchsetzen. Ebenso kann aber auch in kleinen Populationen ein Merkmal, das in anderen Populationen allgemein häufig ist, durch Zufall aussterben. So können sich kleine Populationen einer Sippe schnell in verschiedene Typen aufsplittern, die zu Unterarten oder Arten werden können. Es können sich auch Eigenschaften erhalten, die keine besondere Bedeutung für die Lebenseignung der Sippe haben. In dieser Richtung wirken sich besonders die sogenannten

Populationswellen

Populationswellen nach TIMOFEEF-RESSOVSKY (1939) aus; das sind Schwankungen in der Individuenzahl einer Population, die eventuell nur wenige Individuen überleben lassen. Allein durch die häufig vorkommenden, stärkeren Klimaschwankungen ereignen sich ständig solche Populationskatastrophen — wir können sie vielfach beobachten —, die eine Population auf ein Minimum verringern. Natürlich erfolgt dabei eine Auslese, außerdem aber werden viele Typen auch rein zufällig vernichtet werden (Abb. 5).

Das zufallsmäßig bedingte Verlorengehen eines Gens resp. Allels ist nach REINIG (1938) als Elimination zu bezeichnen. Dieser Begriff ist anderweitig und selbst in Zusammenhang mit der Selektionstheorie schon so verschieden verwendet worden, daß seine Anwendung auf den gesamten Zufallskomplex unvorteilhaft ist. Im übrigen setzt REINIG die Elimination als Terminus für Allelverlust ein; tatsächlich aber handelt es sich darum, daß in kleinen Populationen Individuen zufällig erhalten bleiben oder verloren gehen, wenn sich die Populationsgröße merklich verringert. Ähnliches gilt auch für Arealerweiterungen, an deren Rand jeweils nur einzelne der zahlreichen Typen einer Population gelangen können, so daß auch hier Erhaltung oder Ausfall von Merkmalen zufallsbedingt sind. Es dürfte sich empfehlen, den gesamten Zufallskomplex, ohne ihn mit dem Begriff Allel zu verbinden, als Evention*) zu bezeichnen. *Elimination*

Die sippenbildenden Prozesse, wie wir sie in den Begriffen Variation, Selektion, Isolation und Evention eben kennengelernt haben, werden allgemein in der Selektionslehre zusammengefaßt; auch LUDWIG (1943) faßt diesen Ausdruck so weit, daß er alle bekannten und eventuell noch zu entdeckenden Faktoren, die neben der Selektion für die Sippenbildung von Bedeutung sein können, mit einschließt. O. SCHWARZ (1938) möchte die Summe dieser Faktoren in einer natürlichen Differentiations-Integrationstheorie zusammengefaßt sehen, wobei er eine Zweiphasigkeit des Evolutionsprozesses mit autonomer Differenzierung und umweltgesteuerter Integrierung für ausschlaggebend hält. Ich schließe mich im Grunde genommen der Meinung von SCHWARZ an: Der Sippenbildungsprozeß weist zwei eng miteinander verbundene Seiten auf: Variation und Selektion. Die Variation aber beinhaltet notwendige und zufällige Veränderung und Anpassung, die Selektion wiederum notwendige und zufällige Auslese und Isolation, ohne daß doch Anpassung und Auslese voneinander zu trennen wären. Wegen der Einheitlichkeit des ganzen Prozesses aber ziehe ich die Bezeichnung Selektionstheorie vor. *Selektionslehre* *Differentiation-Integration*

Die Sippen, die wir in der Systematik unterscheiden, sind an sich konstant; sie können sich ständig in kleinen Merkmalen ändern, deren Erhaltung und Verbindung mit anderen durch Trennung und Auslese vor allem gesteuert wird. Es gehen ständig Formneubildung und Formvernichtung Hand in Hand; die Entwicklung beruht also zunächst auf Merkmalsbildung. Die Erhaltung dieser Merkmale wird durch ihre Vererbbarkeit gewährleistet. Die Divergenz wird durch die Vernichtung einer großen Zahl verbindender Formen verstärkt; durch das Ausmerzen dieser werden die Lücken und Zwischenräume, die Hiatus, gebildet, die *Sippenentwicklung*

---

*) Evention von eventum (evenio) = zufälliges Ereignis, entsprechend den Worten Invention und Intervention vom gleichen Stamm abgeleitet.

uns das Auseinanderhalten der Sippen ermöglichen. Bildung, Erhaltung und Vernichtung von Merkmalen führen zu Sippenentstehung. Wenn auch diese Vorgänge in ihren Einzelheiten noch nicht klar und genau erfaßt sein mögen, so sind doch Richtung und Prinzip klar. Es folgt daraus eine Sippenentwicklung, die uns im folgenden beschäftigen soll.

KAPITEL 4

Sippenentwicklung

> Die Natur ist einfach in ihren Grundzügen, aber unerschöpflich in den Erscheinungen, die aus dem Zusammenwirken ihrer Kräfte hervorgehen.
>
> GRISEBACH

[Selektionstheorie — Polytopie — Homologe Variation — Monophylie — Polyphylie — Stammbaum — Kladogenese (Epacme — Acme — Paracme) — Divergente Sippenbildung (Genogeographische — Ökogeographische — Genetische Trennung) — Sukzessive Sippenbildung — Konvergente Sippenbildung (Hybridisation — Hybridogene Sippen — Waise — Halbwaise) — Retikulate Sippenbildung („Dynam." System) — Kombinatorische Sippenbildung — Weiterentwicklung — Orthogenese (Orthoselektion — Parallele Variation — Entwicklungsrichtung) — Praeadaptation — Evolution — Anagenese (Progression — Fortschritt — Spezialisierung — Degeneration — Reduktionsreihen) — Neuentwicklung (DOLLOS Irreversibilitäts-Gesetz)].

Selektionstheorie   Als wichtigstes Grundprinzip der Taxonomie erkannten wir den Darwinismus, die Evolutionslehre, nach der die Lebewesen sich auseinander differenziert haben. Jede Form geht auf eine einfachere Form zurück; aus einfacheren Formen werden höher organisierte, oft komplizierte Formen. Die Grundzüge der Formbildung nach der Selektionstheorie durch Variation und Kombination, das Trennen der Sippen durch Isolation, Evention und Selektion haben wir kennengelernt, wir müssen uns jetzt den Vorgang der Sippenentwicklung im einzelnen veranschaulichen.

Polytopie   Beim Auftreten von Variationen sehen wir, daß diese verschiedentlich neu entstehen können. Die gleiche Abänderung kann durch diese oder jene Einwirkungen natürlicher oder künstlicher Art hervorgerufen werden. Ein einzelner Sprung kann sich in der gleichen Form mehrmals an verschiedenen Stellen wiederholen, die gleiche Schlitzblättrigkeit oder Weißblütigkeit tritt da und dort neu auf. Diese Erscheinung bezeichnen wir als Polytopie. Auf Einzelmerkmalen beruhende Varianten begegnen uns auch vielfach innerhalb von Kulturpflanzensippen an den verschiedensten Stellen. Diese polytope Entstehung eines Merkmals kann also zum mehrmaligen Entstehen der gleichen Sippe führen.

Dabei ist zu bemerken, daß verschiedentliche Entstehung des gleichen Merkmals nicht nur innerhalb einer Sippe auftreten kann, sondern daß solche Wiederholungen häufig in ganzen Sippenkreisen vorkommen. Diese sogenannte homologe Variation ist bei Wild- und Kulturpflanzen weit verbreitet und führt auch dazu, daß gleiche Sippen polytop entstehen können. Im wesentlichen liegt das daran, daß ein bestimmter, einmal durch die Sippenentwicklung erreichter Bau, ein bestimmter Bildungszustand einer Sippe weitere Veränderungen nur in bestimmten Richtungen ermöglicht. Wir kommen auf diese Fragen noch einmal im einzelnen zurück. *Homologe Variation*

Im allgemeinen können wir für Sippen höherer Kategorie monophyletische (einstämmige) Abstammung annehmen. Eine jede Sippe ist also aus einer konkreten anderen Sippe hervorgegangen, wobei sich dieser Vorgang einmalig (monotop) oder auch mehrmals an verschiedenen Orten (polytop) abgespielt haben kann. Wenn wir aber die Möglichkeit polytoper Entstehung von Sippen anerkennen, so gilt das doch keineswegs für die Polyphylie (Mehrstämmigkeit). Wenn wir eine Sippe als polyphyletisch zu bezeichnen hätten, dann hieße das, daß sie verschiedentlich aus verschiedenen Stammsippen hervorgegangen sein könnte. Dann würden wir allerdings mit dem Studium der Sippenentwicklung nicht weit kommen. Tatsächlich ist es trotz möglicher wiederholter Neubildung des gleichen Merkmals sehr unwahrscheinlich, daß sich zwei Merkmalsveränderungen in gleicher Weise zusammen ein zweites Mal wiederholen, wie ja auch kaum jemals der Komplex gleicher Umweltfaktoren sich identisch wiederholt. Noch weniger ist die Möglichkeit gegeben, daß sich eine größere Zahl von Merkmalen, wie sie für Rassen oder höhere Einheiten in Frage kommt, ein zweites Mal unabhängig von der Erstbildung zusammen findet. Eine polyphyletische Entstehung komplizierter oder hochorganisierter Formen ist unwahrscheinlich, sie kann auch durch alle Untersuchungen bekannter Sippen nicht wahrscheinlich gemacht werden. Mit Recht sagt REINIG (1938), polytope Entstehung systematischer Einheiten sei um so seltener, je höher die Einheit ist, sie dürfe niemals ohne zwingende Gründe angenommen werden. Einzelne Merkmale können polytop entstehen, kaum aber höhere Sippen, wie auch ZIMMERMANN nachweist. *Monophylie*

Bei der Aufstellung einer Verwandtschaftstafel, eines Stammbaumes, können wir für die Sippenentwicklung stets einen einzigen Ausgangspunkt annehmen, von dem aus sich dann Verzweigungen und Äste ableiten lassen. Das Vorkommen verdeckter, für die Selektion *Stammbaum* offensichtlich unwichtiger Merkmale, die für ganz große Gruppen beständig und charakteristisch sind, beweist uns die Monophylie solcher Gruppen, wie es Unterarten, Arten und höhere Einheiten sind. Die Einheitlichkeit z. B. des Angiospermenfruchtknotens ist so groß und hat so viele, allen zugehörigen Sippen zukommende Merkmale, daß wir uns ein solches Gebilde nur als einmalig herausdifferenziert vorstellen können. Nicht anders steht es mit solchen Merkmalen, wie sie die Familien charakterisieren. Alle *Papilionaceen* (Schmetterlingsblütler) haben nicht nur in der Blüte, sondern auch sonst so viel Gemeinsames, daß wir sie uns nur als von einer Ur-*Papilionacee* abstammend denken können. Wir nehmen bei solchen Gruppen stets monophyletischen Ursprung an, weil polyphyletische Bildung nicht nachweisbar und undenkbar ist.

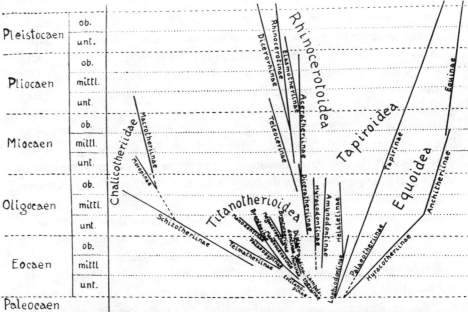

Abb. 6. Stammbaum der Unpaarhufer. Explosionsartige Entfaltung der Gesamtgruppe (Epacme) im Eozän; die Acme oder Anpassungsphase liegt teils im Oligozän, teils noch darüber; ein Teil der Gruppe und der Untergruppen tritt vom Oligozän ab bereits in die Phase der Degeneration (Paracme) ein.
(Nach HENNIG).

Kladogenese   Die morphologische Analyse und die paläontologische Nachprüfung einer solchen Sippenentwicklung oder Kladogonese (RENSCH 1947) zeigt uns einen Stamm mit seinem Fuß, dem einmaligen Startpunkt, und den sich daraus ergebenden Ästen und Zweigen (Abb. 6). Variation tritt zu Variation, ständig durch Auslese gesteuert, bis ein neuer Typus gebildet ist, aus dem sich entweder gleich oder später in einer quantitativen, explosiven Entwicklungsphase oder Virenzperiode (Epacme nach HAECKEL) eine ungeheure Formenmannigfaltigkeit entwickelt. Diese Evolutionsbeschleunigung ist wohl so zu erklären, daß die neuen

Merkmalskombinationen oder überhaupt die neuen Eigenschaften eine
plötzliche Überlegenheit dieser Formen in noch unbesetzten oder wenig
ausgenutzten Räumen, eine starke Konkurrenzüberlegenheit, darstellen. Nach einer gewissen Zeit erfolgt eine sukzessive Abnahme
der Entfaltung, die qualitative Anpassungsphase oder Acme, in der Acme
schon ein Teil der in der ersten Phase gebildeten Formen verschwindet
und ausstirbt; es ist die Phase der besonderen Adaptation an das
Milieu, in der die oft regellos gebildeten Formen in eine bestimmte
Richtung gebracht werden. Diese oft spezielle Anpassung kann dann
zu einer Überspezialisierung führen und damit zu einer dritten Phase
des Degenerierens und Aussterbens, die als Paracme bezeichnet wird. Paracme
Die Weiterentwicklung in der gleichen Richtung nämlich, die die Formen ganz einseitig angepaßt werden läßt, legt die Gefahr des Aussterbens bei irgendwelchen Veränderungen der Umgebung nahe.

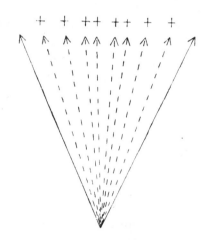

Abb. 7. Divergente Entwicklung zweier Sippen A und B; die verbindenden
Sippen + starben aus, so daß zwischen A und B ein Hiatus entsteht.

Dieser geschilderte Verlauf einer monophyletischen Kladogenese
ist der normale, allgemein verbreitete, der vor allem auch für die
höheren Sippen gilt. Er ist auch nach HAECKEL und vielfach unabhängig voneinander von verschiedenen Forschern beobachtet worden,
wobei den einzelnen Phasen die verschiedensten Namen beigelegt
wurden; es wechselte auch die Gliederung der Entwicklung in zwei
oder drei Abschnitte, wozu zu bemerken ist, daß solche Einschnitte in
Entwicklungsabläufen ja oft willkürlich sind. Ein Teil der Autoren beobachtete diese Erscheinung vor allem bei der Entstehung neuer Gruppen im Verlauf der Erdgeschichte, was ihnen teils zur Begründung von
Schöpfungstheorien, teils zur Unterstützung der Behauptung diente,
daß bei der Bildung großer Gruppen, also neuer Qualitäten, außer-
gewöhnliche Faktoren mitwirken müßten, die uns noch unbekannt

seien. Tatsächlich geht auch hier die Entwicklung in kleinen, quantitativen Sprüngen vor sich, bei denen sich das plötzliche Auftreten neuer Qualitäten zeigt. Der charakteristische Evolutionsablauf ist übrigens nicht nur in der Paläontologie zu beobachten, er ist bezeichnend für die Entwicklung überhaupt und somit auch in beobachtbaren Entwicklungsreihen zu erkennen. Die Entstehung und Differenzierung der Feuersteinwerkzeuge vom Paläolithikum bis zum Neolithikum zeigt das ebenso wie die der Dampfmaschine oder des Benzinmotors.

Divergente Sippenbildung Die divergente Typenentwicklung ergibt zwangsläufig eine baumförmige Verzweigung unseres Schemas, wobei die Auslese die Divergenz durch Schaffung von Lücken, Hiatus, noch verstärkt (Abb. 7). Diese aufspaltende Sippenbildung ist auch bei Sippen unter der Art allgemein verbreitet. Am häufigsten führt die räumliche Trennung zur Sippenentwicklung, die im weitesten Sinn geographisch genannt werden kann. Allein die reine Ausbreitung einer Population, eines Sippenkomplexes, muß zu divergenter Entwicklung führen. Wenn wir uns vorstellen, daß ein polytypischer, merkmalsreicher Populationskomplex sich von einem gegebenen Zentrum aus verbreitet, dann kann am weit vom Ausbreitungszentrum liegenden Außenrande dieses Sippenareals nicht die Vielfalt aller im Zentrum vorhandenen Formen vorkommen. Den wahren Randsaum wird theoretisch jeweils nur ein Individuum erreichen, und das wird zufallsgemäß bzw. entsprechend der verschiedenartigen Umwelt der einzelnen Stellen des Randes jeweils ein anderer Typ des Gemisches sein. So kann der Arealrand leicht Ausgangspunkt neuer Sippenentwicklung sein; je ausgedehnter ein Areal ist, desto unwahrscheinlicher ist die Gleichheit der räumlich entgegengesetzten Typen. Für diese aus der Wahrscheinlichkeit erschlossene Entwicklungsmöglichkeit finden wir vielfältige Beweise; vor allem zeigen viele Untersuchungen TURESSONS, daß an verschiedenen Stellen eines Ausgangsareals jeweils verschiedene Wiesen- und Gebirgsrassen sich entwickelt haben. Diese auf Evention zurückzuführende Erscheinung kann auch als genogeographische Isolation aufgefaßt werden.

Oekogeographisch In einigen Fällen werden wir sicher nachweisen können, daß die rein geographische Trennung die Bildung neuer Sippen hervorgerufen hat, wenn geologische Prozesse eingewirkt haben. Doch in den meisten Fällen wird die Ökologie eine große Rolle spielen, wenn wir auch oft die einzelnen sippenbildenden Prozesse nicht werden trennen können. Vielleicht ist es am besten von ökogeographischer Isolierung ganz allgemein zu sprechen, auch wenn wir außerdem noch weitere Einzelwirkungen theoretisch festhalten können. Wir können von ökoklimatischer Trennung bei Berg- und Talsippen sprechen; wir kennen ökologische Isolierung in den an einen bestimmten Boden angepaßten

Bodenvikarianten und auf bestimmte Biotope spezialisierten Sippen. Ökobiotisch und biologisch spezialisierte Sippen wie die *Euphrasia*-Sippen oder die Nährpflanzensippen der Getreideroste *(Puccinia)* sind aber im Grunde genommen lediglich durch Substratunterschiede differenzierte Lebensplatzsippen. Es ist eigentlich nur eine Differenz in der Größe des Siedlungsraumes oder in der Weite des Angepaßtseins; es sind ganz graduelle Unterschiede ein und derselben Erscheinung, wenn wir von geographisch oder biologisch angepaßten und differenzierten Sippen sprechen. Es ist kein wesentlicher Unterschied in den einzelnen Isolierungsvorgängen, zumal wir vermuten müssen, daß in den meisten Fällen das rein ökologische, die reinen Fragen des Lebenshaushaltes, die betreffenden Sippen dank ihrer Anpassung und Konstitution zwingen, nur die ihnen passenden Lebensräume zu besiedeln.

Außer der räumlichen Trennung, die sicher sippenbildend wirkt, kann auch die genetische Trennung, also die geschlechtliche Isolierung, die gleiche Wirkung haben. Das heißt, diese ist an sich viel wirkungsvoller und abrupter, doch tritt sie sicher bald mit ökologisch-geographischen Faktoren in Beziehung. Dabei ist es von geringer Bedeutung, auf welche Weise die genetische Isolation geschah, ob sie physiologisch oder morphologisch erfolgte. Diese Form der Isolierung führt ebenfalls zu divergenter Sippenentwicklung, wie wir sie als fast allgemein verbreitet kennen. *Genetisch*

Als sukzessive Sippenentwicklung wird es bezeichnet, wenn eine Sippe sich nach und nach in eine andere umwandelt, wenn also eine Sippe im historischen Ablauf durch eine aus ihr entstandene ersetzt wird. Es ist aber wohl ausgeschlossen, daß man die Zeit allein als Bildner ansehen kann, wenn auch der geologische Schichtenablauf das so in Erscheinung treten läßt. In vielen Fällen dürfte es sich um divergente Sippenbildung handeln, die auf genetische oder ökologische Trennung zurückgeht. Die divergenten oder die gleichgebliebenen Glieder sind dann jeweils bald ausgestorben oder von den abgewandelten Sippenzweigen, die den Stamm fortsetzen, aufgesogen worden, so daß uns heute der Gesamtablauf als sukzessive Entwicklung entgegentritt (Abb. 8). *Sukzessive Sippenbildung*

Weniger häufig sind die Fälle konvergenter Sippenbildung, bei der durch Kreuzung neue Formen plötzlich entstehen. Mindestens im Pflanzenreich ist die Hybridisation auch höherer Sippen mehrfach zu beobachten, wobei durch Kombination zweier verschiedener Sippen eine neue hybridogene Sippe entstehen kann, indem die Kreuzungsprodukte, der Bastard oder seine Abkömmlinge, nicht aufspalten (Abb. 9 A). Vor allem durch Allopolyploidie entstehen sprunghaft plötzlich neue Formen, die auch vielfach zugleich sexuell oder überhaupt genetisch isoliert sind. Bei konvergenter Sippenbildung entsteht zumeist plötz- *Konvergente Sippenbildung* *Hybridisation* *Hybridogene Sippen* lich etwas Neues, während bei divergenter und sukzessiver Entwicklung dieses sich erst langsam formen muß. Auch hier wirken noch andere Trennungsmechanismen und die Selektion ein, die die Sonde-

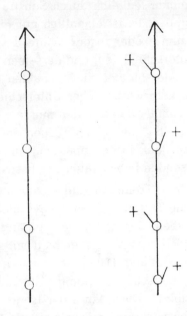

Abb. 8. Schematische Darstellung historischer Sippenentwicklung.
A. Echt sukzessiv, Ablösung bzw. Umwandlung einer Sippe in eine ihr folgende jüngere Sippe. B. Scheinbar sukzessiv, indem die ältere Sippe ausstirbt und eine aus ihr hervorgegangene die Linie fortsetzt.

rung der hybridogenen Sippen verstärken. Oft sind in ihrem Areal die Eltern solcher Bastardsippen oder wenigstens einer davon ausgestorben, so daß man bei ihnen mit MURR und GAMS von Waisen und Halbwaisen sprechen kann.

Waise
Halbwaise

Retikulate Sippenbildung

Noch seltener ist netzförmige oder retikulate Sippenbildung (TURRILL 1936), bei der durch Kreuzung, Polyploidie und Apomixis in ständigem Wechsel ein netzartig verflochtenes System von Sippenbeziehungen entsteht, wie es bei einigen, systematisch schwierigen Gruppen bekannt ist. Hier ist ein Wechsel von Konvergenz und Divergenz zu beobachten, der oft eine Aufklärung der verschiedensten Fragen außerordentlich erschwert. HAYATA fordert in seinem „dynamischen" System solche netzförmigen Verbindungen wenigstens für das System der höheren Pflanzen. Ich bin der Meinung, daß die Mehrzahl der Querverbindungen im Phanerogamensystem nur ungenügender Familiengliederung und noch unnatürlicher Ordnung des ganzen Systems zu danken ist. Ich glaube, daß in großem Rahmen allein divergente Entwicklung eine Rolle spielt und konvergente oder retikulate Sippenbildung nur jeweils an einzelnen Endpunkten der Äste bei niederen Sippen vorübergehende Bedeutung erlangt; erst mit der Divergenz setzt

„Dynamisches" System

dann die Weiterentwicklung der Sippen wieder ein. Bei der normal herrschenden Kreuzbefruchtung dürften allerdings die einzelnen Äste der in Panmixie stehenden niederen Sippen stets ein solches Netzschema als gewissermaßen mikroskopisches Bild zeigen (Abb. 9 B).

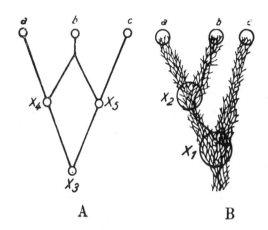

Abb. 9 A. Entstehung einer hybridogenen Sippe b aus der Kreuzung der Vorfahren der Sippen a und c. B. Entstehung der Sippen a, b und c aus früheren Sippen bei reicher Panmixie innerhalb des Kreuzungsbereiches der Sippen; retikulate Sippenbildung bei niederen Einheiten. (Nach ZIMMERMANN).

In der Kulturpflanzentaxonomie spielen allerdings die beiden letztgenannten Formen der Sippenbildung eine größere Rolle. Hier könnte man direkt von kombinatorischer Sippenbildung sprechen, die in die konvergent-retikulate einzuschließen wäre. Der Mensch fügt so viele Sippen durch Kreuzungen und Rückkreuzungen ineinander, daß neue Sippenentwicklung einsetzen kann. Es können auch, wie in allen kleinsten Sippen, polytope Bildungen vorkommen, indem einzelne Merkmale mehrfach erneut entstehen. Doch kann das die allgemeinen Stammbaumbilder nicht ändern, da bei mehrfacher Entstehung der gleichen Eigenschaft nur die gleiche Sippe sich bilden kann, wenn die betreffenden Individuen sowieso gleicher Abstammung waren. Wir können dann also das nachweislich polytope Entstehen tatsächlich vernachlässigen, da es keine Polyphylie bedeutet. Wir erkennen aber daraus, daß ein einzelnes Merkmal nur mit Vorsicht zur Gruppenbildung verwendet werden kann, weil dadurch nicht immer die Zugehörigkeit zu einer Abstammungsgemeinschaft gegeben ist. Im übrigen sind allerdings die gemeinhin zur taxonomischen Gruppenbildung verwendeten Merkmale genetisch gesehen nicht einfache, sondern meist komplizierte Gebilde.

Kombinator. Sippenbildung

Zu beachten ist, daß verschiedene Sippenbildung auch verschiedene Weiterentwicklung und Neubildung bedingen kann. So führt rein vege-

Weiterentwicklung

tative Vermehrung oder Apomixis zur Einschränkung der Variabilität; hier sind nur seltenere Knospenvariationen zu erwarten.

Orthogenese   Da sich bei der Sippenbildung stets eine große Zahl von Fällen wechselseitiger Anpassung ergibt, die nach Auffassung einiger Autoren nicht durch das Wechselspiel der sippenbildenden Faktoren, wie sie im vergangenen Kapitel behandelt wurden, also nicht durch Variation, Isolation, Evention und Selektion entstanden gedacht werden können, hat man den Begriff Orthogenese eingeführt. Er sollte an sich ein Entwicklungsstreben, eine Entwicklungstendenz, die den Objekten selbst eigen sei, bezeichnen. PLATE wies schon 1913 nach, daß es sich in *Orthoselektion* der Mehrzahl der Fälle um Orthoselektion handele, um eine stets in gleicher Richtung wirkende Auslese, die jeglichen Varianten anderer Richtung die Existenz abschneidet. In anderen Fällen soll eine wahre Orthogenese wirksam sein, etwa in der Art, wie sie LAMARCK sich dachte. Innere Gesetze des Lebens und der Organismen selbst sollen die gerichtete Entwicklung bewirken, eine autonome Entfaltungskraft soll am Werke sein. Tatsächlich aber kann keine solche Kraft nachgewiesen werden; alle derartigen Fälle lassen sich einfacher und klarer mit den bekannten Begriffen, vor allem mit der Auslese erklären. Doch kann Orthogenese außer durch Orthoselektion auch durch andere, leicht zu begreifende Vorgänge vorgetäuscht werden.

Parallele   Wir sprachen schon einmal von paralleler oder homologer Variation, *Variation* die dadurch hervorgerufen werden kann, daß ähnliche Merkmale sich gleichsinnig verändern, was in nahe verwandten Sippen leicht der Fall sein kann. Die parallele Variation kann aber auch durch Orthoselektion vorgetäuscht werden. Vor allem aber ist der einmal vorhandene Bau eines Organismus schon in so vielen Teilen voneinander abhängig, daß ohne Schaden für das Ganze — ohne letalen Ausgang — nur bestimmte *Entwicklungs-* Richtungen für positive Veränderungen oder Variationen offen bleiben. *richtung* Der schon erreichte Punkt der Blattgestalt und des Blattbaus eines Grases schließt das Variieren in Richtung auf gefiederte Blätter aus, da dann durch zahllose, vorhergehende Veränderungen erst der gesamte Konstruktionsplan umgestaltet werden müßte. Auf diese Punkte weist auch O. SCHWARZ (1938) besonders hin; er nennt deshalb den Streit um die Orthogenese einen Streit um des Kaisers Bart. Es sind wohl die häufigsten Fälle vermuteter Orthogenese, die so einfach zu erklären sind. Ich meine auch, daß alle Bauplan- und Gestalt-Probleme der idealistischen Morphologen so zu deuten sind.

Mit Recht kann man sagen, daß eine Abänderung in einer bestimmten Richtung die Möglichkeit und die Wahrscheinlichkeit des weiteren Variierens in dieser Richtung vorzeichnet, und daß die Zunahme der Individuenzahl mit diesem neuen Merkmal einen Einfluß auf den weiteren Verlauf der Entwicklung hat, weil eine erneute Variation, die

die Richtung der vorhergehenden beibehält, einen doppelten Fortschritt ergibt. Jede neue Variation in anderer Richtung wäre dieser bereits verdoppelten gegenüber sowieso benachteiligt. Auch ENGELS weist darauf hin, wenn er sagt, „daß jeder Fortschritt in der organischen Entwicklung zugleich ein Rückschritt, indem er einseitige Entwicklung fixiert, die Möglichkeit der Entwicklung in vielen anderen Richtungen ausschließt."

In gewissen Beziehungen zur Orthogenese steht auch die Präadaptation (oder passive Anpassung) nach J. H. HUXLEY, die ebenfalls eine große Rolle bei der Entstehung von Anpassungserscheinungen überhaupt spielt. Es handelt sich darum, daß die Sippen gewisse Eigenschaften bereits haben, bevor sie sie entsprechend ausnutzen, daß also Organe entstehen oder entstanden sind, bevor sich eine Funktion dazu fand. Man kann sich gut vorstellen, daß solche Fälle, wie sie in geringer Anzahl auch nachgewiesen sind, eine bedeutende Rolle in der Evolution spielen. Nicht die Notwendigkeit oder das Bedürfnis schafft hier ein neues Organ, wie LAMARCK meint, sondern das Vorhandensein eines solchen schafft die Möglichkeit zu seiner Benutzung, zu seiner Funktion. Es läßt sich mehrfach in der Entstehung so komplizierter Organe wie z. B. der Gehörknöchelchen zeigen, daß neu entstandene oder anderen Zwecken dienende Organe später eine ihnen passende Funktion fanden. Das gilt beispielsweise auch für die Entstehung des Pollenschlauches bei den *Gymnospermen*, der, ursprünglich nur der Festheftung dienend, in höheren Gruppen zu anderen Zwecken, nämlich zur Keimzellenübertragung verwendet wird. GOEBEL bezeichnet solche Vorgänge als Ausnützung; sie schienen ihm vorherrschend in der Natur vorhanden zu sein.

Präadaptation

Wir sind also der Meinung, daß jegliche Anpassung oder Orthogenese, jegliche Sippenentwicklung durch die Wirkung der im vorigen Kapitel behandelten Faktoren, vor allem durch Variation und Selektion, naturgesetzlich zu erklären ist, ohne daß wir deshalb unbekannte, übersinnliche oder mystische Elemente heranziehen müßten. Dabei möchte ich betonen, daß ich unter Variation jede erbliche Formbildung verstehe, deren Mechanismen wir im einzelnen sicher noch nicht alle kennen. Die die Sippenbildung und Sippenentwicklung bedingenden Erscheinungen haben wir im einzelnen untersucht, es bleibt nun noch zu betrachten, zu welchen Ergebnissen Sippenentwicklung und Evolution führen.

Anagenese

RENSCH (1947) spricht bei Höherentwicklung und Vervollkommnung von Anagenese, also von einer Erscheinung, die sonst als Fortschritt oder Progression bezeichnet wird. Da die letztgenannten Ausdrücke zu Verwirrung Anlaß geben können, ist es vielleicht vorteilhaft, die von RENSCH gewählte Bezeichnung zu verwenden. Eine Höher-

Evolution

entwicklung ist tasächlich vorhanden und nicht erst durch unser menschliches, subjektives Urteil in die Dinge hineingelegt worden. Vollendete Anpassung ist allerdings noch kein Zeichen von Fortschritt, dieser liegt in der größeren Unabhängigkeit von der Umgebung und in der Beherrschung der Umweltfaktoren überhaupt, die nur durch eine komplexe Organisation erzielt wird. Dabei zeigt diese Vervollkommnung eine Tendenz zur Rationalisierung, so daß die erhöhte Leistung mit relativ sparsamerem Energieaufwand erreicht wird.

Progression
Regression Die Anagenese kann progressive oder regressive Merkmale zeigen, d. h. sie kann durch Produktion oder Reduktion von Organen und ihren Teilen erreicht werden. Diese Höherentwicklung mit all ihren Komplizierungen und Rationalisierungen bedarf keiner mystischen Erklärungen, wie der vitalistischen Autogenese; ihre Förderung ergibt sich zwangsläufig durch die Auslese. Sie unterliegt einem gewissen Entwicklungszwang durch den Selektionsdruck, wie sie etwa der schon von DARWIN geäußerten Auffassung entspricht, daß Selektion zur Höherentwicklung führen müsse. Doch ist dieser Zwang kein allgemeiner, denn wir finden neben hochorganisierten Lebewesen noch immer Bakterien und einzellige, einfach gebaute Organismen genug, die die nicht ausgenutzten Nischen und Plätze besiedeln können, wie das besonders für das Wasser und seine Bewohner zutrifft. Ja, es gibt auch genügend Fälle völliger Stabilität von Sippen und Sippengruppen, die sich durch geologische Formationen hindurch unverändert und ohne weitere Anagenese konservativ erhalten haben. Daraus aber abzuleiten, daß höhere Organisation keine Vervollkommnung bedeute, wäre nach HUXLEY genau so irrig, wie die Behauptung, das Auto bedeute keinen Fortschritt, solange man noch unter bestimmten Umständen Packesel oder Pferdewagen benutze.

Fortschritt Fortschritt ist allseitige biologische Vervollkommnung, während Spezialisierung nur eine einseitige Anpassung darstellt. Solche Formen sind durch ihre, an bestimmte Umweltverhältnisse angepaßte Konstruktion leicht gefährdet und zum Aussterben verurteilt, sobald das Milieu sich ändert. Die sich aus der Anagenese entwickelnden Fälle von Spe-
Spezialisierung zialisierung, die den Keim des Todes in sich tragen, haben vielfach zur Ablehnung der Idee des Fortschritts in der Evolution geführt. Degene-
Degeneration ration und Reduktion sind Formen der Spezialisierung oder der Anagenese, bei denen der gleiche Effekt der Anpassung und Beherrschung der Umgebung durch Vereinfachung erreicht wird. Über die Komplizie-
Reduktions- rungen führt oft ein Weg wieder zurück zur Vereinfachung, wie wir ihn
reihen bei Ammoniten und bei Lebermoosen in Form der Reduktionsreihen kennen.

Neu- Neue Entwicklungen setzen allerdings fast immer wieder an der
entwicklung Wurzel einer hochentwickelten Gruppe ein, gehen also wieder von ein-

facheren Formen aus und nicht von den komplizierten und differenzierten Sippen. Hiermit steht wohl auch DOLLOS Irreversibilitätsgesetz in Verbindung, nach der ein einmal entwickeltes Organ, wenn es verloren geht oder zurückgebildet wird, sich nicht wieder in der gleichen Weise neu bilden kann. Diese Regel gilt nicht für einzelne Variationsschritte, sondern nur für kompliziertere Gebilde. Eine hochorganisierte Gruppe hat also auch nicht mehr die Möglichkeit zu vielen neuen Schritten, so daß sie bald von einer anderen, aus ihrer Wurzel entstandenen Gruppe überflügelt wird. So dürfte sich selbst die sukzessive Sippenbildung oft tatsächlich abgespielt haben. DOLLOS Gesetz

Alle Betrachtungen über Fortschritt und Höherentwicklung gelten vorwiegend für große Gruppen und im Rahmen großer Zeiträume; sonst sind sie oft durch Reduktion und Konservatismus überdeckt oder durch Spezialisierung und Degeneration schwer erkennbar geworden. Ohne Zweifel ist aber der Fortschritt in gewissem Sinne ebenso eine Grundeigenschaft der mit ihrer jeweiligen Umgebung in Zusammenhang stehenden Organismen wie die ihnen eigene Variabilität.

KAPITEL 5

Chorologie (Arealkunde)

> Unter Chorologie verstehen wir die gesamte Wissenschaft von der räumlichen Verbreitung der Organismen. Erst durch die Deszendenztheorie wurde eine ebenso klare als durchschlagende Erklärung der chorologischen Phaenomene gegeben. Alle Erscheinungen, welche uns die rein empirische Chorologie als Tatsache kennen gelehrt hat, erklären sich durch die Deszendenztheorie als die notwendigen Wirkungen der natürlichen Züchtung.
>
> ERNST HAECKEL.

[Geobotanik — Phytochorologie — Areal — Arealbild (Punktkarte — Gitternetzkarte — Flächenkarte — Umrißkarte — Profil) — Arealform (Kontinuierliche Areale — Exklaven — Disjunktionsschwelle — Disjunkte Areale — Stenochor — Eurychor — Kosmopoliten — Endemiten) — Arealtypen (Florenelemente) — Florenregion].

Die Pflanzengeographie oder Geobotanik untersucht die Beziehungen der Pflanze zur Erde. Sie erforscht also die einzelnen Sippen in ihrer Abhängigkeit von Klima und Boden und in ihrer Verbreitung auf der Erde, die wiederum mit ihrer Geschichte und ihrer inneren Struktur zusammenhängt. Einzelne in der Pflanzengeographie zusammengefaßte Geobotanik

Arbeitsrichtungen wie die Ökologie und die Coenologie haben sich inzwischen als selbständige Wissenschaftszweige losgelöst, so daß die ursprüngliche (floristische) Pflanzengeographie, die Arealkunde oder Phytochorologie, wieder für sich verbleibt. Diese aber steht mit der Taxonomie in engster Verbindung, so daß sie hier im Zusammenhang mit dieser behandelt werden soll; eine völlige Trennung beider Arbeitsgebiete ist nicht möglich.

Phyto-chorologie Die Arealkunde untersucht die Verbreitung jeder einzelnen Pflanzensippe, d. h. ihre räumliche Verteilung auf der Erde und deren Ursachen. Jede Sippe hat einen charakteristischen Wohnbezirk, ihren Siedlungsraum, den wir als Areal bezeichnen. Die erste grundlegende Arbeit der

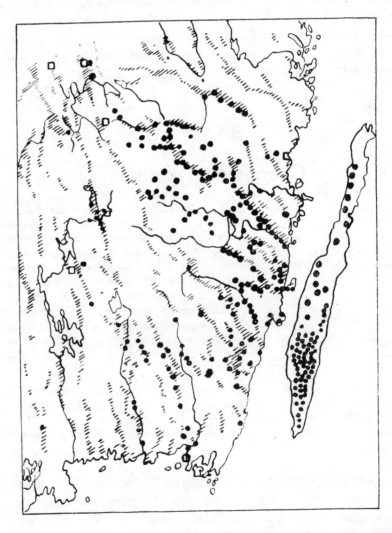

Abb. 10. Punktkarte der Verbreitung von *Potentilla arenaria* in Südschweden. (Nach STERNER).

Chorologie ist demnach die Feststellung und Festlegung der Areale für alle Pflanzensippen. Aus der taxonomischen Arbeit und der Kenntnis der Areale erwächst die Möglichkeit, Schlüsse auf die Beziehungen zwischen Pflanze und Umwelt zu ziehen. Die Arealkunde versucht die Ursachen der Arealbildung und die Geschichte der Sippen zu ergründen. Die Chorologie im engeren Sinn untersucht die einzelnen Gebiete der Erde (die Floren) auf ihren Bestand an Pflanzensippen und deren Verbreitung in diesen Gebieten. Aus diesen Feststellungen ergeben sich die Areale der einzelnen Sippen.

Das Areal ist der Wohnbezirk einer Sippe. Die Entstehung eines Areals geht auf die allgemeine Ausbreitungstendenz eines jeden Lebewesens zurück, es wächst mit dem Alter und wird eingeschränkt durch die Milieufaktoren. Das Areal ist das Produkt der Geschichte der Sippe

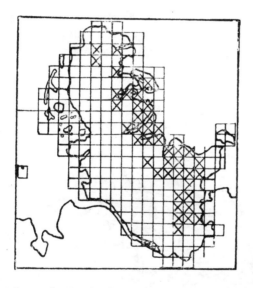

Abb. 11. Gitternetzkarte der Verbreitung von *Dentaria bulbifera* in Schleswig-Holstein; die Art kommt in den mit × ausgefüllten Netzmaschen vor. (Nach CHRISTIANSEN).

und ihrer Eignung für eine bestimmte Umgebung. Wir sahen schon oben, daß polytope, mehrmalige Entstehung der gleichen Sippe sehr unwahrscheinlich ist, wir können im allgemeinen monotope Entstehung, einmalige Bildung einer Sippe an einem Ort annehmen. Es kommt zwar bei Sippen niederer Ordnung, bei Varianten und Hybriden bisweilen polytope Entstehung vor, bei komplizierteren Gebilden aber, wie den Sippen höherer Ordnung, ist das unglaubhaft. Demnach können wir das Arealbild als Auswirkung späterer Ausbreitung von einem Punkt aus betrachten.

Arealbild   Auf Grund der Ergebnisse floristischer Forschung, also nach der Durchmusterung der lokalen Florenwerke und der Natur selbst, können wir uns die Verbreitungskarte einer Sippe herstellen. Das geschieht zunächst am vorteilhaftesten so, daß wir in eine geographische Umriß- oder Grundkarte jedes bekannte Vorkommen einer Sippe, jeden Fundort, als Punkt eintragen. So kommen wir zur Darstellung einer Punkt-
Punktkarte   karte (Abb. 10). Auf Karten mittleren Maßstabes ist diese Darstellungsmethode sehr brauchbar und vor allem sehr präzise und eindeutig; sie gibt genau das Bekannte, bisher Erforschte wieder. Auf Karten kleinen Maßstabes müssen dazu natürlich mehrere Fundorte, wenn sie nahe beieinander liegen, in einem Punkt zusammengefaßt werden.

Gitternetzkarte   Wo die Angaben nicht genau genug sind oder wo stärker schematisiert werden muß, weil der Maßstab zu klein ist, kann man von der Darstellung jedes Fundortes durch einen Punkt absehen, wenn man Gitternetzkarten anlegt. Dazu wird ein Kartenbild in ein möglichst enges Gitternetz gegliedert und in jedes Gitterquadrat, das die betreffende Sippe enthält, ein Punkt oder ein Kreuz eingetragen. So entsteht ein Bild, das allerdings nicht den gleichen Wert einer reinen Punktkarte aufweist (Abb. 11).

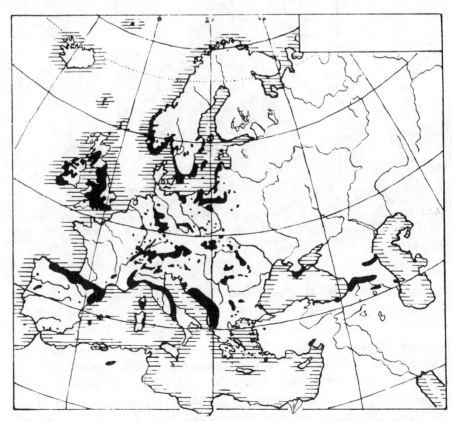

Abb. 12. Flächenkarte für die Verbreitung der Eibe *(Taxus baccata)* in Mitteleuropa. (Nach MEUSEL).

Zeigen die Punktkarten eine starke Streuung und Häufung der Punkte an bestimmten Stellen, so werden hier und da Flecken entstehen, die zur Flächenverbreitungskarte überleiten. Bei Sippen mit ganz beschränkter Verbreitung z. B. auf Gebirgskämmen, deren Areale in den Einzelheiten genau bekannt sind, ist die Flächendarstellung überhaupt am instruktivsten. Man versucht dann die einzelnen Siedlungsgebiete der Sippe genauestens zu umgrenzen und als Fläche darzustellen (Abb. 12). *Flächenkarte*

Am häufigsten aber wird man die Umrißdarstellung verwenden, wenn das Areal sehr groß und die allgemeine Verbreitung der Sippe gut bekannt ist. Diese Umrißkarte muß natürlich die Einzelheiten im *Umrißkarte*

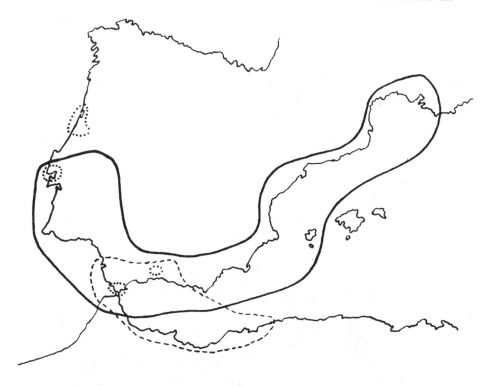

Abb. 13. Umrißkarte für die Verbreitung der Varietäten von *Ulex parviflorus* var. *calycotomoides* (———) var. *funkii* (— — —) und var. *glabrescens* (. . .). Beginnende Sonderung der Varietätenareale im Hauptareal.

Inneren des Areals vernachlässigen und ein lokales Fehlen der Sippe übergehen. Das gesamte Siedlungsgebiet der Sippe wird mit einer Linie umgrenzt dargestellt und tritt uns so als charakteristisches Bild entgegen (Abb. 13). Natürlich bleiben Exklaven nach Möglichkeit als solche bestehen und werden nicht durch zu großes Schematisieren mit dem Hauptareal verbunden. Selbstverständlich tritt in einer Umrißkarte die Verteilung einer Sippe auf verschiedene Höhenlagen fast ganz zurück; Sippen mit charakteristischer vertikaler Verteilung sollte man stets in Flächenkarten zur Darstellung bringen. Bei weiträumig verbreiteten Sippen ist die Umrißkarte am besten geeignet, uns eine Vorstellung vom Areal zu vermitteln. Bei sehr zerstreut vorkommenden Sippen kann nur die Punktkarte und bei lokal gehäuften, aber sonst stark aufgelösten und gelockerten Siedlungsgebieten nur eine Flächenkarte gute Vorstellungen von den Tatsachen geben (Abb. 14). Als Ergänzung zur Arealdarstellung bei Sippen mit stark vertikal gegliederter Verbreitung müßten Profildarstellungen benutzt werden (Abb. 15).

Profil

Bei der Wiedergabe der Verbreitung höherer Sippen oder mehrerer verwandter Sippen muß meist die Umrißdarstellung gewählt werden,

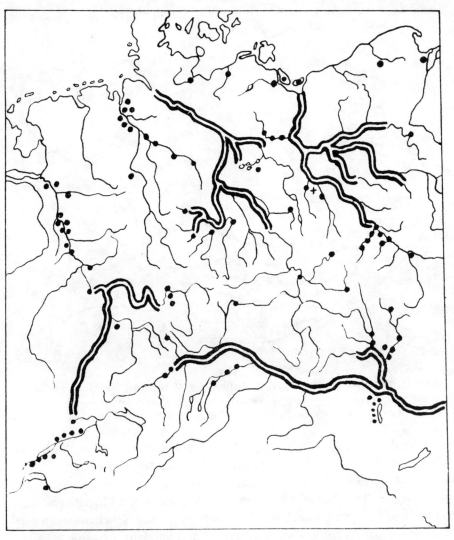

Abb. 14. Kombinierte Flächen- und Punktkarte für die Verbreitung von *Euphorbia palustris* in Mitteleuropa. Häufiges (=) und vereinzeltes (•), sowie früheres (+) Vorkommen gesondert hervorgehoben. (Nach BEGER).

wobei für die Umrißlinie verschiedene Signaturen verwendet werden können. Bei Arealkarten großräumig verbreiteter Sippen, also auf Karten kleinen Maßstabes, ist diese Darstellungsweise die vorherrschende, während man bei der Kartierung im Felde, also auf Karten großen Maßstabes, sowieso meist gezwungen ist, Punktdarstellungen zu benutzen. Dann kann man sogar quantitative Angaben durch verschiedene Punktgrößen in der Punktkarte ausdrücken.

Die Betrachtung der so gewonnenen Arealkarten läßt uns eine Reihe von Eigenheiten erkennen, durch die die Areale ausgezeichnet sein könen. Areale, die ganz von einer zusammenhängenden Umrißlinie begrenzt werden, die also keinerlei Absplitterung vom einheitlichen Verbreitungsgebiet zeigen, nennen wir zusammenhängende oder kontinuierliche Areale. In anderen Fällen gibt es vom Hauptareal abgesplitterte, kleine Arealteile, die gewissermaßen Vorposten oder Exklaven darstellen. Oder wir sehen, daß das Areal überhaupt in zwei oder mehrere selbständige, nicht miteinander in Verbindung stehende Teile gegliedert ist, wobei die einzelnen Glieder unter Umständen weit

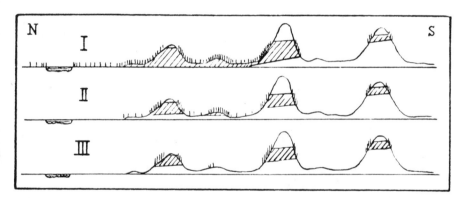

Abb. 15. Schema der Höhenstufenverteilung von I Buche, II Ahorn, III Weißtanne in einem Nord-Süd-Profil Europas. (Nach MEUSEL).

voneinander entfernt sein können (Abb. 16, 13). Dabei lassen wir kleine Lücken im Areal insoweit unberücksichtigt, als wir annehmen können, daß diese noch durch die natürlichen Verbreitungsmittel der betreffenden Pflanze überbrückt werden können; die Grenze des biologischen Zusammenhanges nennen wir Disjunktionsschwelle. Wir müssen auch bedenken, daß eine Waldpflanze nicht in Gebietsteilen vorkommen kann, in denen zufällig kein Wald ist. Jedenfalls bezeichnen wir nur das als gesonderten Arealteil oder Exklave, was biologisch nicht mehr mit dem Hauptareal in Verbindung steht. Areale, die nicht zusammenhängend aus einem Stück bestehen, nennen wir diskontinuierlich oder disjunkt. Wir sprechen also von disjunkter Verbreitung oder von Disjunktionen. Wenn die Disjunktionen ganze Kontinente überspringen, ist es wohl auch üblich von Groß-Disjunktionen zu sprechen (Abb. 17).

Stenochor　　Die Areale können in ihrer Größe sehr stark voneinander abweichen. Wir kennen Sippen, die nur einen kleinen Raum besiedeln; wir
Eurychor　nennen sie nach HAYEK stenochor im Gegensatz zu großräumig verbreiteten Sippen, die wir als eurychor bezeichnen können. Den Extrem-
Kosmopoliten　fall eurychorer Sippen stellen die Kosmopoliten dar, Sippen, die über

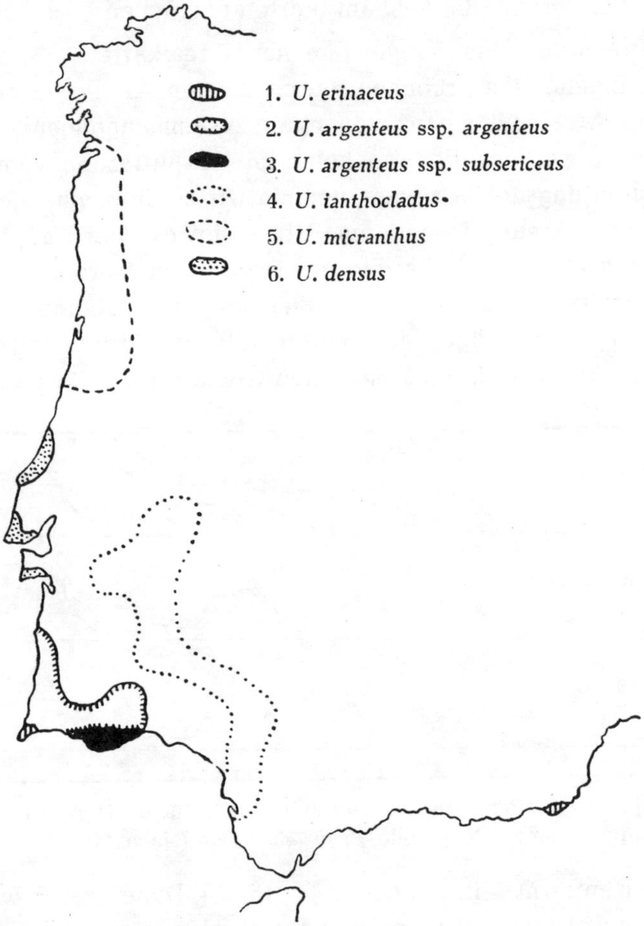

1. *U. erinaceus*
2. *U. argenteus* ssp. *argenteus*
3. *U. argenteus* ssp. *subsericeus*
4. *U. ianthocladus*
5. *U. micranthus*
6. *U. densus*

Abb. 16 Kombinierte Umriß- und Flächenkarte für die Verbreitung südwestiberischer *Ulex*-Sippen. Die zwei Unterarten von *U. argenteus* besiedeln benachbarte, sich ausschließende Areale.

die ganze Welt verbreitet sind. Übrigens brauchen kosmopolitisch verbreitete Arten deshalb nicht häufig zu sein; sie haben ja oft Bindung an eine bestimmte Umgebung, an bestimmte Siedlungsverhältnisse. Nur, wenn diese gegeben sind, können sie vorkommen, sonst aber fehlen sie trotz weltweiter Verbreitung in größeren Gebietsteilen. Mit dieser Einschränkung also nehmen Kosmopoliten das größte Areal ein, und zwar ein kontinuierliches, über die ganze Erde ausgebreitetes Gebiet. Bei über eine ganze Zone verbreiteten Sippen sprechen wir wohl auch von zonalen Arealen. Das kleinste Areal haben Sippen mit nur einem einzigen Vorkommen, ausgesprochen stenochore Sippen, die wir meist speziell als Lokalendemiten bezeichnen.

Wir sprechen von der Erscheinung des Endemismus oder von ende- Endemismus mischen Sippen, wenn wir von Pflanzengruppen beschränkter Verbreitung reden. Eine Sippe ist also beispielsweise auf der Insel Malta endemisch, sie kommt nur auf dieser Insel vor. Man spricht aber auch von mitteleuropäischen, australischen oder neuweltlichen Endemiten. Endemismus ist also das Gegenteil von Kosmopolitismus; alle nicht weltweit verbreiteten Sippen sind als Endemiten ihrer Siedlungsräume zu bezeichnen. Der Endemismus eines jedes Gebietes, sei es klein oder groß, hat für dieses besondere Bedeutung, denn die Endemiten einer bestimmten Landschaft sind ihre wichtigsten Charakteristiken, sie sind ihr eigentümlich.

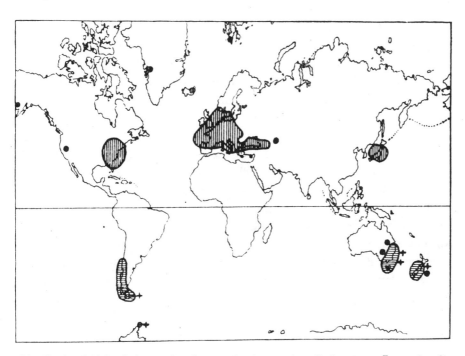

Abb. 17. Großdisjunktionen in der Verbreitung der Gattungen *Fagus* (senkrecht schraffiert) und *Nothofagus* (waagerecht schraffiert). Die verbindenden Fossilfunde für *Fagus* (●) und *Nothofagus* (+) sind mit eingezeichnet. (Nach IRMSCHER).

Der Vergleich mehrerer Arealbilder zeigt uns, daß wir viele fast Arealtypen gleichgestaltete Areale bei den verschiedensten Sippen haben. Areale mit ihren charakteristischen Zipfeln und Disjunktionen, mit ihren Einbuchtungen und Exklaven, sehen wir in vielfacher Wiederholung im gleichen Land, wir finden sie in gleicher Gestalt bei Wiesen- und Waldpflanzen. Wir kennen die gleiche Skala verschiedenster Arealgestaltung hier bei einer Reihe von Arten, dort bei Unterarten oder Gattungen; hier bedeckt die Summe der Arten einer Gattung das gleiche Areal wie dort eine Art oder die Untersippe einer Art allein. Es gibt zwar wenig völlig gleiche Areale, aber vielfach weitgehende Ähnlichkeiten. So wissen wir von einer großen Zahl von Sippen, die nur um das Mittelmeer herum vorkommen; wir kennen Areale, die die Hochgebirge von den Pyrenäen bis zu den Karpathen umfassen, wir haben solche, die nur die arktischen Teile der nördlichen Halbkugel einschließen usw. Kurz, es gibt eine große Zahl charakteristischer Arealbilder oder Arealtypen, die gleichzeitig für eine Reihe von Sippen gültig sind.

Florenelemente   Die Hauptarealtypen nennen wir Florenelemente, unbeschadet der in der Literatur öfters abweichend gefaßten Bezeichnungsweise. Man unterschied genetische und historische, lokative und geographische Elemente; wir führen die Bezeichnung wieder auf ihren ursprünglichen Sinn zurück, indem wir Element den aus der geographischen Verbreitung, also floristisch gewonnenen Arealtyp nennen. Dieser sollte sich, nach BRAUN-BLANQUETS Vorschlag, mit einer Hauptregion decken, was ich auch für richtig halte. So unterscheiden wir beispielsweise *Florenregion* eine mediterrane oder eine turkoiranische Florenregion, zu denen die mediterranen und turkoiranischen Florenelemente gehören. Das heißt, daß ihr Arealtyp weitgehend mit dem Areal dieser Region übereinstimmt und von diesem Gebiet aus seinen Ausgang nimmt. Innerhalb eines Elementes können wir noch Unterelemente unterscheiden, also entsprechend einer ostmediterranen oder pannonischen Unterregion ein ostmediterranes oder pannonisches Unterelement. Bei der Bezeichnung Florenelement gehen wir im allgemeinen vom heutigen Areal aus. Wir können den Begriff aber auch historisch auf paläofloristischer Grundlage verwenden. Das Element muß dann durch den Zusatz der geologischen Formation (des Zeitraumes also) genauer bestimmt werden. So sprechen wir z. B. von einem arkto-tertiären Element, das in der Tertiärzeit ein arktisches Areal besiedelte. Sind solche Zusätze nicht beigegeben, dann bezieht sich der Begriff also stets auf den heutigen Arealtyp.

Das ist in großen Zügen alles, was wir zunächst an den Arealen äußerlich feststellen können. Die Arealtypen selbst und die Florenelemente im besonderen werden von seiten der speziellen Chorologie behandelt. In dieser allgemeinen Betrachtung der Probleme haben wir uns jetzt eine Vorstellung zu verschaffen, wie solche Arealkonfigurationen zustande kommen, und was wir weiter aus ihnen schließen können. Als wesentlich bestimmende Faktoren bezeichneten wir schon eingangs einmal die Umgebung und die Zeit.

KAPITEL 6

Areal und Umwelt

> The significance of adaptation can only be understood in relation to the total biology of the species.   J. HUXLEY.

[Ausbreitung — Karpobiologie (Allochorie — Anemochorie — Zoochorie — Hydrochorie — Autochorie — Myxospermie — Trypanospermie — Synaptospermie — Hygrochasie — Xerochasie — Viviparie) — Wanderungsträgheit — Wanderung (Krakatau — Trümmerflora — Anthropochorie — Anthropophilie (Proanthrope — Hemerophobe — Hemeradiaphore — Synanthrope — Apophyten — Adventive — Archaeophyten — Segetale — Ruderale — Neophyten — Ephemerophyten — Kulturpflanzen) — Standort (Biotop) — Fundort — Stenöke und euryöke Sippen — Ubiquisten — Spezialisten — Vegetationslinien — Klima (Mikroklima — Temperatur — Licht — Luft — Wasser — Hydrophyten — Hygrophyten — Mesophyten — Xerophyten — Tropophyten) — Boden (Physik — Chemie) — Bodenanzeiger (Nitrate — Metallsalze — Serpentin — Gips — Salz — Halophyten — Kalk — Basiphile — Oxyphile — Moorpflanzen) — Vikarianz (edaphisch — geographisch — orographisch — chronologisch — ökologisch) — Pseudovikariismus — Orographie — Höhenstufen (nival — alpin — oreal — montan — collin — planar) — Biotische Faktoren (Symbiose — Mykorrhiza — Myrmecophilie — Lebensformen].

Wenn sich eine Sippe gebildet hat, was, wie wir oben annahmen, *Ausbreitung* meist einmalig und an einem Ort, also monotop erfolgte, dann hängt die Arealbildung zunächst und in erster Linie von ihrer Ausbreitungsfähigkeit ab. Jeder Organismus erzeugt meist eine große Zahl von Sporen, Samen, Ablegern oder anderen Verbreitungseinheiten (Diasporen, die bewirken, daß die betreffende Sippe sich zumindest erhält oder, wenn möglich, ausbreitet. Mit der Erforschung dieser natürlichen Ausbreitungsmittel befaßt sich die Verbreitungsbiologie oder Karpo- *Karpobiologie* biologie.

Danach können wir autochore, sich selbst durch eigene Kraft verbreitende, und allochore, durch fremde Kraft verbreitete Typen unterscheiden, wobei die letzteren wiederum nach ihren Verbreitungsmechanismen als durch den Wind, das Wasser, Tier oder Mensch verbreitete Formen gruppiert werden können. In der folgenden Übersicht führen wir zunächst die drei allochoren Hauptgruppen an und fassen in einer vierten Gruppe die autochoren Verbreitungstypen zusammen. Die vom Menschen verbreiteten Kulturpflanzen und Unkräuter können als An- *Allochorie* thropochore zusammengefaßt werden (s. Seite 48):

I. **Anemochore** — Windverbreiter   *Anemochorie*
    a) Euanemochore — Schweber *(Orchis, Taraxacum)*
    b) Plananemochore — Flieger *(Acer, Biscutella)*
    c) Geoanemochore — Bodenläufer *(Medicago, Rapistrum)*
    d) Boleoanemochore — Windstreuer *(Papaver, Silene)*

Zoochorie   II. **Zoochore** — Tierverbreiter
- a) Epizoochore — Kletten *(Medicago, Galium)*
- b) Boleozoochore — Schüttelkletten *(Dipsacus)*
- c) Endozoochore — Verdauungssämlinge *(Juniperus)*
- d) Myrmecochore — Ameisensämlinge *(Euphorbia)*
- e) Synzoochore — Hamstersämlinge *(Secale)*

Hydrochorie   III. **Hydrochore** — Wasserverbreiter
- a) Nautohydrochore — Schwimmer *(Cakile, Ranunculus)*
- b) Ombrohydrochore — Regenschwemmlinge *(Sedum)*
- c) Boleohydrochore — Regenstreuer *(Salvia, Cerastium)*

Autochorie   IV. **Autochore** — Selbstverbreiter
- a) Boleoautochore — Schleuderer *(Vicia)*
- b) Geoautochore — Selbstableger *(Cymbalaria)*
- c) Herpautochore — Kriecher *(Geranium)*
- d) Barochore — Selbstsäer *(Anagallis, Quercus)*
- e) Cormautochore — Selbstpflanzer *(Fragaria)*

Diese mehr ökologischen Fragen sollen hier nur gestreift werden; es ist Aufgabe der Ökologie, sie eingehender zu behandeln. Wir wollen noch kurz einige Sondereinrichtungen erwähnen, die bei der Diasporenverbreitung auch eine Rolle spielen; sie können mit den obigen Verbreitungsformen kombiniert sein. Es sind das die Myxospermie, bei der die Oberfläche der Diasporen verschleimt oder zur leichteren Anheftung am Substrat klebrig wird *(Linum)*, die Trypanospermie, bei der die oft windverbreiteten Diasporen sich selbst einzubohren vermögen *(Stipa)*, die Synaptospermie (Keimkoppelung), bei der mehrere Samen zu Diasporen gekoppelt sind *(Medicago)*, die Hygrochasie, die das Öffnen der Früchte in feuchter Witterung bei hydrochoren Sippen und die Xerochasie, die das Öffnen der Früchte in trockener Witterung bei anemochoren Pflanzen hervorruft und schließlich die Viviparie, bei der vegetative Diasporen in der Blütenregion gebildet werden.

Man muß sich vor einer Überschätzung der Bedeutung dieser Einrichtungen für die Wanderungsfähigkeit der Pflanzen hüten, die im allgemeinen als wanderungsträge bezeichnet werden können. Das ist wohl darauf zurückzuführen, daß nur selten freies und geeignetes Gelände zur weiteren Ansiedlung zur Verfügung steht. Auch ist die komplexe Einwirkung der Umwelt zu beachten; die Anemochorie hat in windstillen Gebieten keine Bedeutung. Auf windumbrausten Kaps oder Inseln wirkt sie sogar gegenteilig, weil die Diasporen dann meist ins Meer geweht werden, wie man leicht nachweisen kann.

Doch gelingt es der Pflanze mit Hilfe dieser Verbreitungsmittel ihr Areal ständig zu erweitern, wenn dem keine besonderen Hinderungsgründe entgegenstehen. Sogar bei vegetativer Selbstverbreitung (Cormautochorie), kommen bei manchen Arten Bewegungen bis zu mehreren Metern im Jahr vor. Daß aber leichte Samen und Sporen viel weiter verbreitet werden können, ist nachgewiesen. Bei Sporen sind Verbreitungen über Hunderte von Kilometern bekannt; schwebende Samen können mehrere Kilometer weit durch den Wind befördert werden. Bei Fliegern handelt es sich meist nur um einige bis einige hundert Meter. Wir wissen von der durch Tiere und besonders durch Wasservögel bewirkten weiten Verbreitung mancher Pflanzen; auch der Mensch trägt zur schnellen Ausbreitung bei. Bei der Verbreitung durch Wasser, besonders durch Flüsse und Meeresströmungen, sind ebenso weltweite Verbreitungen bekannt geworden. Auch aus der Besiedelung der eisfrei gewordenen Gebiete Mitteleuropas nach der letzten Eiszeit kennen wir Beispiele schneller Wanderung von Waldbäumen, wie FIRBAS nachwies (Abb. 18).

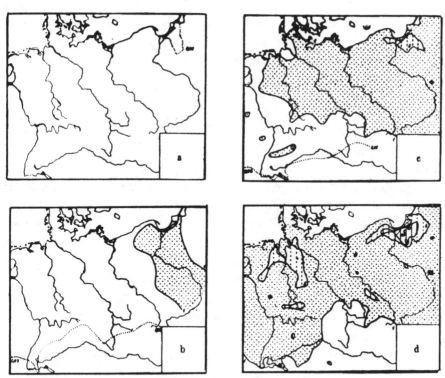

Abb. 18. Isopollenkarten für die Ausbreitung der Hainbuche in Mitteleuropa im Postglazial. In der frühen Wärmezeit (a) finden wir den Niederschlag ihrer Pollen in Höhe von 0,05 Prozent nur östlich der Weichselmündung; in der mittleren Wärmezeit (b) liegt das gesamte Weichselgebiet bereits bei über 1 Prozent Pollenniederschlag, fast ganz Mitteleuropa zeigt Niederschläge von 0,05 Prozent, die sich in der späten Wärmezeit (c) auf 1 Prozent erhöhen, während die Weichselniederung einen Niederschlag von 5 Prozent zeigt. Bis zur Jetztzeit, der Nachwärmezeit (d) vergrößern sich sowohl Areal als auch Niederschlagshöhe der Hainbuchenpollen in ganz Mitteleuropa weiter.
(Nach FIRBAS).

Krakatau   Ein klassisches Beispiel für die schnelle Ausbreitung von Pflanzen möchte ich nicht unerwähnt lassen. Im Jahre 1883 wurde die Insel Krakatau im Stillen Ozean durch eine vulkanische Katastrophe zur Hälfte zerstört, die restierende Hälfte wurde unter Lava und Asche begraben, dabei wurde die gesamte Vegetation vernichtet. 1886 fanden sich aber bereits 15 Blütenpflanzen und 8 Farne wieder dort vor. 1896 waren es 35 Blütenpflanzen, 7 Farne und ein Moos, 1904 58 Blütenpflanzen, 4 Farne und 2 Moose und 1916 96 Blütenpflanzen, 37 Farne und 32 Pilzarten, die auf dieser Insel beobachtet wurden. Die nächsten Küsten, an denen die zugewanderten Pflanzenarten vorkommen, sind Sebesi, Java und Sumatra, die 18—90 km entfernt liegen. Ein großer Teil dieser Pflanzen wurde durch Meeresströmungen hierher verfrachtet, ein Drittel etwa kam durch den Wind und ein kleiner Teil ist durch Tiere dorthin verschleppt worden.

Trümmerflora   Auf den Trümmern unserer zerstörten Großstädte fand man gleich im ersten Jahr eine Reihe von Pflanzen, die auch von weither angeflogen sind. Man konnte das in allen deutschen Städten beobachten; auch aus London liegen ähnliche Angaben vor. Es handelt sich vor allem um Schweber, z. B. *Chamaenerium (Epilobium) angustifolium, Salix caprea* und *Senecio viscosus* resp. *silvaticus*. Diese Arten sind auch auf Kahlschlägen und Brandflächen der Wälder Erstbesiedler. Die Besiedlung pflanzenfreien Gebietes kann also in kurzer Zeit vor sich gehen; manche Pflanzen vermögen sehr schnell zu wandern und ihr Areal auf diese Weise auszudehnen. Andere aber können das nicht und bleiben deshalb auf ein kleines Areal beschränkt. Zunächst ist demnach das Wichtigste zur Bildung eines Areals die Ausbreitungsmöglichkeit der Sippe durch die natürliche Fähigkeit zur Ausbreitung. Die Größe des Areals wird zuerst vom Alter der Sippe und dann von den Verbreitungsmitteln der Diasporen abhängig sein. Das Alter der Sippe spielt eine Rolle, weil naturgemäß bestimmte Zeiträume zu effektiver Ausbreitung nötig sind.

Anthropochorie   Ganz besondere Veränderungen im Pflanzenkleid der Erde und vor allem Europas hat der Mensch im Laufe einer vieltausendjährigen Entwicklung hervorgerufen. Wir kommen später auf diese Dinge noch zurück, doch möchte ich gleich hier im Anschluß an die Verbreitungsweise und Arealbildung der Pflanzen noch etwas auf diese Frage eingehen. Die anthropochoren Pflanzen danken ihre Verbreitung dem Menschen, wobei seine Einwirkung sehr verschiedenartig sein kann. Er kann Pflanzen absichtlich verpflanzen oder auch unbeabsichtigt verschleppen, genau so, wie es auch die Tiere tun. Auch sie verändern die Landschaft; das Großwild der Gebirge vor allem läßt „Wildläger" entstehen, d. h. an Nitraten reiche Lagerplätze, an denen sich eine eigene Flora und Fauna entwickelt. Beim Menschen sind es aber nicht nur die

Lager- und Wohnplätze mit nitratreicheren Böden, die neue Standorte darstellen; der Mensch schafft ganze Kulturlandschaften, große Anpflanzungen, Kultursteppen und Kulturwälder; er trägt Pflanzen aller Erdteile zusammen und bringt mit diesen Pflanzen wieder unbeabsichtigt andere mit; er beeinflußt die Flora eines Landes über Kontinente hinweg in ganz besonderer Weise. Diese Einwirkungen sind so stark, daß sie für die geographische Gliederung der Pflanzenwelt von Bedeutung sind. Man unterscheidet danach Proanthrope oder einheimische Pflanzen, die man sonst meist als indigene, spontane oder autochthone Sippen bezeichnet. Diese lassen sich nach LINKOLA in Hemerophobe (Kulturfeinde) und Hemeradiaphore (Kulturindifferente) gliedern. Die zweite Hauptgruppe umfaßt die Synanthropen oder Anthropophilen, zu denen auch noch einheimische Arten gehören, die aber häufig in die Kulturlandschaft übergehen. Diese Wildarten, die auch auf menschlich bereiteten Böden vorkommen, nennt man Apophyten wie z. B. *Urtica dioica* (Brennessel). Die übrigen Synanthropen (Anthropophilen oder Hemerophyten) aber sind durch den Menschen in eine ganz neue Umgebung gekommen. Wir können dabei zwischen Kulturbegleitern (Ankömmlingen) oder Adventiven und eigentlichen Kulturpflanzen unterscheiden. Die Adventiven schließen nach RIKLI verschiedene Untergruppen ein: Die Archaeophyten oder Altbürger sind Ackerunkräuter (Segetale) oder Wegrandpflanzen (Ruderale), die schon in vorgeschichtlicher Zeit mit den ersten Kulturpflanzen und Ackerbauern — also seit dem Neolithikum vor etwa 5—6000 Jahren — hier heimisch geworden sind, wie *Centaurea cyanus* (Kornblume). Die Neophyten oder Neubürger wurden in geschichtlicher Zeit mitgebracht und haben sich hier eingebürgert, wie z. B. das Unkraut *Galinsoga parviflora* (Knopfkraut) oder *Solidago gigantea*, eine Flußuferpflanze. Die Ephemerophyten oder Passanten sind nur vorübergehend oder immer von neuem verschleppte Arten, wie die *Xanthium*-Arten, die Spitzkletten.

<small>Anthropophilie</small>

Die Gruppe der eigentlichen Kulturpflanzen oder Ergasiophyten kann man auch noch verschieden unterteilen, nach alten, deren Ursprung man nicht kennt, und jungen, deren Züchtung durch den Menschen in historischer Zeit nachgewiesen werden kann. Man kann sie gliedern in primäre, aus Wildpflanzen gezüchtete Arten, und sekundäre Kulturpflanzen, die aus ursprünglichen Unkräutern (Segetalen oder Ruderalen) entstanden sind. Man kann weiterhin Kulturrelikte (Ergasiolipophyten) wie *Acorus Calamus*, also ehemalige Kulturpflanzen, und verwilderte oder Kulturflüchter (Ergasiophygophyten) wie beispielsweise zahlreiche *Aster*-Arten unterscheiden.

<small>Kulturpflanzen</small>

Außer von den Verbreitungsmitteln wird die Bildung des Areals weitgehend von der Umgebung bzw. von der Eignung der Pflanze für

<small>Standort (Biotop)</small>

eine bestimmte Umgebung beeinflußt. Für die Mehrzahl der Pflanzen ist ein bestimmter Standort charakteristisch, d. h. ein ökologisch umschriebener Platz (Biotop). Der Standort ist durch seine Umgebung, sein Milieu, charakterisiert, also ein ökologisch bestimmter Punkt, während der *Fundort* Fundort ein geographisch bestimmter Punkt ist. Wir wissen, daß die Arealpunktkarte einer Sippe oft eine starke Streuung zeigt, weil die geringe Zahl geigneter Standorte in dem betreffenden Gebiet nicht die Möglichkeit zur Bildung einer größeren Zahl von Fundorten gibt.

Stenök und Euryök So können wir euryöke (eurytope) und stenöke (stenotope) Sippen unterscheiden; wir nennen solche, die eine bestimmte, enge Bindung an den Standort zeigen, stenök, während wir die sehr plastischen Sippen, die sich den verschiedensten Umweltbedingungen anpassen können, als euryök bezeichnen. Die am stärksten euryöken Sippen *Ubiquisten* nennen wir Ubiquisten, Allerweltspflanzen; sie kommen an allen erdenklichen Standorten vor, ohne daß sie deshalb Kosmopoliten zu sein brauchen, die Allerweltspflanzen im geographischen und nicht öko- *Spezialisten* logischen Sinne sind. Stark stenöke Sippen oder Spezialisten sind verständlicherweise auch oft stenochor, also oftmals Endemiten. Die stenöke Veranlagung stellt an sich schon ein sehr starkes Hindernis für die Ausbreitung einer Sippe dar. Doch können auch durch Ozeane, Gebirge und selbst durch große Waldgebiete natürliche, mechanische Schranken gegeben sein. Man kann diese ebenfalls zu den Standortfaktoren, zu den rein ökologischen Hindernissen, rechnen, denn auch der Ozean ist in diesem Sinne nur als ungeeignetes Substrat zu betrachten.

Vegetations-linien Früher sprach man viel von Vegetationslinien, von Arealgrenzen bestimmter Sippen oder Sippengruppen, die man klimatisch zu erklären versuchte, indem man irgendwelche Isothermen und Isohyeten, die dazu zu passen schienen, zum Vergleich heranzog. Doch reicht die Begründung durch einen oder wenige Faktoren nicht zu Erklärungen aus, weil ganze Faktorengruppen für die Existenzmöglichkeiten eines physiologisch so komplexen Gebildes, wie es die Pflanze ist, verantwortlich zu machen sind, worauf auch MEUSEL hinweist. Es empfiehlt sich jedoch die einzelnen Faktoren, wie sie die ökologische Pflanzengeographie untersucht, einmal kurz zu betrachten.

Klima Das Klima ist als wichtiger Faktor schon seit langem bekannt; es ist aber weniger das Makroklima, wie es die Meteorologen untersuchen, *Mikroklima* sondern das Mikroklima, das am speziellen Standort der Pflanze herrschende Klima, zu erforschen. Mikroklimatisch können in einem niederschlagsreichen Gebiet völlig trockene Standorte an abwindigen Berghängen oder Felsüberhängen auftreten, die gemeinhin meteorologisch nicht erfaßt werden. Immerhin gibt auch das Makroklima in großen Zügen Anhaltspunkte für die Verbreitung der Pflanzen.

Die Temperatur ist ein klimatischer Einzelfaktor von besonderer Be- Temperatur
deutung; in großen Räumen ist seine Wichtigkeit auch allgemein bekannt. Wir unterscheiden danach z. B. tropische und gemäßigte Gebiete mit ihrer charakteristischen Vegetation. Um aber die Temperatureinflüsse im lokalen und regionalen Rahmen zu erfassen, hat man sich bemüht, mit der Aufstellung von Temperatursummen und mit Jahres-Isothermen zu arbeiten; die Methoden waren jedoch zu grob. Schließlich hat man bestimmte Monats-Isothermen benutzt, — so zeigt die Ostgrenze von *Ilex aquifolium* gute Übereinstimmung mit der 0° Januar-

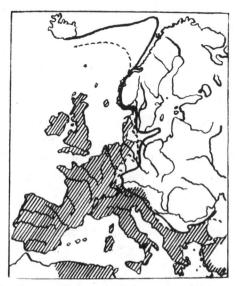

Abb. 19. Die Verbreitung von *Ilex aquifolium* (schraffiert) im Vergleich gesetzt zur 0° Januar-Isotherme (—) und zu einer Linie, die die Orte verbindet, bei denen an 345 Tagen das Temperaturmaximum 0° überschreitet (— — —).
(Nach ENQUIST).

Isotherme (Abb. 19) —, doch zeigt sich ein Erfolg nur in Einzelfällen. Meist sind solche Isothermen nur als Ausdruck eines Klima-Komplexes aufzufassen und nicht als begrenzender Faktor zu bewerten. Bei anderen Arten hat man Wärme- und Kältegrenzen gesucht, d. h. man hat nicht die Durchschnittstemperaturen ihres Wohngebietes, sondern die Häufigkeit bestimmter Extremwerte festgestellt, wobei sich auch hier eine erfolgreiche Anwendung nur in Einzelfällen ergibt.

Das Licht spielt natürlich ebenfalls eine große Rolle, da die Assimi- Licht
lation schließlich von genügendem Lichteinfall abhängig ist. Abgesehen von der zonal wechselnden Periodizität (Lang- und Kurztag) und Intensität sind die Unterschiede in der Sonnenstrahlung verhältnismäßig gering, wesentlichere Verschiedenheiten ergeben sich bei in bestimmten Gebieten herrschender Wolken- und Nebelbildung, vor allem aber topographisch durch die Oberflächengestaltung der Erde mit Schattenhängen, Höhlen und anderen Abwandlungen.

Luft   Die Luft ist bezüglich Druck und Zusammensetzung auch untersucht worden; der Einfluß auf die Pflanzen ist allerdings nicht nennenswert. Groß ist dagegen die Bedeutung des Windes, und zwar vor allem seine mechanische Wirkung; wir sehen sie an windgeformten Bäumen recht deutlich. Stärker noch ist die Einwirkung auf die Transpiration, die durch trockene Winde um das zwanzigfache erhöht werden kann. Besonders einschränkend wirkt der Wind auf das Wachstum größerer Pflanzen, vor allem der Bäume.

Wasser   Das Wasser ist ein weiterer, sehr wichtiger Faktor. Nach ihren Ansprüchen kann man bei den Pflanzen unterscheiden zwischen den Hydrophyten, die dauernd im Wasser leben, den Hygrophyten, die in ständiger Feuchtigkeit leben, und den Mesophyten mit mittleren Wasserbedürfnissen. Die Xerophyten ertragen größere Trockenheit; einen Sonderfall unter ihnen stellen die Sukkulenten dar. Die Tropophyten wechseln jahreszeitlich in ihren Ansprüchen von xerophil zu hygrophil; hierher gehören einjährige Pflanzen und laubabwerfende Bäume. Die Niederschläge selbst haben in ihrer Menge sowohl als auch in ihrer Form deutliche Einflüsse auf die Pflanzen und ihre Verbreitung. Es gibt ausgesprochen regenliebende (ombrophile) Arten. Schnee und Hagel können mechanische Wirkungen ausüben; der Schnee kann aber auch als Kälte- und Wärmeschutz oder als Transpirationsschutz wirken.

Boden physikalisch   Neben den klimatischen Faktoren sind die edaphischen oder Bodenfaktoren zu nennen. Sie stehen z. T. in engem Zusammenhang mit dem Klima und können auch gewisse fehlende klimatische Bedingungen ersetzen. Schon die Struktur der das Substrat zusammensetzenden Partikel ist von Bedeutung; wir unterscheiden große Felsen und eine ganze Skala von den Felstrümmern über Kies bis zu Sand und Löß und schließlich Böden im eigentlichen Sinne. Diese machen gewisse durch Klima und Vegetation bedingte Entwicklungen durch, so daß bestimmte Profilbildungen entstehen. Jedenfalls bilden sich auf Grund besonderer chemisch-physikalischer Vorgänge (Anreicherungen, Auswaschungen, Ausfällungen usw.) diverse Bodenprofile mit z. B. charakteristischer Azidität (pH-Werte) in den einzelnen Schichten. So kann eine Klassifizierung in verschiedene Bodentypen erfolgen, von denen ich Laterit, Schwarzerde (Tschernosem), Podsol und Rendzina als Beispiele nenne.

Boden chemisch   Wir kennen zahlreiche Pflanzen, die ganz spezielle Forderungen an die Zusammensetzung des Bodens stellen; für sie ist der rein chemische Bodenaufbau von Bedeutung. Für viele, sogenannte bodenanzeigende Pflanzen sind aber oft gar nicht bestimmte Ansprüche maßgeblich. So können z. B. die meisten Salzpflanzen ganz gut ohne Salz auskommen,
Bodenanzeiger   doch werden sie auf salzfreien Böden von anderen Arten leicht überwuchert; auf Salzböden haben sie keine Konkurrenz zu fürchten. Diese

speziell angepaßten Arten dulden eben noch Stoffe, die von anderen nicht mehr vertragen werden; sie selbst kommen aber auch ohne diese aus. Die meisten Pflanzen wachsen auch auf nährstoffreichen (eutrophen) Böden gut, wie wir in unseren Gärten oft beobachten können; in der Natur, ohne den Schutz der Menschen, kommen sie dort vielleicht nur nicht fort, weil sie von anderen verdrängt werden.

Die Nitratpflanzen oder nitrophilen Sippen vermögen trotz größeren Nitratreichtums des Bodens gut zu gedeihen; hierzu gehören vor allem die Ruderalpflanzen wie *Atriplex* und *Urtica*. Als Ruderalpflanzen bezeichnet man die Besiedler des durch menschliche Siedlungen stark beeinflußten Bodens, also der Straßen, Wege, Dorfränder usw. Hier schließen sich die Segeltalpflanzen der Acker- und Gartenböden an, die z. T. auch nitrophil sind. An bestimmte Metallsalzböden sind einige Sippen angepaßt wie die Galmeipflanzen auf den Zinkböden der Umgebung Aachens *(Viola calaminaria, Thlaspi calaminare)* oder die Kupferpflanzen im Harzgebiet *(Armeria halleri)*. Das nährstoffarme Serpentingestein weist in Mitteleuropa und im Balkan eine Reihe von speziell angepaßten Serpentinpflanzen auf, wie besonders die beiden Farne *Asplenium adulterinum* und *A. cuneifolium*. Auch auf Gips und Dolomit gibt es eigens diesen Gesteinen adaptierte Sippen. *(Nitrate / Metallsalze / Serpentin / Gips)*

Besonders groß ist die Zahl der Halophyten, der Pflanzen, die nur auf Salzböden vorkommen, und der Halophilen, die Salzböden bevorzugen. Sie finden sich nicht nur am Meeresufer, sondern an jeder Stelle im Binnenland, wo sich Salzvorkommen oder Solquellen finden. Auch an neu erschlossenen Salzstellen finden sie sich bald ein. Noch bedeutender ist die Zahl der Kalkpflanzen, der calciphilen Arten, die kohlensauren Kalk als Substrat verlangen oder in größerer Menge zum Aufbau ihres Körpers brauchen. Oft handelt es sich dabei um rein basiphile Arten, denen es nicht auf den Kalk (Calciphile) oder Gips (Gypsophile) im Boden, sondern nur auf die basische Reaktion des Bodens ankommt. Ebenso gibt es oxyphile Arten, die nur auf sauren Böden zu leben vermögen. Zwischen diesen Gruppen gibt es natürlich alle Übergänge; viele Pflanzen bevorzugen Böden mit bestimmten pH-Werten, und bei jeder liegen die Grenzwerte nach oben und unten wieder anders. *(Halophyten / Kalkpflanzen / Basiphile / Oxyphile)*

Die physikalischen Eigenschaften eines Gesteins können aber ebenfalls bei gewissen Arten die Hauptrolle spielen. So ziehen manche Arten die erdig verwitternden Schiefer den grusig verwitternden Graniten oder den massigen Kalken vor. Für viele Pflanzen ist auch die Wasserdurchlässigkeit und leichte Erwärmbarkeit der Kalkböden der Grund ihrer Kalkvorliebe, die chemische Beschaffenheit braucht dabei keine Rolle zu spielen. Das trifft vor allem für die vielen mediterranen Arten auf mitteldeutschen Kalkböden zu. Bei Moorpflanzen handelt es sich meist sowohl um die ausgesprochen saure Bodenreaktion und die Nähr- *(Moorpflanzen)* stoffarmut, als auch um den Wasserhaushalt und um die physikalische Beschaffenheit dieser Spezialsubstrate; auch spielt die Kälte der Moorböden für viele Pflanzen eine Rolle, so daß wir auf ihnen besonders viele Eiszeitrelikte, d. h. Überbleibsel kälterer Zeiten finden. Ähnlich komplex ist die Bedeutung des Substrates für die psammophilen Arten, die den reinen Sand unserer Dünen zu besiedeln pflegen.

Vikarianz Einer auffälligen Erscheinung in der Arealbildung, die in engem Zusammenhang mit dem Substrat steht, können wir hier gedenken. Es gibt ähnliche, sich systematisch nahestehende Sippen, meist Arten einer Gattung oder Unterarten einer Art, die in einander benachbarten Gebieten vorkommen und sich stets gegenseitig ausschließen. Diese Erscheinung des Vikariismus oder vikariierender Sippen, ist besonders gut an kalkliebenden und kalkfeindlichen Sippen zu beobachten; sie ist auch hier zuerst beachtet worden. Einige Beispiele für solche Vika-
edaphisch rianz in den Alpen sind klassisch geworden, wie *Rhododendron hirsutum* — *Rh. ferrugineum*, *Achillea atrata* — *A. moschata*, *Primula auricula* — *P. hirsuta*, wovon die ersten stets auf Kalk, die anderen auf Urgestein wachsen. Diese nahe verwandten Sippen schließen sich also gegenseitig nach ihren verschiedenen Bodenansprüchen aus, es handelt sich um edaphische Vikarianten.

geographisch Zur Vikarianz sind aber auch Fälle wie der des *Papaver alpinum* zu rechnen, der in den Südalpen in einer gelbblühenden, in den Nordalpen in einer weißblühenden Unterart auftritt. Hier sind es Sippen benachbarter geographischer Gebiete, wir sprechen also von geographischer Vikarianz oder bei Ablösung einer Sippe durch die andere in ihrer verti-
orographisch kalen Verbreitung von altitudinaler oder orographischer Vikarianz. Außerdem kennen wir Fälle von jahreszeitlicher oder chronologischer Vikarianz, bei der von sich nahestehenden Sippen die eine im Frühjahr,
chronologisch die andere im Herbst blüht, oder von allgemein ökologischer Vikarianz,
ökologisch wenn die Sippen sich rein standortmäßig ausschließen. Neben Unterarten- und Arten-Vikarianz können wir auch Gattungs-Vikarianz beobachten, wenn zwei Gattungen gleichen Ursprungs sich heute geographisch ausschließen. Disjunktionen können sich aus Vikarianzen ableiten; Artvikarianzen können auch gleichzeitig Gattungsdisjunktionen sein. Engere Beziehungen liegen jedoch nicht vor, wie Schwarz (1938) und Meusel (1943) meinen, da Vikarianz gerade eine Bezeichnung für das sich oft eng benachbarte Stellvertreten gleichwertiger Sippen und nicht für das weiter getrennte, disjunkte Vorkommen ist.

Pseudo- Als Pseudovikariismus ist es zu bezeichnen, wenn sich ökologisch
vikariismus ähnliche oder gleichwertige Formen verschiedenen Ursprungs in verschiedenen Gebieten vertreten. Das ist z. B. der Fall bei den sukkulenten *Cactaceae* in Amerika und den ähnlichen, kaktoiden *Euphorbia* in Afrika, oder bei den moorbewohnenden, vorwiegend arktischen *Erica-*

ceae und den unter gleichen Verhältnissen in der Antarktis vorkommenden *Epacridaceae*. Vikarianz setzt nahe Verwandtschaft, also gemeinsamen Ursprung und verschiedenartige Umwelt voraus, Pseudovikarianz dagegen ein ähnliches ökologisches Verhalten bei oft ganz verschiedener Abstammung.

Nach dieser Abschweifung kehren wir wieder zu den Umwelteinflüssen zurück, von denen wir die des Klimas und des Substrates kurz betrachtet hatten. Auch die topographischen oder orographischen Faktoren spielen eine wichtige Rolle, denn diese schaffen spezielle Lokalklimate. Die Geländeformen, also steile Felswände, Schluchten, sanfte Hänge, offene Täler, Hochflächen und Tiefebenen, sie alle tragen bei zur Schaffung von Standorten für bestimmte Sippen. Die vertikale Verbreitung hat man auch regionale, im Gegensatz zur zonalen (horizontalen) Verbreitung genannt; besser wären dann die Gegensätze azonal und zonal wie in der Bodenkunde zu verwenden. Am eindeutigsten scheint mir aber der Gebrauch der Begriffe horizontal für die geographische Verbreitung im Raum und vertikal (étageal) für die Höhengliederung, die Verteilung in Höhenstufen, zu sein, zumal regional und zonal sich nicht mit Region und Zone im sonstigen, geographischen Gebrauch decken würden. Im übrigen ist für die botanische Höhengliederung nach internationalem Abkommen das Wort Stufe (étage) seit 1910 vorgeschrieben, was MEUSEL (1943) entgangen zu sein scheint. *Orographie*

In Europa können wir eine Reihe von Höhenstufen charakterisieren, die sogar im allgemeinen für die ganze nördliche Halbkugel mit Ausnahme der Tropengebiete gültig sein könnten. Von den höchsten Höhen ausgehend bis zur Meresküste hinab trennen wir folgende Stufen vertikaler Gliederung: *Höhenstufen*

A. **Nivale** Stufe. Sie umfaßt die Gebiete dauernder Schneebedeckung und ewigen Eises. Kleine schneefreie Stellen und Gletscherränder werden von Pflanzen besiedelt, wodurch man eine rein nivale und eine von Pflanzen besiedelte, subnivale Stufe trennen kann. *Nival*

B. **Alpine***) Stufe. Sie umfaßt Gebiete, die einen Teil des Jahres schnee- und eisfrei sind. In ihr vermögen sich Wiesen (alpine Matten) und Krummholzgebüsche (subalpine Gehölze) zu entwickeln. Ihre obere Begrenzung bildet die Eis- und Schneegrenze, die untere ist durch die Waldgrenze gegeben. *Alpin*

C. **Oreale** Stufe. Diese wurde früher teils der subalpinen, teils der montanen Stufe eingegliedert; da sie aber inzwischen als selbständige Stufe unterschieden wird, sollte man sie mit einem eigenen Namen be- *Oreal*

---

*) Das „alpine" Florenelement sollte man besser als alpisch (alpique) bezeichnen.

legen und das Wort „subalpin" besser für die Krummholzgebiete der alpinen Stufen reservieren. Die oreale Stufe wird von Wäldern, die die Waldgrenze bilden, dargestellt. Meistens handelt es sich um Nadelwälder; in den nördlichen Teilen des Mittelmeergebietes wird aber der bei uns montane Buchenwald zum orealen Wald. Auch hier können in einigen Fällen Unterstufen unterschieden werden.

Montan D. **Montane** Stufe. Die Bergstufe besteht im allgemeinen aus Laubwäldern; im Mittelmeergebiet sind es vorzugsweise Trockenwälder, Wälder sommergrüner Eichen, in Mitteleuropa vor allem Buchenwälder, die diese Stufen bilden.

Collin E. **Colline** Stufe. Die Hügellandstufe bildet bisweilen schon den Abschluß nach unten, bisweilen ist aber noch eine Stufe der Ebenen ausgebildet.

Planar F. **Planare** Stufe. Diese Ebenen-Stufe fällt oft mit der vorhergehenden zusammen, bisweilen ist sie nur als schmale Küstenstufe entwickelt.

Wie bekannt, rücken die einzelnen Stufen von Süden nach Norden gerechnet immer stärker in das Tal hinab, so daß z. B. in der Arktis die alpine oder nivale Stufe auf Meereshöhe liegen. In Nordskandinavien gilt das für die oreale Stufe; in Norddeutschland liegt die montane Stufe fast in Meereshöhe. In Mitteleuropa liegt die untere Grenze der alpinen Stufe bei 1800—2000 m und in Ostanatolien rückt sie bis auf 2700 m hinauf. Es muß aber nochmals betont werden, daß in den Tropen und auf der Südhalbkugel die Dinge anders liegen.

Biotische Faktoren Schließlich müssen wir noch der biotischen Faktoren gedenken, d. h. der Einflüsse, die die Organismen, also andere Pflanzen, Tiere und Menschen ausüben. Wir haben schon auf die Rolle, die die Tiere und der Mensch bei der Verbreitung der Pflanzen spielen, hingewiesen. Aber auch sonst wirken die Tiere auf die Pflanzenwelt ein. Wir erwähnten die Wildläger, die durch ihren Nitratreichtum eine spezielle Vegetation zeigen, das gleiche gilt für die Nistplätze der Vögel, für Vogelberge und Vogelinseln. Weiterhin ist die Bedeutung der Tierwelt für die Befruchtung der Pflanzen bekannt. In unseren Breiten sind es fast ausschließlich Insekten, die die Bestäubung vollziehen. In tropischen Gebieten gibt es aber auch eine große Zahl von Vogelblumen, ebenso andere, die durch Fledermäuse oder Schnecken bestäubt werden. Wo ihre natürlichen Bestäuber fehlen, kann also eine auf Fremdbestäubung angewiesene Pflanze nicht vorkommen. So stimmt das Areal der Gattung *Aconitum* mit der Verbreitung der Hummeln überein bzw. überschreitet deren Areal nie. Manche Kulturpflanzen können ihr Areal nicht ausdehnen, weil die zu ihrer Befruchtung nötigen Insekten auf gewisse Länder beschränkt sind. Zu den biotischen Faktoren gehört auch die Einwirkung der Regenwürmer auf den Boden. Auch mikroskopische Organismen, vor allem Bakterien und Pilze sind im Boden wirksam und tragen zur Bodenentwicklung und zur Förderung des Pflanzenwuchses bei. Mit Hilfe solcher Organismen sind gewisse Pflanzensippen in der Lage, ohne oder mit stark eingeschränkter Assimilation zu leben, wie es für die Saprophyten zutrifft.

Das leitet über zu den Fällen von Symbiose, wie sie beispielsweise zwischen Leguminosen und Knöllchenbakterien besteht. Sehr wichtige Fälle von Symbiose sind die des Zusammenlebens von Waldbäumen und auch von Orchideen mit Wurzelpilzen — Mykorrhizen genannt —, ohne die die meisten dieser Pflanzen nicht leben können. Standorte und Areale beider Organismen müssen also übereinstimmen. Zweifelhafte Fälle von Symbiose sind die der myrmecophilen Pflanzen in den Tropen. Es gibt eine ganze Reihe von Pflanzenarten, die deutliche Einrichtungen aufweisen, mit denen sie gewissen Ameisenarten Schutz und Futter bieten; tatsächlich vermögen diese Pflanzen aber auch ohne Ameisen zu leben. *Symbiose*

Mykorrhiza

Myrmecophilie

Diese zahlreichen und wichtigen Milieueinwirkungen stellen Faktoren dar, die nicht nur auf die Objekte direkt einwirken, sondern sich untereinander auch in ihrer Wirkung verschieden beeinflussen. Wir werden sie alle in ihrem Umfang nicht einmal in Modellbeispielen analysieren können. Wir sind sicher nicht in der Lage, die für jede Sippe gültigen Optima aus der Untersuchung der Faktoren zu ermitteln, zumal sich beispielsweise zeigt, daß Wärme durch Licht oder auch durch ein besonders geeignetes Substrat (Kalk) ersetzt werden kann, daß also die Einflüsse komplexer Natur sind. Wir benutzen deshalb am vorteilhaftesten die Pflanze selbst als Ausdruck der einwirkenden Faktoren.

Schon ALEXANDER V. HUMBOLDT versuchte die Wuchsformen der Pflanzen zu charakterisieren, und zwar auf physiognomischer Grundlage, wie sie das Gesicht der Landschaft bestimmen. Dieses System wurde von GRISEBACH weiter ausgebaut, wobei sich zeigte, daß die Wuchsformen eine gewisse Beziehung zur Ökologie haben. Später sind von HULT, KERNER und DRUDE verschiedene Systeme entwickelt worden, die das ökologische Element stärker betonen, doch können sie in keiner Weise befriedigen. Als wirklich wertvollen Ausdruck ökologischen Verhaltens hat sich das System der Lebensformen nach RAUNKIAER erwiesen. Es geht davon aus, daß die Pflanzen auf verschiedene Weise die für sie schwierigen — kalten oder heißen — Jahreszeiten überstehen, wobei sie dementsprechende Überdauerungsorgane entwickeln (Abb. 20). Dieses System ist von HAYEK, BRAUN-BLANQUET und ROTHMALER verschiedentlich modifiziert und vereinheitlicht worden. In seiner modernsten Fassung will ich es hier wieder- *Lebensformen* geben, da es mir das für alle phytochorologischen und phytocoenologischen Zwecke geeignetste zu sein scheint:

I. **Plankton**, überdauert durch Sporen im Wasser.

II. **Edaphon**, überdauert durch Sporen in der Erde.

III. **Endophyta**, Parasiten, die in der Wirtspflanze überdauern.

IV. **Epiphyta**, baumbewohnende Tropenpflanzen ohne Überdauerungseinrichtungen.

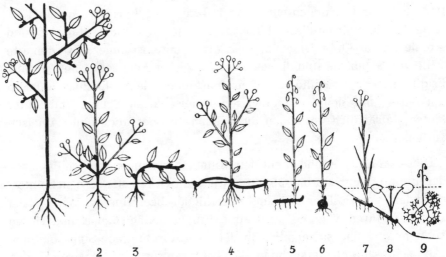

Abb. 20. Schematische Darstellung einiger Lebensformen. Die überdauernden Teile sind schwarz ausgefüllt, die hinfälligen nur in ihren Umrissen gezeichnet. 1 Macrophanerophyta, 2, 3 Nanophanerophyta resp. Hemiphanerophyta, 4 Hemicryptophyta, 5, 6 Geophyta, 7—9 Hydrophyta. (Nach R.AUNKIAER).

V. **Therophyta**, einjährige Pflanzen, die die schlechte Jahreszeit als Samen überstehen.

VI. **Hydrophyta**, einjährige oder mehrjährige Wasserpflanzen, die die schlechte Jahreszeit unter Wasser überdauern.

VII. **Geophyta**, mehrjährige Pflanzen, deren Überdauerungsknospen unter der Erde in Knollen, Rhizomen oder Zwiebeln liegen.

VIII. **Hemicryptophyta**, mehrjährige Pflanzen, deren Überdauerungsknospen an der Erdoberfläche, noch durch Erde und Laub geschützt, liegen.

IX. **Chamaephyta**, mehrjährige Pflanzen, deren Überdauerungsknospen dicht über der Erdoberfläche liegen.

X. **Pseudodendrophyta** (Krautstämme), mehrjährige, krautige Tropenpflanzen ohne Überdauerungseinrichtungen.

XI. **Hemiphanerophyta**, Halbsträucher mit holzigem Stämmchen und Überdauerungsknospen nahe der Erdoberfläche.

XII. **Nanophanerophyta**, Sträucher mit holzigen Stämmen.

XIII. **Macrophanerophyta**, Bäume mit holzigem Stamm.

Eine Unterteilung dieser Lebensformen kann dann weiterhin danach erfolgen, ob die Holzgewächse immergrün oder sommergrün sind, ob die Kräuter rosettigen oder polsterigen Wuchs haben, ob die Stämme oder Stengel winden, ob sie sukkulent sind usw. Es würde zu weit führen, wenn wir hier auf alle diese zur Ökologie gehörigen Dinge eingehen würden, die in einem andern Band dieser Einführungen ausführlich behandelt werden. Wir wollten uns lediglich den notwendigen Überblick über die ökologischen Faktoren verschaffen, die die normale Ausbreitungstendenz einer Sippe beschränken und damit das Areal in seiner Form bestimmen können. Als Ausdruck der ökologischen Ansprüche einer Sippe können wir u. a. ihre Einreihung in das System der Lebensformen verwenden.

KAPITEL 7

Areal und Zeit

> Was auseinander strebt, stützt sich, was auseinander geht, geht mit sich zusammen; auf entgegengesetzter Spannung beruht die Harmonie der Welt wie die der Leier und des Bogens.
> HERAKLIT

[Ausbreitung — Adventive — Antropophile — Wanderung — Age and Area — Historische Pflanzengeographie — Paläobotanik (Pollenanalyse — Pollendiagramm) — Arealanalyse — Disjunktionsbildung (Areallücke — Arealzerreissung — Landbrückentheorie — Kontinentverschiebung — Glazialdisjunktion) — Relikte (Glazialrelikte — Tertiärrelikte — Reliktendemiten) — Endemismus (Reliktendemismus — Neoendemismus — Inselendemismus) — Floren (Inselfloren — Gebirgsfloren — Übergangsfloren — Residualfloren — Regressionsfloren — Progressionsfloren — Primärfloren — Invasionsfloren) — Aus- und Einstrahlungen (Florengefälle — Florenschwelle) — Karten (Historische Karten — Wanderungskarten — Endemitenkarten — Isoporienkarten) — Spezielle Pflanzenchorologie].

Den Einfluß der Zeit streiften wir schon verschiedentlich in den vorhergehenden Abschnitten. Zur Entstehung einer Sippe und zu ihrer Ausbreitung mit Hilfe ihrer natürlichen Verbreitungsmittel bedarf es der Zeit; wir müssen also nach den ökologischen auch die historischen Faktoren kurz einer Betrachtung unterziehen. Die eine Art wird sich

Ausbreitung

schneller als die andere verbreiten, je nachdem wie ihre Verbreitungsmittel beschaffen sind, wie viele Jahre sie benötigen, um Samen hervorzubringen, und wie ihre Anpassungsfähigkeit ist. Eine Pflanze mit sehr speziellen Ansprüchen wird ihr Areal auch mit den günstigsten Verbreitungsmitteln nur langsam ausdehnen können, weil sie nur schwer geeignete Plätze findet.

Adventive   Von manchen Pflanzen wissen wir, daß sie sich schnell zu verbreiten vermögen. Von einigen wenigen ahnen wir, wann sie überhaupt entstanden sein dürften, bei anderen ist uns bekannt, wann sie aus der Neuen Welt auf unseren Kontinent gelangt sind. Meist handelt es sich

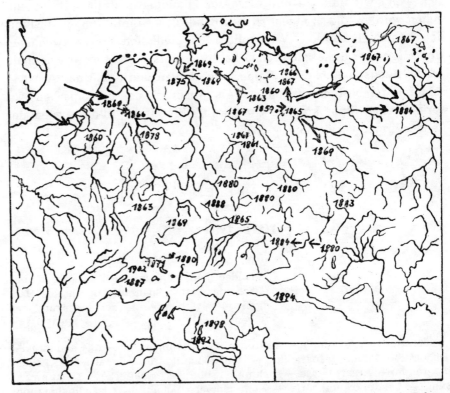

Abb. 21. Die Ausbreitung von *Elodea canadensis* in Mitteleuropa im 19. Jahrhundert. (Nach SUESSENGUTH).

dabei um anthropophile Arten, doch ist das bei einigen sicher nicht der Fall. So wurde die Wasserpest *(Elodea canadensis)* aus Kanada zuerst 1836 nach Europa gebracht; in der Berliner Gegend wurde sie um 1860 einmal angepflanzt; heute besiedelt sie fast alle Wasserläufe Europas (Abb. 21). *Juncus tenuis*, eine Pflanze der Waldwege und Waldlichtungen, kam ebenfalls aus Nordamerika und wurde 1824 erstmals in Westeuropa gefunden. Sie verbreitete sich bald darauf in Deutschland von verschiedenen ersten Ansiedlungspunkten aus und ist jetzt nicht mehr selten (Abb. 22). Auch *Mimulus luteus* aus Amerika können wir erwähnen; diese Art hat erst seit 1830 in Europa Eingang gefunden und ist als Flußuferpflanze nicht nennenswert anthropophil; trotzdem ist sie jetzt an deuschen Flüssen weit verbreitet.

Viel schneller noch verbreiten sich die Arten, die offene Standorte besiedeln, wie es bei den anthropophilen Arten der Fall ist. Wir nannten ja schon die Fälle der Trümmerpflanzen unserer zerstörten Städte, deren Samen oft kilometerweit geflogen sein müssen. Wir kennen viele solcher Pflanzenwanderungen und Ausbreitungen von Unkräutern oder Pflanzen offener Standorte, die, meist mit Schwebefrüchten ausgerüstet, in den letzten 100 Jahren teils von Osten, teils von Westen her kommend, sich Europa erobert haben. *Anthropophile*

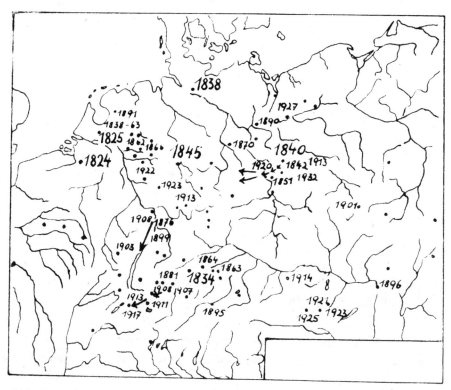

Abb. 22. Die Ausbreitung von *Juncus tenuis* in Mitteleuropa seit der Einschleppung 1824 bis 1932. (Nach SUESSENGUTH). In neuerer Zeit sind noch zahlreiche weitere Punkte in Mittel- und Norddeutschland dazugekommen.

Beispiele solcher Pflanzenwanderungen gibt es genug auch in anderen Ländern, auch Amerika hat seine Eindringlinge aus Europa. Im Mittelmeergebiet sind besonders auffällig die Angehörigen der Gattung *Opuntia* (Feigenkaktus) und die *Agaven*, beide aus Amerika, sowie die *Mesembrianthemum* aus Südafrika, die heute zu den charakteristischsten Vertretern der mediterranen Flora gerechnet werden können. In kurzer Zeit können sich Pflanzen ausbreiten; wir haben Beispiele von wenigen Dezennien oder Jahrhunderten angeführt. Bis zu einigen *Wanderung* tausend Jahren können wir historisch oder prähistorisch zurückgreifen. Wir wissen aber andererseits, daß ein großer Teil unserer Flora bereits im Tertiär vorhanden war, ja von einigen Sippen wissen wir, daß sie im Jura oder in der Kreidezeit schon existierten. Die Jahrmillionen, die wir in diesen Fällen ansetzen müssen, reichen natürlich immer für eine Ausbreitung über die ganze Erde aus. Die Veränderungen der Landmassen und der Erdoberfläche hätten sicher die Verbreitung ermöglicht.

Age and Area — Die Age- and Area-Theorie von WILLIS, die ich hier erwähnen möchte, ist in dem Grundgedanken richtig, daß die kleinsten Areale die jüngsten und die größten die ältesten sein müssen. Doch praktisch ist damit nichts anzufangen, weil wir zum heutigen Areal auch das paläontologische rechnen müßten, das nur bei wenigen Sippen überhaupt bekannt ist. Da außer der Zeit noch zahlreiche andere Faktoren auf das Areal eingewirkt haben, so hat die WILLISsche Aussage keinerlei heuristischen Wert. Wenn auch der Begriff Zeit selbst komplexer Natur ist, so können wir das Areal doch nicht als reine Funktion der Zeit ansehen; wir sind uns aber klar, daß eine gewisse Zeitspanne zur Arealausdehnung nötig ist, daß also die Zeit einen wichtigen Faktor darstellt, denn alle Bewegung verläuft in Raum und Zeit.

Historische Pflanzengeographie — Der beliebigen Ausdehnung eines Areals sind natürliche Grenzen gesetzt, und zwar zunächst durch die bereits besprochenen Umweltfaktoren. Jede Sippe hat ihre speziellen Bodenansprüche physikalischer und chemischer Art und stellt auch bestimmte klimatische Forderungen, die ihre Ausbreitung beschränken. Außerdem aber ist das Areal durch seine geschichtliche Entwicklung in seiner Ausdehnung und Gliederung bestimmt. Der Zweig der Pflanzengeographie, der sich mit diesen Fragen befaßt, wurde als historische, entwicklungsgeschichtliche oder genetische Pflanzengeographie, Genogeographie oder Epiontologie bezeichnet.

Paläobotanik — Für die ältere Zeit der Erdgeschichte und auch der historischen Pflanzengeographie ist die Geologie und zwar vor allem die Paläobotanik zuständig. Aus den fossilen Ablagerungen, aus Abdrücken und Versteinerungen versucht man die Flora und die Vegetationsverhältnisse bestimmter Gebiete und Zeiten kennen zu lernen. Natürlich erhalten wir kein geschlossenes Bild der Dinge, weil die erhaltenen und uns zugänglichen Ablagerungen nur einen Bruchteil dessen darstellen, was ehedem vorhanden war. Die fossilen Ablagerungen sind die einzige Quelle unserer taxonomischen Kenntnisse für die ältesten Zeiten bis zum Tertiär. Seit dem Tertiär bekommen Ablagerungen in Seen und Mooren, — Braunkohlen und Torf vor allem —, besonderes Gewicht. Sie machen die Arbeit eines Sonderzweiges der Paläobotanik möglich, nämlich der Pollenanalyse, die sich mit der Untersuchung fossilen Pollenstaubes *Pollenanalyse* beschäftigt. Die Pollenkörner, der Blütenstaub vieler Gattungen und auch einzelner Arten sind so charakteristisch, daß man sie wenigstens bei starker Vergrößerung sicher identifizieren kann. Auch Arten, die nicht auf feuchtem Boden wachsen und so nicht fossilisiert werden konnten, können durch ihren verwehten Blütenstaub nachgewiesen werden. Nicht nur die windbestäubenden, auch viele insektenblütige Pflanzen stäuben Pollen in großer Menge aus, der in Torfen und Tonen erhalten sein kann. Nach Modellversuchen in heutiger Zeit kann man aus den Mengenverhältnissen in den Ablagerungen sogar auf die wechselnde quantitative Zusammensetzung der Wälder schließen.

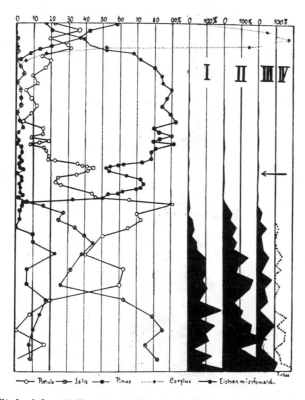

Abb. 23. Spätglazialer Teil eines Pollendiagrammes vom Federseeried. Links Baumpollen von Birke *(Betula)*, Weide *(Salix)*, Kiefer *(Pinus)*, Hasel *(Corylus)* und Eiche. Rechts, auf die Menge der Baumpollen bezogen, das Vorkommen von Riedgräsern (I) Gräsern (II), sonstigen Kräutern (III) und Sanddorn *(Hippophae)*. Der Pfeil zeigt die Grenze von Wald und Tundra an.
(FIRBAS nach BERTSCH).

Die Analysen der Schichtenfolgen stellt man in sogenannten Pollendiagrammen dar (Abb. 23). Die Bodenproben der einzelnen Schichten werden meist auf Objektträgern einer Säure oder Lauge ausgesetzt; bei blütenstaubarmen Proben werden diese vorher zentrifugiert und dadurch angereichert. Die Proben werden dann mit meist 400facher Vergrößerung unter dem Mikroskop betrachtet und die einzelnen Körner auf dem Kreuztisch ausgezählt; daraus ergibt sich das Pollenspektrum,

Pollendiagramm

das auf mindestens 100—150 Baum-Pollenkörner gegründet sein soll und die Prozentzahlen der einzelnen Arten angibt. Die Diagramme werden meist als Schaubild nach internationalen Abkommen dargestellt, wobei auf der Ordinate die Schichtenfolge und auf der Abszisse die Häufigkeit der einzelnen Pollen in % der Baumpollen eingetragen werden. Aus dem Vergleich von Pollendiagrammen kann die Geschichte der Ausbreitung einzelner Sippen erschlossen werden (Abb. 24, 18).

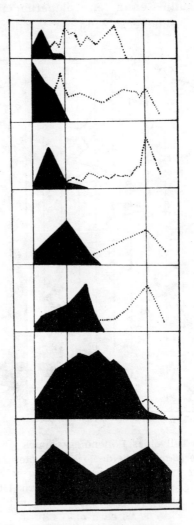

Abb. 24. Vergleich verschiedener Pollendiagramme aus Mitteleuropa über die Ausbreitung der Buche in der Nacheiszeit. Die Buche (schwarz) bezogen auf das Haselmaximum (. . . .). (Nach BERTSCH).

Arealanalyse Außer diesen direkten Methoden, die uns stets nur Aufschluß über einen kleinen Teil der Arten geben, nämlich der, die als Fossilien oder durch reichliche Pollenproduktion nachweisbar sind, müssen wir uns indirekter Methoden bedienen, um die Ausbreitungsgeschichte einer

Sippe kennen zu lernen. Wir gehen bei jeder Sippe von der Arealgestaltung in heutiger Zeit aus; in einigen Fällen können wir dazu noch die Arealgestaltung der gleichen Sippe in vergangenen Zeiten heranziehen. Außerdem setzen wir noch die Areale verwandter Sippen in Vergleich; wir versuchen also die Arealbilder der einzelnen Arten einer Gattung oder einzelner Gattungen einer Familie untereinander zu vergleichen, wobei wir auch immer der taxonomischen Beziehungen einer Gruppe zur anderen eingedenk sind. Die Kombination der taxonomischen, geographischen und eventuell der paläobotanischen Untersuchungen über eine Gruppe gibt uns die nötigen Anhaltspunkte zur Darstellung der Gesamtentwicklung. Vikarianz und Disjunktion, Endemismus und weltweite Verbreitung sind uns wichtige Merkmale bei dieser Betrachtung.

Es fragt sich z. B., welche Möglichkeiten für die Entstehung von Disjunktionen denkbar wären (Abb. 25). Wir könnten an polytope Entstehung denken, wie sie besonders von BEIGNET vertreten wurde; sie lehnten wir bereits ab.

Disjunktionsbildung

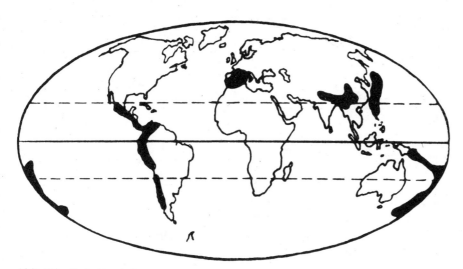

Abb. 25. *Coriaria*, eine monophyletische Gattung, mit heute disjunktem Areal. (Nach R. D'O GOOD).

Auch die Konvergenzhypothese von SCHRÖTER ist hier anzuführen, wonach bei polyphyletischer Entstehung verschiedene Sippen sich durch Konvergenz einander angeglichen hätten. Es gibt aber tatsächlich bei Sippen verschiedener Entstehung keine Möglichkeit derart konvergenter Entwicklung. Solche Erklärungen sind alle schwer vorstellbar; wir haben auch keinerlei Beweise, die wenigstens Teile dieser Hypothesen erhärten könnten. Sprungweise Wanderung wäre denkbar; sie kann bei Sippen mit sehr leichten, durch den Wind verbreiteten Diasporen bisweilen vorkommen. Bei manchen Wasserpflanzen *(Aldrovanda)* sind solche Fälle sprunghafter Verbreitung durch Wasservögel

Areallücken sehr wahrscheinlich gemacht worden. Doch sind die Entfernungen, um die es sich dabei handelt, im allgemeinen recht gering. Immerhin ist nach den Erfahrungen auf Krakatau (S. 48) die Vorstellung vertretbar, daß sich Großverbreitungen von Insel zu Insel („stepping stones", Springsteine) vollzogen haben (Abb. 26). Zumal bei Küstenpflanzen gibt es wohl weltweite, disjunkte Verbreitung durch von Meeresströmungen verschleppte Diasporen. Bei vielen Sippen aber hat die Verschleppung durch den Menschen zur Entstehung disjunkter Areale beigetragen.

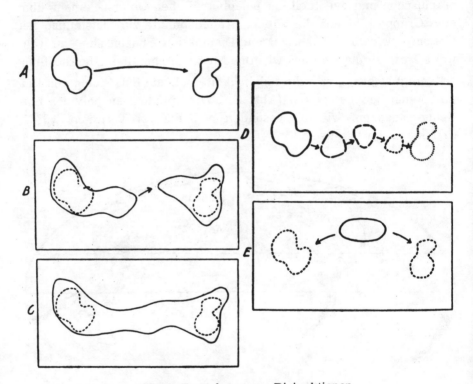

Abb. 26. Entstehung von Disjunktionen
A. durch Fernverbreitung,
B. durch spätere Arealverkleinerung,
C. durch Zerreißung eines zusammenhängenden Areals,
D. mit Hilfe von „Springsteinen" und
E. durch Auseinanderwandern.
(Nach G. L. STEBBINS).

Areal-zerreißung Sehr viel häufiger als solche Fälle disjunkter Arealbildung durch ungleichmäßige Verbreitung dürften die durch Zerreißung, durch Einschränkung eines einheitlichen Areals entstandenen sein. Es ist sicher der Normalfall, daß ein früher einheitliches und ausgedehntes Areal durch äußere Einwirkungen zerstückelt wurde. Es gibt verschiedene Möglichkeiten für die Entstehung solcher zerstückelter Areale. Einmal kann ein Areal durch Vernichtung geeigneter Standorte durch den Menschen zerrissen werden. Das kommt in modernster Zeit tatsächlich öfters vor. Es können aber auch andere Umweltänderungen das Aussterben einer Sippe in Teilen ihres Areals bewirken, so daß dieses zerreißt. Disjunkte Areale entstehen auch durch Auseinanderwandern der Teile; dazu ist allerdings die Vernichtung des verbleibenden Teiles notwendig, da die Pflanzen kaum selbst zu wandern vermögen, sondern nur ein Teil von ihnen, ihre Diasporen. Normalerweise jedoch haben geologische Veränderungen die Disjunktion gebildet; das trifft sicher auf die meisten Fälle von diskontinuierlichen Arealen zu; es sind dazu auch die verschiedensten Möglichkeiten gegeben. Großdisjunktionen werden oft durch die Landbrückentheorie erklärt, nach der frühere Landverbindungen zwischen zwei Kontinenten durch Einbruch ins Meer verschwunden sind. So wird ein hypothetisches „Lemurien" zwischen

Landbrückentheorie

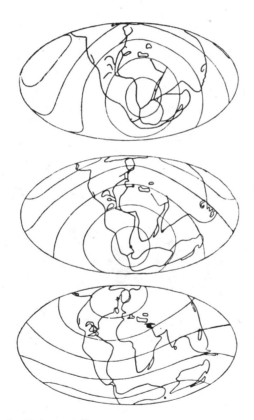

Abb. 27. Kontinente, Pole und Äquator in ihren verschiedenen Lagen im Karbon, Eozän und Alt-Quartär nach der Kontinentalverschiebungstheorie. (Nach WEGENER).

Südostasien und Madagaskar und ein „Atlantis" zwischen Afrika und Amerika angenommen. Die Kontinentalverschiebungstheorie von WEGENER läßt die Kontinente in früheren Zeiten zusammenhängen und sich durch Driftung voneinander entfernen (Abb. 27). Diese Fragen müssen seitens der Geologie geklärt werden; für die Pflanzengeographie

Kontinentalverschiebung

haben beide Theorien ihre Wahrscheinlichkeiten, doch sollte man geologische Theorien mit geologischen und nicht mit botanischen Methoden verifizieren. Wir müssen also eine Entscheidung durch die Geologen abwarten. Einen früheren Zusammenhang der Kontinente, z. B. Südamerika-Australien über Südafrika oder Madagaskar-Südostasien haben wir auf Grund der zahlreichen Disjunktionen zu fordern; auf welche Weise aber die Trennung erfolgte, das sollen die Geologen festzustellen trachten.

Glazialdisjunktion Die Entstehung normaler Disjunktionen können wir in vielen Fällen bereits mit sicheren geologischen Kenntnissen begründen. So ist die Disjunktion Arktis-Alpen sicher durch die Eiszeiten entstanden, als die gesamte Flora Mitteleuropas im Gebiet zwischen den beiden Eisrändern zusammengedrängt war. Nach dem Zurückweichen des Eises nach Norden und Süden folgte die kälteliebende Flora dem Eise nach beiden Seiten bis in die Gebiete des heutigen Schnee- oder Eisrandes in den Alpen oder in Skandinavien, während sie in den dazwischen liegenden Gebieten meist durch neue einwandernde, z. B. hochwüchsige Pflanzen oder Bäume verdrängt wurde. Das gilt ebenso für die Pflanzen, die ur-

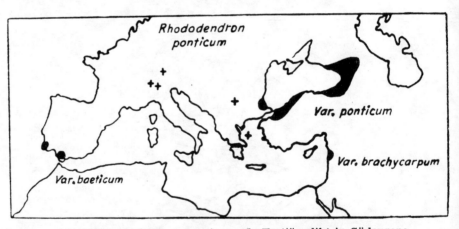

Abb 28. Rhododendron ponticum als Tertiärrelikt in Südeuropa.
+ Fossile Vorkommen. (Nach P. CRETZOIU).

sprünglich nur in den Alpen, wie auch für die, die ursprünglich nur in der Arktis zu Hause waren. Es erfolgte also ein Austausch beider Floren im Zwischengebiet. Dort blieben aber auch einige dieser Pflanzen zurück, einmal einige kälteliebende Arten auf den hohen, kahlen Gipfeln der deutschen Mittelgebirge (Brocken) und auf kühlen, feuchten Mooren in Nord- und Süddeutschland, dann andere, weniger wärmemeidende als vielmehr waldmeidende Arten an Gipsbergen des Südharzes oder auf den baumfeindlichen Dolomitböden in Süddeutschland.

Relikte Solche Einzelvorkommen von Sippen, die gewissermaßen auf zurückgelassenen Individuen beruhen, bezeichnen wir als Relikte. So nennen wir beispielsweise die durch die Eiszeit zurückgelassenen kälteliebenden Arten Glazialrelikte. Die wenigen noch aus dem Tertiär verbliebenen Arten, die die Eiszeit überstanden haben, werden Tertiärrelikte (Abb. 28) genannt. Das Relikt oder der Reliktstandort kann ein außerhalb des Hauptareals gelegenes Vorkommen sein, es kann aber auch das einzige Vorkommen der Sippe überhaupt sein, so daß wir dann von Reliktendemiten (Epibionten) sprechen können. Es werden bei den Relikten, wie schon gezeigt, verschiedene Typen unterschieden, die wir nicht im einzelnen besprechen wollen, da ihre Behandlung der speziellen Pflanzenchorologie obliegt. Wir wollen uns nur vergegenwärtigen, daß sich Relikte aus verschiedenen Gründen bilden konnten. Säkulare Klimaänderungen ließen nur wenige Standorte unverändert oder in so geringem Maße verändert, daß sich die Sippen dort als Relikte halten konnten. Geologische Veränderungen (Verteilung von Wasser und Land oder von Salz- und Süßwasser) schnitten dem größten Teil der Vegetation die Lebensmöglichkeiten ab und ließen nur wenigen Relikten ihr Gedeihen. Die Fortentwicklung offener zu geschlossenen Pflanzengesellschaften (Wäldern) vernichtete die lichtliebende Flora bis auf einige Relikte, die entweder anpassungsfähiger waren oder denen kleine Lichtungen Existenzmöglichkeiten boten. *(Glazialrelikte / Tertiärrelikte / Reliktendemiten / Konkurrenz)*

Die Eiszeit hat nicht nur die arktisch-alpische, sondern noch viele andere Disjunktionen geschaffen. Pflanzen mit einst geschlossenem Areal wurden nach Westen und Osten auseinander gedrängt; doch sind diese Teilareale oftmals später wieder verschmolzen, wenn sich nicht die Sippen in der Zeit der Trennung differenziert hatten. Viele vikariante Sippen sind in jener Zeit enstanden. So haben sich beisielsweise in der Eisrandzone Frühblüher bestimmter Sippen herausdifferenziert, die sich fortgepflanzt haben, weil ihre Samen rechtzeitig reifen konnten. Alle Individuen, die dagegen nicht rechtzeitig zur Blüte kamen, wurden vernichtet, bevor die Fruchtreife erfolgte. So entwickelten sich frühblühende Sippen nahe dem Eisrand, während sich spätblühende nur fern der kalten Gebiete halten konnten. So dürfte die jahreszeitliche Vikarianz vieler *Euphrasia*-Sippen entstanden sein, wie man unter anderem aus dem Fehlen frühblühender Sippen im Süden des Areals schließen kann. In ähnlicher Weise haben sich wohl auch süd- und nordalpische oder ökologische Vikarianten gebildet. Natürlich haben nicht nur die Eiszeiten, sondern auch andere geologisch-klimatische Einflüsse zur Schaffung von Relikten und Endemiten, von disjunkten und vikarianten Sippen beigetragen. So finden wir in Mitteleuropa xerotherme oder pontische Relikte aus einer postglazialen Wärmezeit und andere mehr. *(Vikarianz)*

Relikt-Endemismus wird auch als konservativer oder Paläo-(Alt-)Endemismus (Epibiotismus) bezeichnet. Im Gegensatz dazu stellt man den *(Relikt-endemismus)*

Neo-endemismus Neo- oder Neuendemismus, der auch als progressiver Endemismus bezeichnet wird. Hier ist der Endemit nicht durch Vernichtung des übrigen Areals bzw. durch Erhaltung während langer Zeiträume entstanden, sondern durch verhältnismäßig junge Entstehung charakterisiert. Er ist also sozusagen noch in der Entwicklung, im Vordringen. Das gilt vor allem für Gattungen, die noch in Evolution begriffen sind, in denen also noch Arten recht junger Entstehung vorkommen, die sich erst aus anderen entwickelt und abgespalten haben. Sie wären dann meist nacheiszeitlicher Entstehung; ihr Reichtum an speziellen, lokalen, endemischen **Insel-endemismus** Formen ist besonders groß. Es fällt aber auch auf, daß bestimmte Gebiete auffallend reich an Endemiten sind. So zeichnen sich Inseln im allgemeinen durch einen hohen Prozentsatz ihnen eigentümlicher Arten aus. Inselfloren sind so stark isoliert, daß Relikt- und Neuendemiten weniger leicht von anderen Pflanzen unterdrückt werden können, weil beispielsweise schon einmal die Einwanderer fehlen. Eine dort vorhandene Sippe kommt nicht in Austausch mit nahen Verwandten, in denen sie aufgehen könnte; sie wird auch nicht so leicht von konkurrenzfähigeren Sippen verdrängt. Wie leicht das sonst der Fall sein kann, weiß man von endemitenreichen abgelegenen Inseln, deren eigene **Inselfloren** Flora durch von Menschen eingeführte Pflanzen ganz verdrängt wurde. Ähnlich wie mit den charakteristischen Inselfloren verhält es sich mit **Gebirgsfloren** den Gebirgsfloren; die Gebirge bilden gewissermaßen Inseln im Flachland. Es kommt dazu, daß die klimatische Vielseitigkeit eines Gebirges viel größer als die der Ebene ist: Hänge verschiedener Neigung, Schluchten und Felsen geben die verschiedensten Biotope. Selbst Klimawechsel wirkt sich auf eine Gebirgsflora ganz anders aus, es gibt dort Ausweichmöglichkeiten nach oben und nach unten, zum Schatten und zur Sonne. Auch edaphische Reichhaltigkeit, über die die meisten Gebirge verfügen, läßt es verständlich erscheinen, daß jegliche Form des Endemismus in Gebirgen stärker entwickelt ist.

Übergangs-floren Schließlich sind noch die Übergangsfloren in klimatisch reich gegliederten Gebieten ohne Einwanderungsmöglichkeiten, wie solche das südafrikanische Kapland oder Kalifornien darstellen, zu nennen. Sie sind auch abgeschlossen wie Inseln und weisen zum Teil den klimatischen Reichtum der Gebirge auf, ohne daß sie bemerkenswerte Reliefunterschiede zeigten. Vor allem aber sind endemitenreich wenig gestörte Trockengebiete wie Spanien, Kleinasien, Nordafrika und Innerasien, die oft in klimatisch und edaphisch anscheinend recht einförmigen Gebieten ein buntes Mosaik zahlreicher, vielfach vikarianter Sippen einer Gattung nebeneinander hervorgebracht haben.

Residualfloren Auffällig sind dabei, und besonders in Europa, die von der Eiszeit nicht wesentlich in Mitleidenschaft gezogenen Gebiete, in denen sich ein Großteil der Tertiärflora erhalten konnte. Der Zoologe REINIG bezeichnet sie als Refugial- oder Rückzugsgebiete, als Botaniker hätten wir besser Erhaltungsgebiete (Residualgebiete) zu sagen. Es sind das Gebiete, in denen sich isolierte Sippen und einzelne Relikte, bisweilen auch Teile von Primärfloren erhalten haben. Es sind Regressionsfloren, deren alter Bestand durch die scharf angreifenden, ständig veränderten Umweltbedingungen, die in den Nachbargebieten die Vegetation weitgehend vernichtet haben, auch stark dezimiert und einseitig ausgebildet ist. Sie finden sich besonders in Südeuropa, dann aber auch in Teilen von Nordamerika und vor allem in Ostasien mit seiner reichen, alten Flora. *Regressionsfloren*

Wir können in einem Gebiet geschichtlich verschiedene Typen von Floren unterscheiden, die auch verschiedentlich eigens benannt worden sind. So, wie wir eben in den Residualgebieten von einer Regressionsflora sprachen, so können wir auch von Progressionsfloren reden. Diese gehen von Entwicklungsgebieten aus, in denen sich ungestört eine reiche Flora entwickeln konnte, die durch die Häufung gut geschiedener Sippen charakterisiert ist. Man spricht dann meist von Primärfloren, wenn auch dieser Ausdruck relativ ist und deshalb nicht ganz zutrifft. Es handelt sich ja nicht um eine wirklich primäre, sondern auch um eine Nachfolgeflora, der schon andere, frühere vorausgingen. In Ostasien könnten wir von Primärfloren in den Erhaltungsgebieten reden, während in entsprechenden Gebieten Südeuropas eine dieser ähnliche, aber stark dezimierte Regressionsflora (Residualflora, Reliktärflora) zu beobachten ist. *Progressionsfloren* *Primärfloren*

Wenn später andere Gruppen einwandern, was vor allem in den biotypenarmen Residualgebieten leicht der Fall ist, dann haben wir eine Invasionsflora vor uns. Aus dieser kann sich eine Sekundärflora entwickeln, wenn sie sich als produktiv genug erweist, um ein neues Entwicklungszentrum zu bilden. Die Sekundärfloren sind durch Sippen verschiedensten Ursprungs charakterisiert, zumal auch die Invasionsfloren oft schon heterogen sind. Zu solchen Invasionsfloren gehört auch der größte Teil unserer mitteldeutschen Pflanzenarten; wir können diese vielfach dem Arealtyp nach einem bestimmten Gebiet, einer bestimmten Himmelsrichtung und damit einer bestimmten Herkunft zuordnen. *Invasionsflora*

Wenn wir von einer Pflanze sagen, sie sei mediterran, so liegt ihr Areal im wesentlichen im Mittelmeergebiet. Dennoch kann ihr Areal Vorposten oder Exklaven bis nach Mitteleuropa hin aufweisen; man sagt dann, es strahle nach Norden aus. Hier stellt sie das mediterrane Element und damit eine südliche Einstrahlung dar. Die Zahl der mediterranen Arten nimmt von Süden nach Norden in einem bestimmten Gefälle ab, das ist das sogenannte Florengefälle. An einer bestimmten Stelle wird dieses Gefälle besonders stark sein, so daß man von einer *Aus- und Einstrahlungen* *Florengefälle*

Florenschwelle Florenschwelle sprechen kann. Es ergibt sich an solchen Stellen ein starker Florenkontrast, indem das eine Gebiet eine vom benachbarten recht abweichende Flora zeigt. Zu einer vollständigen Analyse des Florengefälles für ein Gebiet muß man alle Invasionsrichtungen untersuchen. Meistens aber lassen sich diese auf vier kreuzweise entgegengesetzte aufteilen, so in Mitteleuropa auf nördliche und südliche, östliche und westliche Gruppen, in die man jeweils die einzelnen Elemente zu-

Abb. 29. Die Verbreitung von *Dryas octopetala* in heutiger Zeit (schraffiert und ●) und fossil (+). (Nach GAMS).

sammenfaßt. Auch für andere Gebiete hat sich diese Arbeitsweise bewährt, wenn auch jeweils die Richtungen und die Art der Zusammenfassungen zu ändern sind. Natürlich kann auch die Analyse des Florengefälles eines einzelnen Elementes wichtig sein, wie die Abnahme des mediterranen Elementes an der Nordgrenze der Mittelmeerregion, die zur genaueren Begrenzung dieses Gebietes an seiner Florenschwelle dienen kann.

Für diese historische Richtung der Chorologie ist eine kartographische Darstellung zur besseren Anschaulichkeit sehr wichtig. In eine vollständige Arealkarte einer Sippe gehört an sich die Eintragung aller bekannten Fossilfunde dieser Sippe mit den entsprechenden Signaturen, wie sie auch für verschiedene Pflanzen schon vorliegen (Abb. 28, 29). Es existieren auch zahlreiche Karten für die Arealentwicklung von Sippen, doch sind diese meist so hypothetisch und problematisch, weil sie ein heute vorliegendes Arealbild phantasievoll zu erklären versuchen, ohne dabei hervorzuheben, daß der Verlauf der Entwicklung auch ein anderer gewesen sein kann. Sehr schöne Beispiele gibt es bereits für

Historische Karten

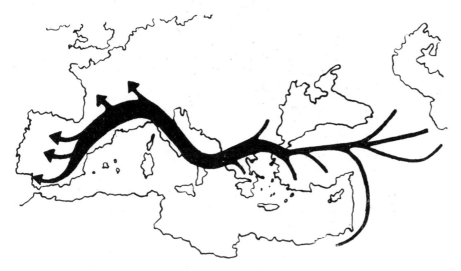

Abb. 30. Wanderweg der durch die Römer im westlichen Mittelmeergebiet eingeführten Kulturpflanzen.

Wanderungskarten, auf denen die Ausbreitung neuer oder neu eingeführter Gewächse dargestellt ist (Abb. 30, 21, 22). So, wie man Fossilfunde oder Pollenfunde in eine Arealkarte als Ergänzung eintragen kann, kann man auch eine Arealkarte aus den jährlichen Neufunden und Ausbreitungspunkten einer ständig sich weiterverbreitenden Sippe zusammensetzen. Sehr instruktiv sind Karten, in denen Linien gleicher Pollenhäufigkeit, sogenannte Isopollen, eingetragen sind (Abb. 18). Solche Karten von Arealentwicklungen sind als Modelle von besonderem Wert.

Wanderungskarten

Die kartographische Darstellung der Gesamtverbreitung von Endemiten in einem bestimmten Gebiet gehört zu seiner Charakterisierung,

Endemitenkarten

vor allem, da diese ja im Florengefälle des Gebietes nicht in Erscheinung treten. Eine Darstellung, die ROTHMALER für Portugal verwendete, trennt lokale und provinziale (weiter verbreitete) Endemiten. Die lokalen zeigen sich meist deutlich gehäuft an bestimmten Punkten

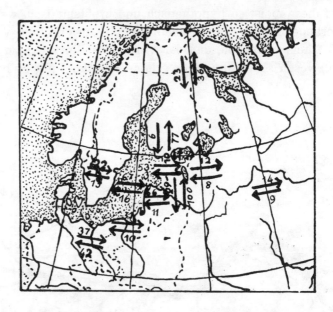

Abb. 31. Florengefälle im baltischen Gebiet. Die Pfeile beziehen sich jeweils auf 100 km, die beigefügten Ziffern geben Ab- und Zunahme der Artenzahl an. (Nach KUPFFER).

(Halbinseln, Inseln, Berggipfeln), so daß diese Punkte je nach der Zahl der in ihnen auftretenden Sippen durch einen Ring oder mehrere konzentrische Ringe gekennzeichnet werden konnten (Abb. 32A). Die provinzialen, weiter verbreiteten Endemiten scheinen auch von einigen dieser Punkte auszugehen; sie wurden in von diesen Stellen ausgehenden konzentrischen Kreisen, gleich Schwingungen dargestellt, wobei die Kreise nur da ausgezogen wurden, wo diese Sippen tatsächlich auftreten (Abb. 32B). Allerdings wird dabei die Zahl der Sippen, ihr mengenmäßiges Vorkommen, nicht berücksichtigt.

Isoporien Das Florengefälle kann man durch Pfeile kartographisch darstellen, wie es KUPFFER tat, indem er die Abnahme der Artenzahl des betreffenden Elementes auf 100 km feststellte und in der Richtung der Pfeile die Zahlenabnahme hinzuschrieb (Abb. 31). Günstiger ist die Darstellung des Florengefälles durch Isoporien, Linien gleicher Artenzahl, wie sie E. HOFMANN in der Zoologie und O. SCHWARZ und ROTHMALER in der Botanik eingeführt haben. Es werden hier im gesamten Untersuchungsgebiet die Punkte gleicher Artenzahl eines Elementes durch Linien verbunden — man kann auch Prozente der Gesamtarten-

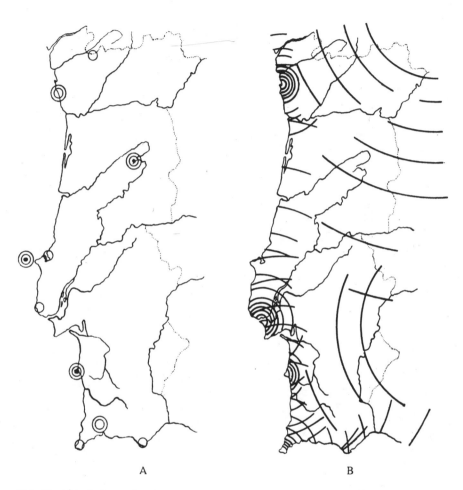

Abb. 32. A. Lokale und B. Provinziale Endemiten in ihrer Verteilung in Portugal.

zahl verwenden —, so daß sich ein recht klares Bild der Einflüsse der Invasionsfloren in einem Gebiet ergibt (Abb. 33). Die provinzialen Endemiten könnte man in gleicher Weise behandeln und dazu auf derselben Karte die lokalen Endemiten anführen, so daß man auch diese Elemente floristischer Entwicklung in einem Gesamtbild veranschaulichen kann.

Die Phytochorologie ist vorzugsweise floristisch ausgerichtet, so daß sie in engster Zusammenarbeit mit der Taxonomie uns ein Bild der floristischen Verhältnisse in den einzelnen Gebieten geben kann. Sie ver-

Spezielle Pflanzenchorologie

sucht unter Mithilfe der Ökologie die Ursachen für die Verbreitung der Sippen festzustellen und ihre Geschichte aus Arealentwicklung und paläobotanischen Funden zu ermitteln. Die Ergebnisse dieser Arbeit

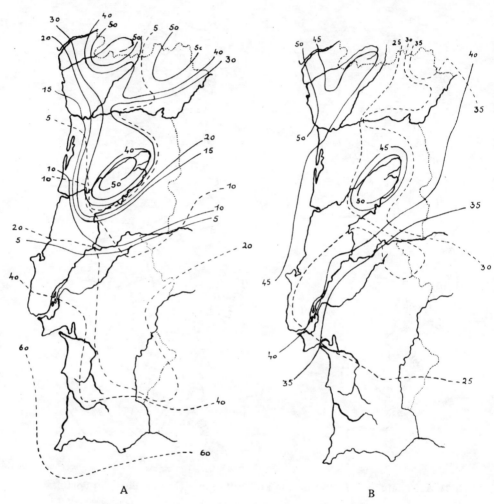

Abb. 33. Isoporienkarten für Portugal. A. Die nördlichen, vorwiegend mitteleuropäischen (—), und südlichen, vorwiegend mediterranen (— — —) Elemente. B. Die westlichen, vorwiegend atlantischen (—), und die östlichen, vorwiegend iberischen (— — —) Elemente. Zur vollständigeren Erfassung der Flora des Landes ist noch auf die Verteilung der Endemiten (Abb. 32) hinzuweisen.

stellt die spezielle Pflanzenchorologie zusammen. Wir haben hier nur noch auf die speziellere Anwendung der Phytochorologie in der Taxonomie einzugehen.

KAPITEL 8

Die geographisch-morphologische Methode

> Das oberste Gesetz, welches der dauernden Absonderung von natürlichen Floren zu Grunde liegt, muß man in den Schranken erblicken, welche ihre Vermischung gehemmt oder ganz verhindert haben. GRISEBACH

[Grundlagen (WETTSTEIN) — Arealgröße und Sippenstabilität — Raum und Zeit — Isolation — Morphologie und Areal — Merkmalsgeographie — Phänoareale — Isosemen — Merkmalsphylogenie — Isoporien — Mannigfaltigkeitszentren — Isopspheren — Ursprungszentren — Primär- und Sekundärzentren — Kategorienbildung.]

Morphologisch-taxonomische und chorologische Methoden bilden gemeinsam die Grundlage der modernen taxonomischen Technik. Schon in der ersten Entwicklung der Pflanzengeographie begann ihre Verbindung mit der Taxonomie, die später vor allem von KERNER und KORSCHINSKY ausgearbeitet wurde. Besonders klar wurden diese Dinge 1898 von R. v. WETTSTEIN gefaßt, von ihm stammt auch der Ausdruck geographisch-morphologische Methode. In der Zoologie wurde diese Arbeitsweise später in der Rassenkreislehre viel weiter ausgebaut als in der Botanik. Ihre exakte Grundlage ist einmal die Zeit der Entwicklung einer Sippe und zum anderen die Isolierung, die meistens räumlich erfolgt; beide sind weitgehend im Arealbild bemerkbar.   *Grundlagen*

Es gibt klare Beziehungen zwischen der Stabilität der Formen und der Größe ihrer Areale. Stabile, wenig veränderte Formen besiedeln kleine Räume, großräumig verbreitete Sippen neigen zur Instabilität, zur Bildung von Sippenkreisen und Rassengruppen. Das ist eine natürliche Folge der in großen Räumen stark wechselnden Milieufaktoren, die zur Auslese und Formung ganz verschiedener Sippen beitragen werden. In der Selektion steckt natürlich stets der Faktor Zeit, denn eine solche Entwicklung bedarf auch bestimmter Zeiträume. Andererseits wird eine wenig plastische Sippe nur sehr kleine Räume mit speziellen Verhältnissen, denen sie angepaßt ist, besiedeln können, oder eine Sippe, die nur ein sehr geringes Verbreitungsgebiet hat, wird nicht durch die Auslese in zahlreiche Untersippen zerlegt werden können. Es handelt sich also um raum-zeitliche Wechselbeziehungen und ihre reziproken Wirkungen. Die Beziehungen von Raum und Zeit in ihren Auswirkungen auf die Pflanzensippen versuchte I. C. WILLIS 1922 in seiner Age and Area-Theorie zu erfassen. Er meinte, daß die   *Arealgröße Stabilität*

Raum und Zeit

ältesten Sippen das größte und die jüngsten das kleinste Areal haben müßten. Das stimmt zwar theoretisch, aber einmal ist die Ausbreitung von den Verbreitungsmitteln der betreffenden Sippen abhängig und zum anderen können wir nur Schlüsse ziehen, wenn wir das vollständige Areal einschließlich des paläontologischen erfassen. Erd- und Klimageschichte haben die Areale so stark verändert, — in den wenigsten Fällen kennen wir die größte Ausdehnung des ursprünglichen Areals —, daß wir, wie wir sahen, mit dieser Theorie tatsächlich gar nichts anfangen können. Sie existiert als rein theoretische Forderung ohne mögliche Verwendung, zumal sie auch sonst noch mit einer Reihe von Fehlern behaftet ist, die von anderer Seite schon angegriffen und klargestellt wurden.

Isolation   Wie schon erwähnt, ist die Isolierung einer Sippe vielfach eine geographische, auch wenn der Raumfaktor mit ökologischen oder genetischen Faktoren verknüpft ist; sie ist fast immer eine räumliche Trennung von den Nachbar- und Ausgangssippen. Eine Veränderung eines Teiles einer Sippe, der diesen an einen anderen Raum angepaßt sein läßt, führt genau so zu ihrer räumlichen Isolation wie die Zerteilung eines Areales, sagen wir, durch geologische Faktoren. Zwar möchte Dobzhansky die geschlechtliche Isolation als wichtigsten Trennungsfaktor hervorheben, wobei er den geschlechtslosen Sippen keinen oder einen ganz anderen Wert zubilligt, doch wenden wir, wie schon wiederholt, auch hier als Taxonomen ein, daß die taxonomischen Einheiten historisch bedingte Produkte sind, die nicht allein genetisch festgelegt werden können. Wir können uns genetischer Methoden bedienen, um diese Einheiten besser erfassen zu können. Geschlechtslose Fortpflanzung, Apomixis oder vegetative Vermehrung ebenso wie Selbstbefruchtung sind dann nur als Mechanismen gegen die Panmixie zu werten, es sind Isolierungsfaktoren zur Verhinderung von Mischung und Entmischung. Klone, Reine Linien, Apogameten usw. sind genetische Begriffe; der taxonomische Wert der einzelnen unterscheidbaren Sippen kann ein ganz verschiedener sein, ihn werden wir nach später zu schildernden Methoden feststellen können. Jedenfalls hängt er nicht von der Art der genetischen Isolation ab.

Morphologie und Areal   Nicht anders steht es mit den Begriffen Klimatypus und Ökotypus, — die, unbeschadet der Bedeutung der Ökologie für die einzelnen Sippen, zur ökologischen Betrachtung gehören —, sie liegen auf einer anderen Ebene als unsere taxonomischen Sippen. Natürlich entsprechen diese ökologischen Einheiten oft solchen Sippen, deren Kategorie allerdings nur mit taxonomischen Methoden ermittelt werden kann. Eine jede Sippe hat, — wie Darwin nach Komarov für die Art sagt —, ihren Platz in der Ökonomie der Natur, eine jede hat ökologische Bedeutung und hat durch Lebensweise und Geschichte ihren Wert und ihren Raum in der Natur, den wir mit allen unseren Mitteln zu bestimmen trachten. Wir ordnen die Formen nach ihrer historischen Bedeutung, nach ihrem Platz in Raum und Zeit ein. Wir glauben ihnen damit die sicherste Definition geben zu können, und weisen ihnen so einen genau festgelegten Platz zu, der uns mit ihnen zu arbeiten gestattet. Erst diese Gruppierung gibt dem Genetiker oder dem Ökologen, dem Physiologen oder Zytologen die Möglichkeit, sichere Aussagen zu machen und dadurch wiederum die Definition auch der einzelnen Sippen bestimmter zu gestalten. Morphologie und Areal sind der Ausdruck für die Stellung einer Sippe in der Natur; darauf fußt die geographisch-morphologische Methode. Wir sind noch weit davon entfernt, Ökologie und Geschichte einer jeden Sippe in ihren Einzelheiten und in ihren Zusammenhängen zu erfassen; vielleicht werden wir es auch nie erreichen. Wohl aber können wir als formelhaften Ausdruck dafür die Organbildung und die Verbreitung der betreffenden Sippen benutzen.

Die geographisch-morphologische Methode zieht also das Areal mit zur Bewertung und als Merkmal heran. Da wir gesehen hatten, daß der geographischen Isolation eine besondere Rolle bei der Sippenbildung und Sippenentwicklung zukommt, liegt die Bedeutung der geographischen Charaktere klar auf der Hand. Vor allem für die Kategorienbildung werden wir die Arealverhältnisse noch zu benutzen haben; wir wissen schon, daß für die untergeordneten Sippen die Bedeutung der Chorologie besonders groß ist. In schwierigen taxonomischen Fragen, vor allem bei kombinierter oder retikulater Merkmalsverteilung kann man ohne Heranziehung der chorologischen Momente überhaupt keine Klarheit schaffen. O. SCHWARZ (1936) empfiehlt deshalb ihre Weiterentwicklung als vergleichende Merkmalsgeographie, die er in seinen eigenen Arbeiten besonders über die sehr schwierige Gattung *Quercus* anwendet. Im Bereich enger Verwandtschaftskreise untersuchte er die Verbreitung einiger Merkmale und kam zur Feststellung von Merkmalstransgressionen. Diese Eigenschaften also sind nicht geographisch auf eine Sippe bechränkt, sondern tauchen bei benachbarten Sippen wieder auf, wobei der Arealsaum als „Genfilter" wirke, der nur einige Gene passieren lasse. Es ist wohl so, daß in der Arealkontaktzone zweier Sippen Bastarde entstehen, von deren Abkömmlingen einige in der Lage sind, das Nachbarareal zu durchsetzen. Dadurch passieren gewisse Merkmale die ursprünglichen Arealgrenzen und treten als Introgressionen im Nachbargebiet auf. Gleichzeitig untersuchte REINIG (1938) die Progression bestimmter Merkmale einzelner Sippen, um damit die „Elimination"

Merkmals-geographie

als wichtigen Faktor neben der Selektion nachweisen zu können, worauf wir schon oben hinwiesen.

Phänoareale   Eine exakte Methode zur Erfassung solcher Merkmalsverbreitung gibt PEARSON (1938), indem er Phänoareale (Merkmalsareale, phenocontour) für bestimmte Merkmale zeichnet, in die auch noch Linien relativer Häufigkeit dieser Merkmale gegenüber vermuteten Ausgangsmerk-
Isosemen   malen, Isosemen, eingetragen werden können. Damit wird gezeigt, wie ein Merkmal sich an bestimmten Stellen anreichert und konzentrisch vom Anreicherungspunkt in seiner Häufigkeit abnimmt, wodurch ein Ausgangspunkt zur Ermittlung seiner Geschichte gefunden wird. Es zeigt sich ein deutliches Gefälle der Merkmalshäufigkeit in bestimmten Richtungen, aus denen die Progressionen nachgewiesen und genauer untersucht werden können. Dehnen wir solche Analysen über den Bereich einer einzelnen Sippe hinaus auf den gesamten Verwandtschaftskreis aus, dann können wir die Transgressionen sich deutlich abzeichnen sehen. Es wird aber auch notwendig sein, solche Untersuchungen auf andere, nicht verwandte Sippen mit gleichen oder ähnlichen Merkmalen auszudehnen, um damit feststellen zu können, ob selbständige Merkmalsprogressionen vorliegen, oder ob diese nur durch gleichsinnige Selektion vorgetäuscht werden. Ohne Zweifel kommt der Auf-
Merkmals-   stellung der Merkmalsphylogenie (ZIMMERMANN 1931) und der Geo-
phylogenie graphie der Merkmale eine große Bedeutung in der Taxonomie zu. Noch liegt allzuviel Dunkel über den Fragen des Wertes der Merkmale und ihrer Abhängigkeit von der Umwelt, wie auch ihres Selektionswertes, der durch eine Reihe von Modellen oder Beispielen dieser Art erhellt werden könnte.

Isoporien   Die bei der pflanzengeographischen Betrachtung schon erwähnten Isoporien lassen sich zur Darstellung eines Gefälles der Untersippenzahl innerhalb einer übergeordneten Sippe verwenden, so z. B. zur Darstellung einer Gattung mit ihren Arten (Isofloren). Diese Linien schließen also die Gebiete gleicher Artenzahl ein, so daß die Einser-Linie das gesamte Gattungsareal umschließt, da am Außenrande immer nur eine Art, wenn auch an den verschiedensten Punkten vielleicht eine andere, vorkommen wird. Die stärkste Artenkonzentration wird man in einem oder
Mannigfaltig- mehreren Brennpunkten des Areals finden. Hier ist es, wo die größte
keitszentren Mannigfaltigkeit der betreffenden Gattung liegen dürfte, ihr Mannigfaltigkeitszentrum. Es kommt demnach bei der Konstruktion der Isoporien nicht auf die Verbreitung der einzelnen Arten, sondern nur auf die Zahl der an einem Punkt gemeinsam auftretenden Arten an. Zu ihrer Darstellung wird auf die Karte ein Gitternetz aufgetragen, in dessen Maschen vermerkt wird, wie viele Sippen der behandelten Gruppe in jedem Quadrat vorkommen. So bekommen wir ein Netz, in

das wir die Linien gleicher Sippenhäufigkeit eintragen können (Abb. 34 A).

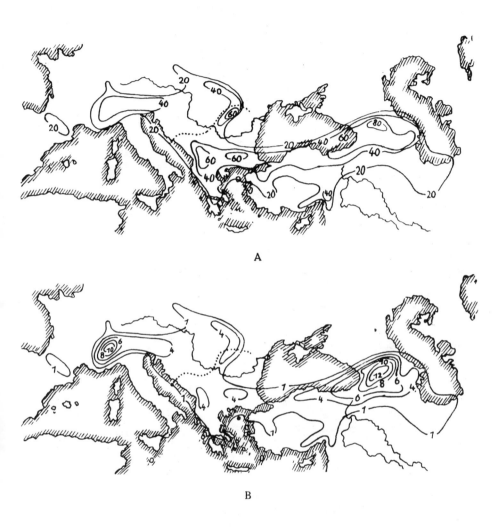

Abb. 34. A. Isoporien und B. Isopsepheren für die *Alchemilla*-Gruppe *Calycanthum*. Die gemeinsame Betrachtung beider Karten zeigt im Kaukasus zwölf gleichzeitig vorkommende Arten mit 80 Merkmalen, im Balkan vier Arten mit 60 Merkmalen und in den Alpen zehn Arten mit 40 Merkmalen. Wir hätten den Kaukasus als primäres, die Alpen als sekundäres Entwicklungszentrum und den Balkan als Reliktengebiet aus heterogenen Elementen anzunehmen.

Welche Arten daran beteiligt sind, das erhellt erst aus einer anderen Kartendarstellung, bei der wir auch die Zahl der Merkmale der betreffenden Sippen analysieren. Eine möglichst große Zahl von gegensätzlichen Merkmalen wird auf ihre Verbreitung im Areal untersucht; es entfällt dann wieder auf jedes Quadrat der Karte eine bestimmte Zahl

Isopsepheren

von Merkmalen. Die Punkte gleicher Merkmalszahl werden durch Linien, Isopsepheren (ROTHMALER 1938), verbunden (Abb. 34 B, 35).

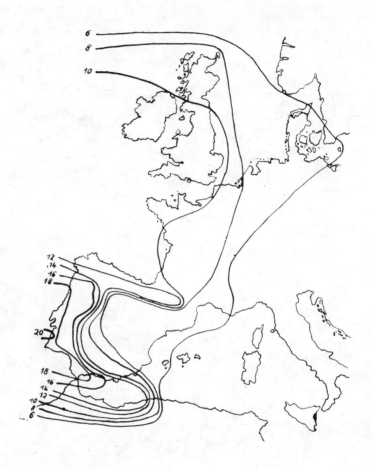

Abb. 35. Isopsepheren der Gattungen *Ulex, Nepa, Stauracanthus* und *Echinospartium* auf Grund von zweiundzwanzig untersuchten Merkmalen.

Ursprungs-
zentren

Es kommt hier noch klarer als bei den Isoporien zum Ausdruck, wo wirklich die größte Mannigfaltigkeit der Gruppe herrscht. In diesen Merkmalszentren hat ohne Zweifel eine besonders starke Entwicklung der Gattung stattgefunden, so daß wir solche Punkte dann mit Recht als Entwicklungszentren bezeichnen können. Wir können sogar primäre und sekundäre Enwicklungsgebiete feststellen, wobei die primären mit einem postulierten Entstehungszentrum identisch sein können. Tatsächlich aber können solche Ursprungszentren an ganz anderen Stellen gelegen sein. Es ist mit den Primärzentren wie mit den Primärfloren; diese Begriffe sind relativ. Vor dem Primärzentrum gab es schon ein noch früheres Ursprungszentrum, weil man immer auf einen noch früheren Entwicklungspunkt, auf den Ursprung von Gattung, Familie, Ordnung usw. zurückgehen kann. Das primäre Entwicklungszentrum ist demnach dem Entstehungs- oder Ursprungszentrum der Sippe oft gleichzusetzen. Wir tun aber gut daran, derartige Ausdrücke zu vermeiden, deshalb gebrauchen wir auch die Bezeichnungen Genzentrum (VAVILOV 1928) oder Allelzentrum (REINIG 1938) besser nicht, die meist nur eine nicht geprüfte Exaktheit vortäuschen.

Die gemeinsame Betrachtung beider Karten (Abb. 34 A, B) läßt Gebiete erkennen, in denen bei größter Artenzahl auch höchste Merkmalszahlen auftreten; diese wären also als primäre Entwicklungszentren anzusehen. Ist die Konzentration in einem anderen Gebiet bei beiden Werten geringer, aber auch annähernd gleich hoch, dann haben wir ein zweites Entwicklungszentrum vor uns. Hohe Artenzahl bei niedriger Merkmalszahl zeigt ein Gebiet mit sekundärer Entwicklung und Neubildung zahlreicher noch nicht stark differenzierter Arten an. Ist dagegen die Artenzahl niedrig, während die Merkmale gleichzeitig eine starke Konzentration aufweisen, dann dürfen wir annehmen, daß in diesem Gebiet sehr heterogene Elemente, vielleicht Relikte verschiedenen Ursprungs nebeneinander auftreten. *Primär- und Sekundärzentren*

Der Kernpunkt der geographisch-morphologischen Methode ist demnach das Heranziehen der Verbreitung der Sippen als Ausdruck ihrer Geschichte und ihrer Selbständigkeit. Je geringer die morphologischen Unterschiede zwischen zwei verwandten Sippen sind, desto höher ist die Unabhängigkeit ihres Verbreitungsgebietes zu bewerten; je größer die morphologisch charakterisierte Selbständigkeit einer Sippe ist, von desto geringerer Wichtigkeit ist ihr Areal für ihre taxonomische Stellung. Es zeigt sich bei der Kategorienbildung, bei der Bewertung der Sippen, daß in den niederen Einheiten vielfach Panmixie gefunden wird, die durch geographische Isolation wettgemacht werden muß, wenn die Sippe ihre Selbständigkeit behalten soll. Bei höheren Sippen liegt stets geschlechtliche Isolation vor, so daß eine räumliche Trennung zwar vorliegen kann, aber nicht vorhanden sein muß. Es ergeben sich demnach aus der geographisch-morphologischen Methode ganz wesentliche Anhaltspunkte für die Kategorienbildung, auf die wir unten eingehend zu sprechen kommen. Dort auch können wir erst auf die Beispiele und Karten näher eingehen. Auch die in früheren Kapiteln angeschnittene Frage der Rassenkreise wird erst dort ihre Darstellung finden, wenn auch dafür die hier geschilderte Methode ausschlaggebend ist. *Kategorienbildung*

KAPITEL 9

Die taxonomischen Einheiten

> Die einzig reelle Definition ist die Entwicklung der Sache selbst, diese ist aber keine Definition mehr. FRIEDRICH ENGELS.

[Definition — Realität — Individuum — Population — Linie — Genotyp — Phänotyp — Biotyp — Klon — Kombination — Sippe (Tiersippen — Pflanzensippen) — Rangstufen — Art (LINNÉ — JORDAN — LAMARCK — DARWIN — DE VRIES — LOTSY — DU RIETZ — O. SCHWARZ — KOMAROV — TURRILL — DOBZHANSKY — MAYR) — Apogamie — Dynamik (HUXLEY) — Stammesentwicklung (Hiatus — Stammbaum — Stammkreis — Stammrasen) — Realität der Art — Charakteristik der Art (Monomorphie — Polymorphie — Polytypie) — Unterart (Subspecies) — Rassenkreis — Rassenkette — Rassenschnur — Synchore (Cline) — Diachore (Chore) — Varietät (Varietas) — Form (Forma) — Bastard (Hybrida) — Kulturpflanzen (Convarietas — Cultigrex — Cultivar) — Höhere Kategorien — Gattung (Genus) — Familie (Familia) — Ordnung (Ordo) — Klasse (Classis) — Abteilung (Divisio) oder Stamm (Phylum) — Reich (Regnum) — Gleichwertigkeit — Sippenalter — Beispiel zur Kategorienbildung (Cultivar — Cultigrex — Convarietas — Form — Varietät — Unterart — Art — Gattung — Tribus — Familie — Ordnung — Klasse — Abteilung (Stamm) — Reich — Organismenwelt) — Beispiel zur Sippengliederung (Scrophulariaceae — Antirrhinoideae — Antirrhineae — Linariinae — Antirrhinum Sect. Antirrhinum — Subsect. Antirrhinum — Ser. Majora — A. majus — ssp. latifolium, linkianum, — var. ramosissimum, linkianum — f. glandulosum, linkianum — Modifikation (Lusus) — Apogame Sippen (Monomorphie — Polytypie — Status (Lusus) — Alchemilla — Hieracium — Taraxacum etc. — Klone) — Kleinsippen.]

Definition Nach dem, was wir über die Entstehung der Sippen wissen, ist es natürlich problematisch, taxonomische Einheiten überhaupt zu definieren, wenn wir einmal von ihrer Konstanz und der Erblichkeit ihrer Merkmale sprechen und dann wieder von der Veränderlichkeit der Sippen als Nachkommen älterer, vergangener und Vorfahren jüngerer, zukünftiger Sippen. Diese Veränderlichkeit also und die verschiedenen Wege, die zur Neubildung von Sippen führen, lassen allgemein gültige Definitionen nicht zu, wie verschiedene Autoren in neuerer Zeit, vor allem SCHWANITZ (1943) und MANSFELD (1948), betonen. Auch HUXLEY (1943) hebt hervor, daß die Logik zwar die Definition des Artbegriffes verlange, aber daß es sein könne, daß die Logik irre und der Begriff undefinierbar sei, da Arten von Gruppe zu Gruppe, von Areal zu Areal aus inneren und äußeren Gründen ihrer Entstehung verschieden seien. Trotz dieser Schwierigkeiten müssen wir zur Unterscheidung und Bezeichnung gewisser Einheiten, zu Rangunterschieden und Stufenleitern kommen, da wir deren reale Existenz nachweisen können. Wir müssen uns nur stets im klaren darüber sein, daß diese Einheiten, konstant und veränderlich zugleich, dynamische Gebilde sind, deren Definitionen nur im Bewußtsein der in ihnen enthaltenen Widersprüche zu verwenden sind.

Wenn wir auch später noch auf die Fragen der Realität taxonomischer Einheiten zurückkommen werden, so möchte ich doch hier schon einige Worte dazu vorausschicken. Die Realität der von der Wissenschaft unterschiedenen Gruppen ist gerade von seiten der Taxonomen oft angezweifelt worden, als seien sie reine Erfindungen des Menschen. Gewiß sind diese Einheiten Abstraktionen aus Individuen oder Untereinheiten, gedankliche Zusammenfassungen also, jedoch auf Grund realer Existenz. Die Realität der untersten Einheit (Individuum) wird wie die der obersten (Organismenwelt) kaum jemals angezweifelt, weil sie jeweils nur ein Objekt umfassen. Sicher sind aber auch die dazwischen liegenden Einheiten real, wenn sie auch oft schwer zu fassen sind. Wir gehen zu ihrem Nachweis am besten von der niedersten Einheit, von einem Individuum, einem Stück aus, das wir in der Hand halten können. Dieses Individuum wird mit zahlreichen anderen, ganz ähnlich gestalteten, gemeinsam vorkommen; die Gesamtheit dieser Individuen bildet eine Population (Bevölkerung). Eine solche Population enthält aber doch Verschiedenes, auch wenn es uns scheint, als seien die Individuen untereinander ganz ähnlich. Nach LOTSY wäre eine solche Gruppe ein heterogenes Syngameon, denn wir finden in dieser Bevölkerung kleine und große Erscheinungen und anders abgewandelte; keine zwei Individuen sind einander gleich. Untersuchen wir die Komponenten einer solchen Population genetisch, dann finden wir noch stärkere Unterschiede.

Wir können nämlich aus einer autogamen Population zumeist mehrere Reine Linien auslesen, Gruppen von Individuen, die untereinander völlig reinerbig, eine ± gleichförmige Nachkommenschaft haben, die alle den gleichen Genotyp, d. h. genau die gleiche erbliche Veranlagung haben. Jeder Genotyp kann aber verschiedene Phänotypen aufweisen; d. h. trotz gleicher Erbgrundlage entwickeln sich doch verschiedene individuelle Ausbildungen, die durch äußere Einflüsse der Ernährung oder des Klimas bewirkt sind. Diese zunächst nicht erblichen Abänderungen nennt man Modifikationen. Alle die kleinen und großen, schlanken oder breiten, jedenfalls verschieden ausgebildeten Phänotypen ein und desselben Genotyps faßt man als Biotyp zusammen. Die Reine Linie tritt als Biotyp in Erscheinung, sie entspricht dem homogenen Syngameon oder der Elementarart LOTSYS. Jede Population kann mehrere solcher Linien oder Biotypen enthalten.

Pflanzen ohne geschlechtliche Vermehrung, die sich nur durch Teilung, durch Ableger oder apogam vermehren, zeigen diese Eigenschaft der Variabilität nicht so stark. Ihre Populationen sind meist gemeinsamer Abstammung und bilden sozusagen Reine Linien, die man in diesem Fall Klone nennt. Ein Klon ist eine Summe von Individuen, die einem Biotyp angehörig, ursprünglich aus einem Individuum auf unge-

Realität

Individuum

Population

Linie

Genotyp
Phänotyp

Biotyp

Klon

schlechtlichem Wege hervorgegangen, diesem genetisch völlig gleichen. Natürlich zeigen auch diese Klone Abwandlungen (Modifikationen), die durch äußere Einflüsse vorübergehend hervorgerufen werden; es kommen aber auch fortpflanzbare Abwandlungen durch Knospenvariationen vor.

Kombination Wir sehen demnach als Varianten in einer Population nichterbliche und erbliche Linien. Wir können auch noch Kombinationen verschiedener Variationen finden, die nach Entmischung oder Aufspaltung unter Umständen ebenfalls konstant werden können. Im Experiment kann sich so eine große Zahl ganz abweichender Typen finden, die durch verbindende Individuen eine geschlossene Reihe bilden, indem sich Variante an Variante reiht. Das ist in der Natur selten, da hier die Umwelt so stark einwirkt, daß die einzelnen Populationen verhältnismäßig einförmig wirken, wobei verwandte, in sich ebenfalls einheitliche, von der ersten durch eine stärkere Merkmalslücke getrennt sind.

Sippe Wir sagten, daß das Individuum eine Einheit ist, über die es kaum Diskussionen gibt. Aber schon, wenn man mehrere Individuen gemeinsam betrachtet, muß man abstrahieren und das Wesentliche, das mehreren Individuen Gemeinsame, zusammenfassen. Wir lassen jetzt in unserer Betrachtung alle nicht erblich konstanten Formen beiseite und beschäftigen uns nur mehr mit den echten taxonomischen Einheiten, also den Formen, denen wir unter den nötigen Vorbehalten Konstanz zubilligen. Eine Individuengruppe, die wir für gleicher Abstammung, für eine Abstammungsgemeinschaft halten, nennen wir nach NÄGELI eine Sippe (Taxon). Die Gattung Mensch, die Familie der Schmetterlingsblütler, die Art Gänsefingerkraut, die Schafrasse Heidschnucke oder die Weizensorte Heine IV stellen Sippen verschiedenen Wertes dar; jeder Begriff umfaßt nur Individuen gleicher Abstammung mit einer mehr oder minder hohen Zahl an gleichen Merkmalen, jeder Begriff bezeichnet eine bestimmte Sippe.

Tiersippen Wenn wir die Gruppe der Einhufer betrachten sehen wir, daß sie u. a. durch ihre Hufbildung so deutlich von allen anderen Tieren geschieden ist, daß wir sie für eine Abstammungsgemeinschaft halten müssen. Sie bildet aber auch nur den Teil einer größeren Gruppe, die als Säugetiere durch eine bestimmte Zahl von Merkmalen ebenfalls als Abstammungsgemeinschaft gekennzeichnet ist. Andererseits können wir innerhalb der Einhufer ganz verschiedene Sippen unterscheiden, die sich nicht oder nur sehr schwer vermischen, so z. B. Esel, Zebra und Pferd. Innerhalb der Abstammungsgemeinschaft Pferd stellen wir auch wieder kleinere Abstammungsgemeinschaften fest. Wir sehen also ganz klar eine Stufenleiter, indem übergeordnete Abstammungsgemeinschaften jeweils einzelne bis zahlreiche, kleinere Sippen umfassen (Abb. 36).

Ein ähnliches Beispiel aus der Pflanzenwelt mag folgen: Innerhalb Pflanzensippen
der Blütenpflanzen sehen wir eine Gruppe durch ihre einmalige Fruchtbildung sicher zusammengehöriger Pflanzen, die eine Abstammungsgemeinschaft bildet, die Sippe der Leguminosen oder Hülsenfruchter.
Innerhalb dieser Gruppe erkennen wir mehrere, kleinere Sippen, deren
eine u. a. durch die Bildung der eigentümlichen Schmetterlingsblüten
auffällt. Diese Sippe umfaßt die verschiedensten Untersippen, wovon wir
eine als Erbse, eine andere als Linse und wieder andere als Bohne zu

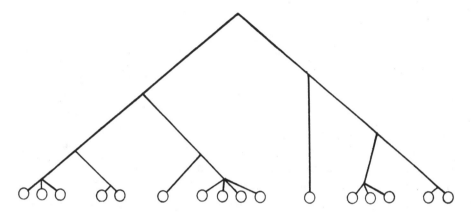

Abb. 36. Schema verschiedener morphologischer Gruppen, die mehr oder weniger stark verwandte Abstammungsgemeinschaften differenten Grades bilden.

bezeichnen pflegen. Unter den Bohnen gibt es Feuer-Bohnen, Helm-Bohnen, Mond-Bohnen und viele andere, die voneinander durch einen
bestimmten Frucht- oder Blütenbau usw. unterschieden sind. Innerhalb
der Feuer-Bohnen finden wir wiederum Gruppen mit weißen und roten
Blüten, mit einfarbigen und gefleckten Samen usw. Eine Abstammungsgemeinschaft ordnet sich der anderen unter, es gibt höhere und niedere
Sippen; wir müssen also ganz reale, höhere und niedere taxonomische
Einheiten unterscheiden. Das tut die Biologie, indem sie beispielsweise
die Klasse der Säugetiere mit der Ordnung der Unpaarhufer mit der
Gattung Pferde mit der Art Pferd und den darunter untergeordneten
Rassen oder die Blütenpflanzen mit der Ordnung der Leguminosen, mit
der Familie der *Fabaceae* mit der Gattung *Phaseolus* (Bohne), der Art
Phaseolus coccineus (Feuer-Bohne) mit ihren Varietäten und Formen
unterscheidet. Die Anerkennung des Individuums und der Organismenwelt als gegebener Realitäten ergibt die Notwendigkeit, die Stufenleiter der Abstammungsgemeinschaften und die verschiedenen Einheiten ebenfalls als real existent anzuerkennen. Die Autoren, die nur
das Individuum, die Art oder die Gattung als natürliche Einheiten anerkennen wollen, sind also sicher im Unrecht.

Rangstufen In der Botanik unterscheiden wir im allgemeinen unter der obersten Einheit der Organismenwelt die folgenden Rangstufen:

Reich (Regnum)
  Stamm (Phylum) oder Abteilung (Divisio)
    Klasse (Classis)
      Ordnung (Ordo)
        Familie (Familia)
          Tribus (Tribus)
            Gattung (Genus)
              Art (Species)
                Unterart (Subspecies)
                  Varietät (Varietas)
                    Form (Forma)

Dabei können wir bei jeder Einheit noch Untereinheiten wie Subphylum, Unterabteilung, Subordo, Subvarietas etc. unterscheiden, wenn es notwendig wird. Diese Rangstufen müßten wir aber nun doch definieren; wir müssen doch den Begriffen Familie oder Art oder Form einen bestimmten Wert zugestehen, den wir umschreiben müssen. Wir erinnern nochmals daran, daß die Sippen zwar konstant, in der Länge der Zeit aber variabel sind, und daß eine Gattung einmal in der Vergangenheit aus einer Art, diese früher aus einer Varietät und diese früher aus einer Form entstanden sein dürfte, daß also in mehr oder weniger langen Zeiträumen Veränderungen erfolgen. Die obersten und ältesten Kategorien sind die bestimmtesten: Welt (Organismenwelt), Reich (Pflanzenreich), Stamm (Farnpflanzen) usw. Je weiter wir abwärts steigen, desto schwerer ist ihre Umschreibung oder ihre allgemeingültige Definition. Die niedersten Sippen sind stärker im Fluß, sie sind der Vermischung und Auslese viel stärker unterworfen als die höheren, zumal sie auch viel jünger und viel später herausdifferenziert sind als die schon in frühesten Formationen der Erdgeschichte entstandenen höchsten Einheiten.

Art (Species) Keine der systematischen Einheiten ist soviel diskutiert worden wie gerade die der Art (Species). Nur diese spielt in der Geschichte des Kategorienbegriffes eine bedeutende Rolle, da sich mit ihr bereits bestimmte Vorstellungen in der Volksbotanik decken, weil sie eine besonders augenfällige Naturgegebenheit ist. So wollen wir jetzt zunächst einmal eine kurze, historische Betrachtung des Artbegriffes einfügen, um später um so klarer diesen Begriff und die anderen Kategorien herausarbeiten zu können.

Die Art wurde vom Volk und auch von den früheren Botanikern als die grundlegende Einheit betrachtet; was ihr unterzuordnen war, schienen nur zufällige Abänderungen. Die Art galt als einmalig und unveränderlich; sie gehörte zum Bestand der Natur von den Zeiten der

Schöpfung her. Auch LINNÉ betrachtete die von ihm unterschiedenen Arten als von Gott geschaffen, als konstant und unveränderlich. Die Varietäten, die kleineren Abwandlungen dieser Arten, hielt er für nicht erblich und nur vom Milieu abhängig; sie seien durch Klima oder Boden gebildet und gingen wieder zur Ausgangsform zurück. Hundert Jahre später zeigte JORDAN, daß viele der LINNÉschen Arten in kleine, konstante und erbliche Einheiten zerlegbar sind. Besonders stützte er sich dabei auf die Kleinsippen, die er in der Gattung *Erophila* fand. Er war der Meinung, daß diese Kleinsippen die wahren, von Gott geschaffenen Arten seien, und daß die LINNÉschen Arten etwa Gattungen entsprächen. Auch JORDAN leugnet die Wandelbarkeit seiner Arten. Lange Zeit hindurch — und vielfach noch heute — unterschieden die späteren Taxonomen zwischen Groß-Arten oder Linnéons und Klein-Arten oder Jordanons; einige maßen diesen, andere jenen größere Bedeutung zu und hielten sie für die wahren Arten. LINNÉ

JORDAN

LAMARCK und DARWIN haben beide die Konstanz der Arten bezweifelt, nach ihnen sind diese umformbar. Nach DARWIN sind die Varietäten beginnende Arten und die Arten entwickelte Varietäten. Alles ist im Fluß und in Bewegung, eine genaue Grenze oder Definition von Art und Varietät sei also nicht möglich. LAMARCK und GEOFFROY sahen die Ursache zur Umwandlung in den äußeren Einflüssen und hielten jede Abweichung für einen unter den Umweltbedingungen erfolgten ersten Schritt zur Sippenbildung, wobei sie nur dem Individuum selbst und nicht den Kategorien Realität zubilligten. DARWIN begann schon gefühlsmäßig einen Unterschied zwischen erblichen Varietäten, beginnenden Arten und gewöhnlichen, nicht konstanten, vorübergehend durch die Umwelt bedingten Abweichungen zu machen. Die Ursache für die erblichen Abwandlungen kannte DARWIN nicht; er erkannte zwar auch den Einfluß der Umgebung an, machte aber im wesentlichen die Umwelt als Auslesefaktor dafür verantwortlich. Für ihn war die Selektion das ausschlaggebende Agens für die Herausbildung neuer Formen.

Im Anfang dieses Jahrhunderts wies HUGO DE VRIES darauf hin, daß es zweierlei Form von Variabilität gäbe, einmal die Modifikation, die unter dem Einfluß der Außenwelt entstehe und nicht erblich sei, zum anderen die Mutation, eine Neubildung einer erblichen Anlage innerhalb einer konstanten Sippe. DE VRIES bezeichnet die Linnéons als künstliche Begriffe und als nicht real existente Arten und identifiziert die Jordanons mit seinen Elementararten. Eine elementare Art ist jede Sippe, die sich (in der Kultur) als konstant und stabil erweist. Um die gleiche Zeit stritt J. P. LOTSY jegliche solche Neubildung ab und meinte, daß alle Formenmannigfaltigkeit wie auch jede Entstehung neuer Arten nur durch Bastardierung erfolge. Eine homogene Individuengruppe erzeuge eine einheitliche (homozygote) Nachkommenschaft, sie bilde eine stabile Kreuzungsgemeinschaft oder ein Syngameon. Es gäbe jedoch auch heterogene Syngameone, die durch neue Kreuzungen entstehen könnten. Aus ihnen könnten sich durch Aussterben des einen Teils der Komponenten homogene Syngameone herauskristallisieren; nur diese entsprechen nach LOTSY den echten Arten.

Es würde zu weit führen, alle einzelnen Autoren, die sich über den Artbegriff ausließen, aufzuführen. So übergehen wir alle die Äußerungen moderner Zeit, die die Realität der Einheiten nicht anerkennen, und behandeln nur die wichtigsten Arbeiten, die sich so mit der Materie auseinandersetzen, daß sie für die Wissenschaft oder die Taxonomie als konstruktiv herangezogen werden können. In neuerer Zeit haben verschiedentlich Genetiker, Zytologen und Zytogenetiker, die auf dem Boden der Deszendenzlehre stehen, und zwar vorzugsweise auf Grund der Morphologie des Chromosomenapparates, Definitionen für die Art zu geben versucht. Ich möchte einiges davon hier mitteilen, da fast in allen diesen Äußerungen etwas Wertvolles steckt. Es werden dabei auch teilweise die Kategorien unter der Art mit behandelt und einige kritische Punkte angeschnitten, die wir erst später zusammenfassend behandeln wollen. DU RIETZ ist zwar kein Genetiker, doch ist seine Definition (1930) deutlich genetisch orientiert: „Die Art ist die kleinste der natürlichen Populationen, welche längere Zeit von jeder anderen durch einen scharfen Bruch in der Reihe der Biotypen abgesondert ist. Die Art ist also eine Population, welche aus einem streng geschlechtslosen und lebensfähigen Biotypus oder aus einer Gruppe praktisch ununterscheidbarer, streng geschlechtsloser und lebensfähiger Biotypen oder aus zahlreichen sich geschlechtlich vermehrenden Biotypen, welche ein Syngameon bilden, das von allen anderen durch mehr oder weniger vollkommene Geschlechtsisolation oder verhältnismäßig kleinere Übergangspopulationen entfernt ist, besteht." Er unterscheidet dabei Arten rein vegetativer Vermehrung, die einfache, aus nur einem Biotypus bestehende, oder Sammelarten aus verschiedenen Biotypen sein können, und Arten geschlechtlicher Vermehrung. Von den letzteren werden homofaziale, regional ungegliederte Arten und heterofaziale, die regional in Unterarten gegliedert sind, unterschieden.

Mehr phylogenetisch orientiert ist die Definition von OTTO SCHWARZ (1937): „Die Art ist derjenige kürzeste Abschnitt einer Abstammungsgemeinschaft, dessen geschichtlicher Querschnitt zu bestimmten Zeitpunkten eine so beständige Qualität der Merkmale gibt, daß er von allen anderen möglichen Querschnitten sicher unterschieden werden kann." Dagegen ist die von KOMAROV (1944) recht unbestimmt: „Die Art ist die Gesamtheit der Generationen, welche von einem gemeinsamen Ahn abstammen und die unter dem Einfluß der Umwelt und des Kampfes ums Dasein durch die Auslese von der übrigen Welt der Lebewesen abgesondert wurden; gleichzeitig ist die Art eine bestimmte Etappe im Evolutionsprozeß." Beide Definitionen und viele andere auf Taxonomen neuerer Zeit zurückgehende, die nicht im einzelnen aufgeführt werden können, sind lediglich Charakterisierungen des Begriffes Sippe oder Abstammungsgemeinschaft. Die Darstellung von Du Rietz ist praktisch klarer, ihr nähert sich das Schema nach Clausen, Keck und Hiesey bei Turrill (1939): TURRILL

Trennungsgrad innerer / äußerer	F_1 fertil F_2 vital	F_1 z. T. steril F_2 wenig vital	F_1 steril oder nicht gebildet
verschiedene Umwelten	Subspezies (Ökotypen)	Spezies (Ökospezies)	Sammelarten Großarten (Coenospezies)
gleiche Umwelt	(Biotypen) lokale Variationen einer Spezies	Spezies mit Bastardschwärmen	

Hierhin gehört auch die ganz genetische Fassung des Artbegriffes bei Dobzhansky (1935): „Die Art ist das Stadium des Evolutionsvorganges, in dem Formengruppen, die sich bisher untereinander fortpflanzten oder jedenfalls dazu fähig waren, in zwei oder mehr gesonderte Gruppen aufgeteilt werden, die sich aus physiologischen Ursachen nicht untereinander fortpflanzen können." Dieser Definition entspricht auch etwa das Schema von Ernst Mayr (1948): DOBZHANSKY

MAYR

Die Individuen sind	geschlechtlich nicht isoliert	geschlechtlich isoliert
Morphol. identisch mit gleicher Umwelt	Artpopulationen	Versteckte Arten (Cryptic)
mit verschiedener Umwelt	Unterartpopulationen	
Morphol. verschieden mit gleicher Umwelt	Polymorphe Varianten	Arten
mit verschiedener Umwelt	Unterarten	

Nach diesen Autoren sind gut definierte Arten durch morphologische, physiologische oder ökologische Unterschiede, sowie durch geschlechtliche und teils räumliche Isolierung gekennzeichnet. Genau genommen aber handelt es sich dabei weniger um Definitionen als um Gebrauchsanweisungen, da man das Kreuzungsexperiment heranziehen muß, um über zwei nahe verwandte Formen entscheiden zu können. Sie gehören also eher zu meinen, weiter unten gegebenen, praktischen Anweisungen als zur Definition der Kategorienbegriffe. Außerdem ist aber gegen die zuletzt aufgeführten Charakterisierungen einzuwenden, daß sie vorwiegend auf Erfahrung in der Zoologie gegründet sind oder zumindest zuviel Wert auf das Kreuzungsexperiment legen, das in der Pflanzenwelt viel geringere Bedeutung hat. Einmal gibt es Bastarde zwischen Arten, Gattungen und in seltenen Fällen sogar zwischen Unterfamilien *(Rhynchospora capitellata* × *Cyperus dentatus)*, dann aber spielen in der Pflanzenwelt die sich ungeschlechtlich vermehrenden Organismen eine viel größer Rolle, ganz zu schweigen von den niederen Organismen, bei denen geschlechtliche Vorgänge überhaupt fehlen. An den apomiktischen, höheren Pflanzen läßt sich nachweisen, daß sie ebenso gut natürliche, höhere Einheiten zu bilden vermögen wie normal sexuell sich vermehrende. Man kann die Apogamie als Isolierungsmechanismus auffassen wie Selbstbefruchtung, Kleistogamie und Sterilität bei Fremdbestäubung. Man muß sich also hüten, die verschiedenen Entstehungsweisen neuer Sippen bewußt oder unbewußt zu verschiedener Bewertung zu verwenden. Die neueren Definitionen zeichnen sich besonders durch die Betonung der Dynamik aus. Die Art ist nichts Endgültiges, sondern ein ablaufender Entwicklungsprozeß. So sagt auch HUXLEY (1943): „Wir können keine allgemein gültige Definition erwarten, um so mehr als Evolution ein gradueller Prozeß ist, in dem Übergangsbildungen vorkommen müssen. Außerdem können wir nicht eine einzelne oder einfache Grundlage für eine Definition erwarten, da Arten auf sehr verschiedene Weise entstehen."

Wir wollen das noch besser illustrieren, indem wir uns das Schema einer Stammesentwicklung aufzeichnen. In diesem verzweigten Stammbaum sehen wir ganz oben den gegenwärtigen Querschnitt einer zeitlichen Entwicklung; Zweige, Äste und Stämme stellen also den Ablauf in vergangener Zeit dar. Auf dem augenblicklichen Querschnitt finden wir deutlich getrennte Abschnitte, die heutigen Arten, und einige sehr nahestehende oder kaum getrennte, die also zusammen eine vielgestaltige Art bilden. Einige Arten stehen näher beisammen, sie stellen zusammen eine Abstammungsgemeinschaft dar, die wir als Gattung bezeichnen, während alle auf dem Schema dargestellten Äste zusammen eine Abstammungsgemeinschaft höherer Ordnung bilden, die **Familie**

(Abb. 37). Betrachten wir das Ganze retrospektiv, d. h. nehmen wir Querschnitte in verschiedenen, vergangenen Zeiten, dann kommen wir

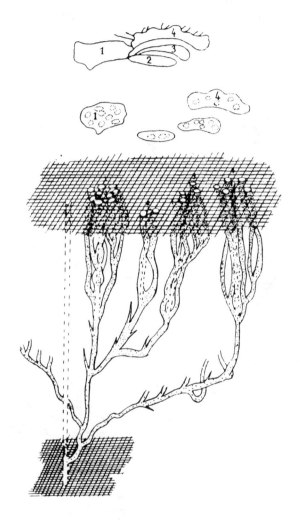

Abb. 37. Stammbaumentwicklung. Die beiden Netze stellen Querschnitte zu verschiedenen Zeitpunkten, das untere in der Urzeit der Sippe, das obere in der Jetztzeit dar. Wir nehmen auf dem rezenten Querschnitt das darüber angegebene Bild aus vier Gruppen wahr, die wir nach dem ganz oben dargestellten Schema aneinanderreihen, was vermutlich der wahren Entwicklung zwischen den beiden Querschnitten entspricht. (Nach BARKLEY).

zu einem Punkt, wo die Arten einer Gattung noch nicht differenziert waren; die Gattung hatte nur eine Art und so weiter, bis wir in weiterer Zurückschau die ganze Familie als nur eine Art sehen (Abb. 38). Es zeichnet sich vor uns die Kladogenese ab, das Zunehmen von Eigenschaften und Merkmalen und das Ausfallen dazwischenliegender, so daß die geforderten Lücken (Hiatus) entstehen, die uns erst die Tren- Hiatus nung einer Sippe von der anderen ermöglichen. Wo nun die Art und wo die Gattung entsteht, darüber können wir nichts aussagen, da wir kein allgemeines Kriterium für die Unterscheidung dieser Einheiten kennen. Wir können nur sagen, daß wir verschiedene Kategorien zu

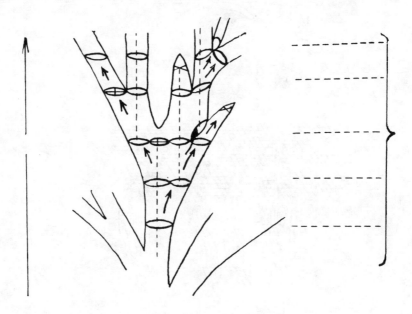

⊖ Ursprüngliche Arten, ausgestorben

✕ Entstandene Arten, ausgestorben.

◯ Umwandlung zu neuen Arten.

┆ Erhalten gebliebene Arten.

Abb. 38. Stammesentwicklung mit zu verschiedenen Zeitmomenten entnommenen Querschnitten. (Nach SIMPSON).

unterscheiden haben, deren kleinste, im Augenblick des Querschnitts deutlich geschiedene, als Art, deren nächsthöhere als Gattung und die nächste als Familie bezeichnet wird. Wir können auch rückschauend kaum sagen, daß mit dem und jenem Merkmal die Sippe eine Art oder eine Gattung zu sein beginnt. Wir können erst am fertigen Objekt und im Zusammenhang mit allen anderen Objekten der gleichen Abstammungsgemeinschaft feststellen, welche Hiatus Variation und Selektion geschaffen haben, und welche isolierten Sippen verblieben sind. Es entscheiden also nicht bestimmte Merkmale, sondern eine Summe zahlreicher Merkmale und eine notwendige Merkmalslücke zum nächsten Objekt über die Existenz der Sippe. Die Art kann also auch kein abstrakter Begriff sein; sie ist stets ein konkreter Einzelfall, der in jeder Sippe auf Grund der natürlichen Hierarchie neu begründet werden muß.

Die Art ist genau so wie alle anderen Sippen dynamisch zu verstehen, sie ist ein zeitraumbedingtes Produkt, das nur von Fall zu Fall definiert werden kann, wenn man nämlich alle Abstammungsgemeinschaften kennt, zu denen sie gehört, und wenn man alle ihr nahe stehenden Sippen gleichfalls erfaßt hat. Sie ist konstant und variabel im Raum und in der Zeit. Sie entsteht aus der Divergenz der Merkmale; ihre Zusammenfassung zu höheren Einheiten beruht auf der Konvergenz der Merkmale. So können wir die Art wie alle Sippen nur dialektisch als etwas in Bewegung, in Entwicklung Begriffenes erfassen. Dabei ist sie durchaus real existent und keineswegs ein irreales Denkabstraktum; diese Auffassung wird übrigens auch von den meisten modernen Autoren vertreten.

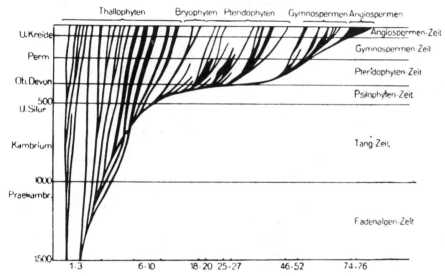

Abb. 39. Stammbaumdarstellung. Auf der Ordinate die geologischen Zeitepochen (Jahreszahlen in Jahrmillionen), auf der Abszisse die Zahl der verschiedenen Zelltypen, die bei den betreffenden Sippen vorkommen. Die oberste Waagerechte stellt den derzeitigen Querschnitt dar. (Nach ZIMMERMANN).

Wir stellen ein Abstammungsschema gemäß unserer Vorstellung der geschilderten Entwicklung als einen Baum dar, der sich mehr und mehr verzweigt (Abb. 39); wir müßten einen solchen Baum eigentlich räumlich darstellen. Kombination und polyphyletische Entstehung spielen, wie wir sahen, nur an einzelnen Punkten niederer Ordnung eine Rolle; sie treten in einem Stammbaumschema so wenig in Erscheinung und sind so selten wie Astverwachsungen an Bäumen. Wenn Kombinationen vorherrschend auftreten würden, dann müßten wir einen Stammkreis zeichnen, wie es bisweilen bei polymorphen Formenkreisen notwendig ist. Polytope Entstehung und polyphyletische Entwicklung würde in einem Stammrasen zum Ausdruck kommen, wie ihn einige Autoren

Stammbaum

Stammkreis

Stammrasen

entsprechend ihrer Auffassung dargestellt haben. Solche Schemata werden zur Darstellung der Verwandtschaftsverhältnisse in Untersippen oft gebraucht, wo Kombination und Polyphylie eine Rolle spielen kann (Abb. 40). In einer Darstellung größeren Umfangs aber verschwinden diese Fälle in der Masse der Divergenzen, denen die Baumgestalt am ehesten gerecht wird.

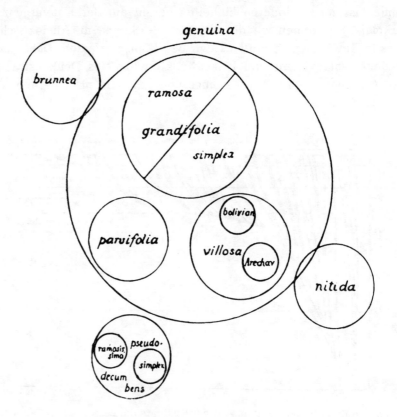

Abb. 40. Verwandtschaftsdarstellung in Kreisen. Zwei nahe verwandte, aber deutlich geschiedene Sippen der Gattung *Gomphrena*: *G. pseudodecumbens* und *genuina* in völlig getrennten Kreisen; die Sippen *brunnea* und *nitida* sind zwar gut geschieden, zeigen aber Übergänge zu *genuina*. Die Sippe *pseudodecumbens* enthält zwei deutlich unterschiedene Untersippen, *genuina* deren drei, wovon *grandifolia* in nicht klar geschiedene, verzweigte (*ramosa*) und unverzweigte (*simplex*) Typen zerfällt, *villosa* gliedert sich in zwei gut geschiedene Untersippen, während *parvifolia* monotypisch ist. (Nach STUCHLIK).

Realität der Art

Im Anschluß an ALLAN (1940) und die Mehrzahl der modernen Autoren betrachten wir die Art als eine „reality of nature", und zwar als eine dynamische Gegebenheit der Natur. HUXLEY (1943) meint, daß man stets von einer Art reden könne, wenn folgende Punkte zusammentreten, nämlich ein bestimmtes Areal bei wahrscheinlich einmaligem Ursprung der Sippe, eine gewisse morphologische Einheitlichkeit der Individuen und eine zu vermutende genetische Verschiedenheit gegenüber verwandten Gruppen bei völligem Fehlen von Übergängen zu diesen. Es sei aber der Unterschied zwischen zwei aufeinanderfolgenden (sukzessiven) Arten vor allem eine Funktion der Zeit, zwischen zwei geographischen Arten eine des Raumes, zwischen zwei ökologisch differenzierten eine des Milieus und zwischen genetisch differenzierten eine ihrer Geschlechts- oder Vererbungsmechanismen. Hier wie in anderen Evolutionsfragen haben wir es eben mit vielseitig bedingten Prozessen zu tun. Diesen Auffassungen entsprechen etwa unsere praktischen Charakterisierungen der taxonomischen Einheiten im folgenden:

Die Art ist die kleinste Abstammungsgemeinschaft, die durch mehrere konstante, erbliche Merkmale von allen anderen Abstammungsgemeinschaften deutlich geschieden ist. Sie weist ein durch die einmalige Geschichte ihrer Entstehung entstandenes, selbständiges und charakteristisches Areal auf. Von allen anderen, gleichwertigen Abstammungsgemeinschaften ist sie durch eine mehr oder weniger starke, oft geschlechtliche Isolierung getrennt; die Übergänge zu anderen Abstammungsgemeinschaften beschränken sich dann in der Natur auf gelegentliche Bastarde. Sippen, die nicht allen diesen Punkten gerecht werden, sind einer Art unterzuordnen, gehören den Untergruppen einer Art an. Eine Art kann nämlich monomorph (monotypisch oder homofazial) sein, wenn sie völlig einheitlich in ihrem gesamten Areal auftritt. Oft ist die Art in eine Reihe von Untersippen geschieden, die miteinander das gleiche Areal und die gleichen Standorte besiedeln, dann handelt es sich um eine polymorphe Art. Meist jedoch sind die Areale so ausgedehnt, daß die Art innerhalb derselben in mehrere ökologisch oder geographisch geschiedene (allopatrische) Untersippen gegliedert ist, die an den Berührungspunkten ihrer Areale oft durch Übergangssippen verbunden sind. Man spricht in diesem Fall von einer polytypischen, heterofazialen Art oder einem Rassenkreis (Abb. 16).   *Art* / *Monomorphie* / *Polymorphie* / *Polytypie*

Eine polytypische Art setzt sich aus mehreren, vikariierenden Unterarten (Subspecies), oft auch Rassen genannt, zusammen, die gemeinsam einen Rassenkreis bilden. Die Unterarten sind gut unterschiedene Sippen ähnlich den Arten, doch sind sie stets räumlich oder zeitlich, meist aber nicht geschlechtlich isoliert. Die Trennung, die die Panmixie verhindert, kann vertikal (altitudinale oder Höhen- und Talrassen) oder horizontal (geographische Rassen) sein, sie kann nach Böden (edaphische Rassen) oder Formationen (ökologische oder pseudosaisonpolymorphe Rassen) oder nach Blütezeiten (saisondiphyle, früher saisondimorphe Rassen genannt) erfolgen. Ist die Isolierung vollkommen, so daß keine verbindenden Bastardpopulationen mehr gebildet werden, dann kann sie zur Bildung vikarianter Arten führen. Oft aber ent-   *Unterart (Subspecies)* wickelt sich in der Berührungszone zweier Unterartareale eine Bastardpopulation, die vielfach die spezifische Unabhängigkeit beider Unterarten verhindert.

Rassenkreis   Besteht ein Rassenkreis aus einer Kette von Unterarten, deren Areale sich über einen Kontinent hin einander anschließen, dann kommt es vor, daß die beiden Endglieder (z. B. eines in Europa, das andere in Ostasien) spezifisch verschieden erscheinen. Sie können z. B. völlige geschlechtliche Isolierung zeigen, wenn man sie künstlich zusammenbringt, während jeweils jedes Glied der Kette mit den benachbarten Gliedern Bastardpopulationsränder aufweisen kann. Die Mittelglieder halten demnach die ganze Kette zu einem Rassenkreis zusammen (wie stets betont, kann nur die Gesamtbearbeitung einer Gruppe Aufklä-

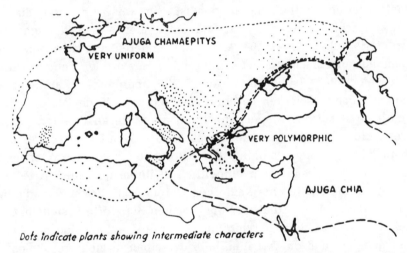

Abb. 41. Das Areal der polymorphen *Ajuga chia* ist mit dem der im Nordwesten sehr einheitlichen *Ajuga chamaepitys* durch einen Schwarm von Zwischenformen verbunden. Beide können zu einer synchoren Art zusammengefaßt werden. (Nach W. B. TURRILL).

rung über die wahren Zusammenhänge geben). Wir haben hier also
Rassenkette   eine gegliederte Rassenkette vor uns. Nicht selten aber zeigt sich, daß eine vermutete Kette von Unterarten bei genauer Betrachtung ihrer einzelnen Komponenten gar nicht als solche existiert, sondern daß nur die extremsten Vertreter deutlich verschieden sind, das ganze Areal
Rassenschnur   aber eine gleitende Reihe von Übergangsformen aufweist (Abb. 41). Es handelt sich dann um einen ungegliederten Rassenkreis, eine Rassen-
Cline   schnur, die HUXLEY (1939) mit einem speziellen Terminus Cline bezeichnet. Leider erlaubt die Bezeichnung Cline nicht die entsprechende Bildung eines Gegensatzes, wir müßten für den gegliederten Rassen-
Synchore   kreis ein anderes Wort, z. B. Chore gebrauchen. Dieser Terminus würde aber auch die Bildung von Gegensatzpaaren ermöglichen, so könnten wir von Synchore im Falle eines ungegliederten Rassenkreises (Cline) und von Diachore bei einem gegliederten Rassenkreis (Chore) sprechen

Das erscheint um so notwendiger, als das deutsche Wort Rassenkreis sehr wenig geeignet ist, zumal wir den Begriff Rasse in der Taxonomie nicht mehr verwenden.

Der Begriff der Diachore und ihrer Glieder fügt sich in die Kategorien Art und Unterart ein, es ist also nomenklatorisch und taxonomisch keine Änderung der üblichen Benennungen notwendig. Man könnte nur zu einem Art- oder Unterartnamen dazu setzen, daß es sich um eine polytypische Einheit mit oder ohne Gliederung handelt, oder daß die beiden Endglieder durch eine gleitende, überganglose Verbindungsreihe verbunden sind. Ebensowenig bedürfen die Semispecies und Supraspecies HUXLEYS einer Kategorie, sie lassen sich in den Art- und Unterartbegriff einfügen. Selbst die Mikrosubspecies HUXLEYS (Microraces DOBZHANSKYS oder Subsubspecies GOLDSCHMIDTS), die nur lokale Populationen geringer Verbreitung sind, oder die ähnlich umschriebene Deme von GILMOUR und GREGOR (1939) bedürfen nicht einer gesonderten Kategorie. Wir werden sie einer oder der anderen Untereinheit der Art zuordnen können. Es mag sein, daß manche bisher als gegliedert unterschiedene Rassenkreise sich bei näherer Betrachtung als gleitend erweisen. Dabei kann man vielleicht in einem Fall die Endglieder als taxonomische Einheiten unterscheiden, in einem anderen Fall mag auch das unmöglich sein. Solche Fälle von Charakter-Gradienten müßten dann bezeichnet sein, sei es, daß man zum Artnamen ein cl. (Cline) oder synch. (Synchore) hinzusetzt, sei es, daß man diesen Vermerk zwischen die Namen der beiden begrenzenden Endglieder einfügt.

Diachore

Unterhalb oder innerhalb der Unterart mussen bisweilen noch niedrigere Einheiten unterschieden werden, wenn auch im allgemeinen derzeit die Tendenz besteht, solche Untergliederungen zu vermeiden oder gar abzulehnen. Nicht selten aber sind in der Natur die Fälle, in denen eine Sonderung in Unterarten sich anbahnt, aber noch nicht erreicht ist. So lassen sich im Areal einer gut unterschiedenen Sippe zwei Untersippen unterscheiden, von denen eine in einem, die andere im anderen Teil des Areals dominiert, ohne daß sie voneinander völlig getrennt oder isoliert seien. Es zeigt sich also eine eindeutige morphologische Sonderung bei noch stattfindender normaler Vermischung, wobei aber eine räumliche Trennung schon klar zu erkennen ist (Abb. 13). In einem solchen Fall müssen wir eine unterhalb der Unterart stehende taxonomische Einheit, die Varietät (Varietas), unterscheiden. Wir werden vielfach ohne diese Einheit auskommen können und werden ihre Verwendung stärkstens einschränken. Wir können aber nicht vermeiden, daß wir sie in unbekannten Gruppen oder in weniger durchforschten Gebieten oft anwenden müssen, weil wir wohl Unterschiede sehen und auch räumliche Trennung vermuten können.

Varietät (Varietas)

weil aber das vorliegende Material noch nicht zur Bildung von Synchoren ausreicht. Unbedingt benötigt wird aber der Begriff der Varietät in der Taxonomie der Kulturpflanzen; hier müssen wir ihn verwenden und können ohne ihn nicht auskommen, wie wir später sehen werden. Oft werden vielleicht die Mikrosubspecies und Deme dem Begriff Varietät am leichtesten sich einfügen.

Form (Forma) Als niederste taxonomische Einheit können wir die Form (Forma) betrachten. Geographisch-morphologisch gesehen ist sie eine Einheit mit nur einem oder wenigen, eng verbundenen konstanten Merkmalen, die ohne jede räumliche Abhängigkeit oder Bindung auftreten können. Ein und dieselbe Form kann da und dort auftreten, sie kann sich durch Variation verschiedentlich neu bilden, kann also polytoper Entstehung sein, was für Einheiten höherer Ordnung äußerst unwahrscheinlich ist. Vielfach wurden auch modifikative Abweichungen als Formen benannt; auf die Benennung dieser nicht taxonomischen Einheiten können wir verzichten. Häufig sind albinotische, hellgefärbte Varianten in der Natur, die unbedingt als Formen zu bezeichnen sind. Es kann mit der Bildung einer Form stets ein Artbildungsprozeß eingeleitet sein; aus einer Form kann sich eine Varietät und eine Unterart durch stärkere geographische Sonderung und Isolierung bilden. Wir kennen solche Fälle gut unterschiedener Arten und Unterarten, die sich unter anderem von den verwandten Arten durch Albinismus unterscheiden. Wir können in diesem Falle vermuten, daß sich zuerst eine albinotische Form gebildet hatte, die sich dann — eventuell sogar unter Mitwirkung der befruchtenden Insekten — abgesondert und getrennt weiter entwickelt hat.

Bastard (Hybrida) Zu bemerken ist hier, daß Sippen unter der Art natürlich nie bei monomorphen (monotypischen) Arten unterschieden oder bezeichnet werden können, was an sich selbstverständlich ist. Eine einzige A r t in einer monotypischen Gattung muß aber bezeichnet werden, da jeder Organismus, jedes Individuum zu einer Art gestellt werden muß, wenn es sich nicht um ein Bastardindividuum handelt. Primäre Bastarde (Hybrida) sind Mischformen zwischen zwei Sippen, bilden also Übergänge zwischen diesen, so daß sie, als solche gekennzeichnet und hervorgehoben, einen Sonderfall darstellen. Sind aus solchen Primärbastarden Populationen oder gar hybridogene reinerbige Sippen hervorgegangen, so werden sie wie normale Sippen behandelt, also zu einer Art als Unterart, Varietät oder Form gestellt oder als eigene Art betrachtet. Für die Begründung taxonomischer Einheiten hatten wir ja nicht die Art ihrer Entstehung, sondern ihr geographisch-morphologisches Verhalten als wesentlich erachtet.

Kulturpflanzen In mancher Beziehung stellen die Kulturpflanzen einen Sonderfall dar, da sie einer natürlichen Auslese nur zum Teil unterworfen sind, und da der Formbildungs- und Ausbreitungsprozeß bei ihnen auch anders verläuft oder verlaufen ist. Es ist besonders von VAVILOV und seiner Schule versucht worden, die geographisch-morphologische Methode auch auf diese Pflanzen anzuwenden; man kann aber sagen, zumeist mit ganz negativem Erfolg. Auch JUZEPCZUK (1948) betont, daß die geographische Betrachtung hier kaum oder nur selten zu Resultaten führen dürfte. Die Wildpflanzen verändern sich nicht in dem Maße, wie die ständig anderen Umwelteinflüssen unterworfenen Kulturpflanzen; auch hat bei den Wildpflanzen die Auslese nur ganz wenige Sippen aus der Fülle der Formen übrig gelassen, so daß wir große Lücken finden, die erst zur Bildung natürlicher Einheiten überhaupt führen. Bei den Kulturpflanzen werden Sippen, die sonst nicht untereinander in Berührung kommen, aus allen Gegenden der Erde zusammengebracht. Es werden Kombinationen in allen erdenklichen Richtungen vorgenommen, und nur der kleinste Teil aus der Formenfülle, die durch Variation und Kombination entsteht, wird vernichtet, so daß wir oft eine ganze Skala gleitender Übergänge von einem Extrem zum anderen ohne jegliche Lücken vor uns sehen. Wir können so allenfalls und oft mit Mühe eine Art oder auch einen Kreis von Arten unterscheiden, dem wir meist eine Fülle von Sippen unterstellen müssen, die auf Grund des Fehlens oder Zurücktretens geographischer und des Vorhandenseins mehrerer, morphologischer Merkmale als Varietäten bewertet werden müssen. Ja, es macht sich sehr oft die Einführung einer Zwischenstufe für Varietätengruppen (Convarietas) notwendig, die oberhalb der Varietät liegend, doch nicht dem Unterartbegriff entsprechen kann (GREBENSCZIKOV, MANSFELD). Unterhalb der Varietät können dann noch Sippen geringeren Wertes, so z. B. Cultigrex und schließlich noch Sippen mit oft vorwiegend physiologischen oder Farbmerkmalen, die Sorten oder Cultivar (früher Cultigen) unterschieden werden.

Convarietas

Cultigrex
Cultivar

Wir finden also im Gegensatz zu den meist monophyletischen Wildsippen bei den Kultursippen oft Polyphylie. Statt Divergenz fällt die Konvergenz ins Auge, statt voneinander durch Lücken getrennte Sippen höherer Ordnung haben wir einen Schwarm von Varietäten, deren Komponenten, die Sorten, ebenfalls wieder gleitende Reihen (Synchoren oder Clines) bilden. Also in vielen Dingen eine entgegengesetzte Entwicklung, die uns meist nur eine künstliche Gliederung und Anordnung erlaubt. Die einzelnen Glieder sind durch zahlreiche Kreuzungen so netzartig miteinander verknüpft, daß sich weder ein klares Stammschema noch eine lineare Anordnung entwickeln lassen. Wir müssen wohl in den meisten Fällen zu einer ganz künstlichen und schematischen Anordnung kommen, die auch dem oft lückenlosen Auftreten möglicher Formen am besten entspricht. Die Kulturpflanzentaxonomie spielt sich allerdings weniger im Bereich der Art und nur selten in dem der Gattung ab; vorwiegend handelt es sich um Sippen unterhalb der Art, bei denen noch keinerlei Kreuzungshindernisse vorliegen. Doch haben wir auch darauf hingewiesen, daß ganze Artengruppen an der Entstehung von Kulturpflanzensippen mitgewirkt haben, wie es bei der Kartoffel *(Solanum tuberosum)* und der Baumwolle *(Gossypium)* der Fall ist, worauf im einzelnen in einem anderen Band dieser Reihe eingegangen werden wird.

Höhere Kategorien Wir sagten, daß jedes Individuum einer Art zugerechnet werden müsse; jeder Organismus stellt einen Repräsentanten einer Art dar. Jede Art aber gehört zu einer Gattung, jede Gattung zu einer Familie, jede Familie zu einer Ordnung, jede Ordnung zu einer Klasse, jede Klasse zu einer Abteilung, jede Abteilung (Stamm) zu einem Reich und

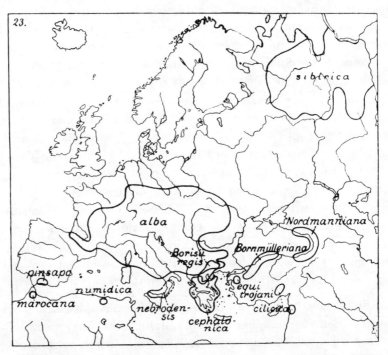

Abb. 42. Verbreitung der europäischen Tannen *(Abies)*. Die Sippen bilden eine Kette sich ausschließender Formen; im Berührungsgebiet von *A. alba* und *A. cephalonica* im mittleren Balkan hat sich eine hybridogene Sippe *(A. borisii=regis)* gebildet. (Nach MATTFELD).

die Reiche schließlich zur einzigen, obersten Einheit der Organismenwelt. Wir müssen uns also noch kurz mit diesen höheren Einheiten befassen, wenn wir auch diese noch weniger mit allgemeinen Worten umschreiben können. Sie werden zwar, je höher wir steigen, um so leichter im Einzelfall beschreibbar, aber um so schwerer generell zu charakterisieren, obgleich sie ebenso reale Einheiten wie die anderen sind.

Gattung (Genus) Die Gattung (Genus) ist seit je in die Kategoriendiskussionen einbezogen worden, da sie frühzeitig als natürliche Gruppenbildung er-

kannt und angewendet wurde. Schon KONRAD GESSNER und auch
CLUSIUS unterscheiden Gattungen; zuerst klar herausgearbeitet, treten
sie bei TOURNEFORT auf. In manchen Fällen deckt sich dabei der Gattungsbegriff mit dem volkstümlichen Begriff wie z. B. bei der Gattung
Pappel mit den Arten Zitter-Pappel, Silber-Pappel, Schwarz-Pappel
etc. Zu LINNÉS Zeiten und später rechnete man die Gattungen unter
die natürlichen, zu Anfang der Welt geschaffenen Einheiten. Die Gattung ist die Einheit, die als nächsthöhere Kategorie eine Summe verwandter Arten umfaßt. Auch für sie kann außer der Morphologie noch
die Geographie von Bedeutung sein, doch spielt sie nicht die Rolle wie
bei der Art. Ja, man kann auch Gattungen oder Untergattungen beobachten, die Artenkreise bilden, also aus einer Kette von geographischen Arten bestehen, entsprechend den Rassenkreisen (Abb. 42). Auch
Gattungskreise gibt es, oder wenigstens vikariierende Gattungen, nahe
verwandte Gattungen, die einander in verschiedenen Gebieten vertreten. Die Gattungen sind normalerweise polytypisch, sie bestehen
aus mehreren Arten, doch gibt es auch monotypische, die nur eine Art
enthalten. Innerhalb großer Gattungen können die Arten noch in Untergattungen (Subgenus), Sektionen (Sectio) und Serien (Series) und deren
Untergruppen zusammengefaßt werden.

Je höher wir in den Kategorien steigen, um so geringer ist die Bedeutung der Geographie; wir können annehmen, daß schon die Familien kaum jünger sind als unsere Kontinente, daß sie sich also schon
früher über die Erde ausgebreitet haben. Zwar sind in den höheren
Kategorien meistens viel entscheidendere, oft voneinander ganz unabhängige Merkmale auffällig, doch sind es andererseits oft nur Entwicklungstendenzen, die vorgezeichnet sind. Manche der entscheidenden
Merkmale können sich bei einer stark abgeleiteten höher entwickelten Sippe schon wieder weitergebildet haben, sie können ausgefallen oder überdeckt sein. Der Name Familie (Familia) als nächsthöherer Kategoriebegriff ist noch nicht viel über hundertfünfzig Jahre
alt; früher wurde sie im allgemeinen durch die Ordnung vertreten. Die
Familie bekommt erst mit der Schaffung natürlicher Systeme ihre Bedeutung; in ihr sind jeweils die zu einer Abstammungsgemeinschaft
gehörigen Gattungen zusammengefaßt. Man kann sie noch in Unterfamilien, Tribus und Subtribus unterteilen, wenn sie umfangreich und
vielgestaltig (polytypisch) ist. *Familie (Familia)*

Die Ordnungen oder Reihen (Ordo) gehen in ihrer Form wohl auf
LINDLEY zurück. In ihnen faßt man mehrere, offensichtlich zusammengehörige, durch gemeinsame Merkmale verbundene Familien zusammen, von denen man annehmen kann, daß sie eine Abstammungsgemeinschaft bilden. Dieser Teil des natürlichen Systems der Pflanzen *Ordnung (Ordo)*

Klasse (Classis) ist noch besonders unklar. Man kann sagen, daß im 17. Jahrhundert die Art, im 18. Jahrhundert die Gattung und im 19. Jahrhundert die Familie im großen und ganzen geklärt wurden. Unserem Jahrhundert obliegt es, Klarheit in die Ordnungen und die diesen übergeordneten Klassen (Classis) zu bringen.

Abteilung (Diviso)
Stamm (Phylum)

Die von oben her gebildeten Kategorien Reich und Abteilung sind wieder besser zu umschreiben, die dazu gehörigen Sippen auch wieder besser umrissen. Als Abteilung (Diviso) oder Stamm (Phylum) wird die oberste Einheit bezeichnet, die man nicht mehr direkt an eine andere Sippe anschließen kann, weil die verbindenden Merkmale dazu nicht ausreichen. Immerhin sind natürlich auch die Stämme durch einige Merkmale charakterisiert, die mehreren von ihnen gemeinsam sind. Diesen Zusammenschluß einiger Stämme nennen wir Reich oder Naturreich, eine alte volkstümliche Einheit, die schon frühzeitig erkannt wurde. Die Naturreiche bilden zusammen die oberste Kategorie, die Organismenwelt, die alle Lebewesen der Erde zusammenfaßt. Über diese höheren Gruppen erübrigen sich viele Worte, wir erkennen sie am besten aus den folgenden Beispielen oder bei Betrachtung der Entwicklung der Systeme im Schlußkapitel.

Reich (Regnum)

Gleichwertigkeit

Den modernen Taxonomen wird häufig der Vorwurf gemacht, daß die Arten oder Gattungen in einer Gruppe nicht denen in einer anderen Gruppe gleichwertig seien. Wir haben gesehen, daß die Sippen ein-

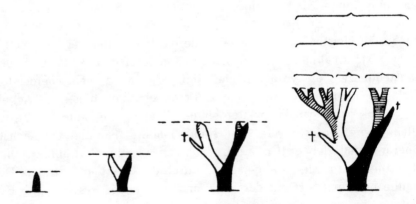

Abb. 43. Stammesentwicklung vom Erscheinen einer neuen Art bis zur Unterscheidbarkeit von einer Familie mit zwei Unterfamilien, drei Gattungen und acht lebenden Arten. (Nach SIMPSON.)

ander nicht gleich sein können, weil sie verschiedenen Ursprungs sind; die Entstehungsweisen der Sippen sind ja ganz verschieden. Die Ungleichwertigkeit liegt also vor allem in der Entstehungsgeschichte, so daß man meinen könnte, man bekäme die Gleichheit, wenn man das Alter der Sippen wüßte (Abb. 43). Damit ist sicher nichts erreicht, denn wir wissen, daß es zu allen Zeiten Artbildung gegeben hat, daß einige

Arten auf dem Wege sukzessiver Bildung durch jüngere ersetzt wurden, während andere durch Formationen der Erdgeschichte hindurch beständig blieben. Für gewisse, leinbewohnende Unkrautarten der Gattungen *Lolium, Camelina, Spergula* und *Silene* konnte ROTHMALER wahrscheinlich machen, daß sie erst im Laufe der letzten 3000 Jahre durch Bodenbearbeitung und Saatgutreinigung unfreiwillig ausgelesen und von ihren Stammsippen getrennt wurden, während die Entstehung der anderen Arten der gleichen Gattungen schon 10 000 Jahre und die der reinen Wildarten noch viel weiter zurückliegt. An ägyptischem Ausgrabungsmaterial konnte das Alter von Vogelunterarten z. T. mit 5000, z. T. aber auch mit 10 000 Jahren ermittelt werden. Die Faerör-Hausmaus wurde dort erst vor 250 Jahren als typische Hausmaus aus Europa eingeführt, sie ist heute aber bereits so differenziert, daß sie als eigene Art unterschieden werden könnte. Diese Beispiele lassen sich noch beliebig vermehren; die historische Begründung der Sippen scheidet somit ebenfalls als unbrauchbar aus. Man denke auch an das Beispiel von *Gingko biloba,* der seit der Kreidezeit vorhanden, heute als einzige Art eine monotypische Gattung, Familie, Ordnung und Klasse darstellt. Man kann Gleichwertigkeit nicht auf jeder Basis verlangen; die oben angeführten Charakteristiken geben eine Gleichwertigkeit auf einer bestimmten Ebene, die durch die Stärke der Isolierung bzw. durch die Größe der Lücke gegeben ist. Sippenalter

Ein praktisches Beispiel wird die Kategorienbildung besser ins Auge fallen lassen: In meinem Garten säe ich Löwenmäulchen aus. Es sind hohe Stauden; ein Beet blüht gelb, eines rot und eines weiß. Ich sehe keine Unterschiede außer der Blütenfarbe; daneben habe ich noch drei Beete mit Löwenmäulchen der gleichen Farben, doch sind sie alle von niedrigem, polsterförmigem Wuchs. Sonst aber finde ich sie völlig gleich in Blattform, Blüte, Frucht und Samen, genau wie alle anderen in Kultur befindlichen Löwenmäulchen. Ich weiß, daß es sich um Kultursorten handelt, die alle zusammengefaßt werden können, da sie von einer Wildsippe abstammen. Diese ist eine hochwüchsige Pflanze mit pupurnen, selten weißen Blüten, die in den Ostpyrenäen verbreitet ist. In einem Teil ihres Areals kommt neben der purpurblütigen auch noch eine Sippe mit gelben Blüten wild vor, die aber mit ihr den Habitus und die lanzettlichen kahlen Blätter teilt. In Südwesteuropa kommen außerdem noch andere, ähnliche Löwenmäulchen vor, die jedoch deutlich unterschieden sind und bei unbeschränkter Kreuzbarkeit untereinander völlig selbständige Areale besiedeln. Ein gelbblühendes hat rundliche, unterseits drüsig behaarte Blätter und kommt in den Westalpen vor, ein drittes in Südwest-Iberien hat eiförmige, kahle Blätter und rosa Blüten, ein viertes aus Ostspanien hat lineare, schmale und kahle Blätter und ebenfalls rosa Blüten; alle haben sie unterwärts kahle

Marginalia: Kategorienbildung, Cultivar, Cultigrex, Convarietas, Form, Varietät, Unterart

Art	Stengel. Es gibt aber im Mittelmeergebiet noch viele andere Löwenmäulchensippen mit ganz drüsig behaarten Stengeln und Blättern,
Gattung	andere mit Blüten verschiedener Farbe und Größe usw., alle aber haben sie gemeinsam spornlose Blüten mit geschlossenem Schlund, ungleichfächrige, aufspringende Kapseln und länglich-eiförmige Samen.
Tribus	Nun finden wir eine ganze Reihe von Gruppen, die den Löwenmäulchen sehr ähnlich sehen, doch haben sie z. T. einen Sporn, z. T. einen offenen Schlund, z. T. gleichfächerige Kapseln mit ganz anders gestalteten Samen, wie z. B. Leinkräuter, Frauenflachs, Zymbelkraut. Auch in diesen anderen Gruppen sind jeweils verschiedene Pflanzen zusammengefaßt, die sich teils durch Blütenfarbe, teils durch Blatt-
Familie	schnitt unterscheiden. Alle Gruppen fallen aber durch die ihnen gemeinsame, röhrige, dorsiventrale, fünfgliederige Blüte mit vier Staubblättern und einem Fruchtknoten in der Mediane der Blüte und die kollateralen Leitbündel auf. Ähnlich sehen ihnen Pflanzen mit radiären, röhrigen, fünfgliedrigen Blüten mit fünf Staubblättern, einem schief zur Mediane der Blüte stehenden Fruchtknoten und bikollateralen Leit-
Ordnung	bündeln. Beide und noch andere solche größeren Gruppen haben gemeinsam außer der röhrigen Blüte einen oberständigen Fruchtknoten, der zweifächrig und vielsamig ist, während eine Reihe ähnlicher Gruppen stets viersamige Fruchtknoten aufweist, die in vier Teil-
Klasse	früchte zerfallen. Diese und viele andere Gruppen haben netznervige Blätter, ihre Keimpflanzen sind zweikeimblättrig, ihre Leitbündel sind offen und im Kreis angeordnet, während bei anderen die Keimpflanzen einkeimblättrig, die Blätter streifennervig und die Leitbündel ge-
Abteilung	schlossen und zerstreut sind. Alle diese Pflanzen aber kann man mit ihren geschlossenen Fruchtknoten, ihrer doppelten Befruchtung und ihrer Samenblidung einer Reihe anderer Gruppen gegenüberstellen, die
Reich	diese Merkmale nicht zeigen. Mit allen zusammen aber besitzen sie Spaltöffnungen und Leitbündel, und stehen so wieder Gruppen mit anderen Merkmalen gegenüber. Außerdem haben sie alle gemeinsam den Besitz gewisser Farbstoffe usw., die sie gegenüber den Tieren auszeichnen, die keine Farbstoffe aufweisen. Mit den Tieren aber gehören
Organismenwelt	alle diese Gruppen zu den lebenden Wesen und stehen mit ihren lebendigen Eiweißkörpern der toten Welt als sicherste, oberste Kategorie gegenüber. Diese steht also fest, wir müssen nun von oben herunter nach unserer Kategorienliste die Einheiten benennen, wie wir sie am Rande anmerkten, und sehen, daß wir hier zur Form gelangen, die aus Einzelindividuen besteht. Mehrere gleichartige Individuen, die nur in Blütenfarben unterschieden sind, gehören einer Form oder Cultivar an. Wir können aber auch Varietäten erkennen, die durch mehrere Merkmale unterschieden sind. An den Wildsippen fällt auf, daß jede ein anderes Areal bewohnt, die sonstigen Unterschiede beziehen sich

auf Blattform und Blütenfarbe; sie alle zusammen bilden demnach eine Rassenkette aus zu einer Art gehörigen Unterarten. Mit anderen Arten zusammen bilden sie eine Gattung Löwenmäulchen, mehrere Gattungen eine Tribus Leinkräuter, mehrere Tribus eine Familie Rachenblütler, die Familien eine Ordnung der Personaten, die Ordnungen eine Klasse der Zweikeimblättrigen, die Klassen eine Abteilung der Blütenpflanzen, die Abteilungen ein Reich der Gefäßpflanzen und die Reiche schließlich die Organismenwelt.

In umgekehrter Richtung systematisch von der Familie der Rachenblütler ausgehend, zeigt sich eine Gliederung und Kategorienbildung etwa so, daß man innerhalb der *Scrophulariaceae* eine Unterfamilie *Antirrhinoideae* abgrenzen kann, die durch in der Knospenlage die Unterlippe bedeckenden Oberlippenzipfel, durch das meist fehlende fünfte Staubblatt, durch häufig gegenständige Blätter und eine ausgebildete Kronröhre charakterisiert ist. Innerhalb der Unterfamilie unterscheidet man mehrere Tribus, deren eine durch Kapseln mit bestimmten Öffnungsmechanismen und nicht durch septizide oder lokulizide Kapseln ausgezeichnet ist, die Tribus *Antirrhineae*, die zu LINNÉS Zeiten eine Gattung *Antirrhinum* bildete, als nur der kleinste Teil der Arten überhaupt bekannt war. Es ist kaum denkbar, daß Gattungen mit lokulizider oder septizider Kapsel von diesen abgeleitet werden können; diese wären also auszuschließen (z. B. *Didiclis, Nemesia*). Die nunmehr verbliebenen Kapseltypen lassen sich alle von einem ursprünglichen ableiten, so daß die Möglichkeit gemeinsamer Abstammung für alle eingeschlossenen Gattungen wahrscheinlich gemacht ist; es handelt sich so um die geforderte Abstammungsgemeinschaft. Wir können diese Gruppen ganz schematisch nach den Öffnungsmechanismen der Kapseln und nach dem Samenbau gliedern. Wir kommen dann schon auf die 21 Untersippen dieser Tribus. Wir haben Gattungen mit gleichen und ungleichen Kapselfächern, mit Deckeln oder Poren. Wir finden geflügelte und ungeflügelte, prismatische, scheiben- und schüsselförmige Samen. Wir sehen aber auch Unterschiede im Androeceum, meist haben wir vier, bisweilen aber auch nur zwei fruchtbare Staubblätter. Wir haben Kronen mit und ohne Sporn, mit und ohne Palatum, sowie aktinomorphe und zygomorphe Blüten. Es kommen krautige und strauchige Arten mit gegen-, quirl-, und wechselständigen Blättern vor. Also eine Fülle von wesentlich erscheinenden Merkmalen, die bestimmend für die Kategorienbildung sein können. Würden wir uns auf ein Merkmal allein stützen, könnten wir leicht fehlgehen, wie wir im folgenden sehen:

Eine vegetativ gut charakterisierte, mediterrane Gattung dieser Gruppe ist *Anarrhinum*; sie hat stets Blattrosetten, während die Stengelblätter wechselständig sind. Die Kapselform ist auch einheitlich; die

Sippengliederung

Scrophulariaceae

Antirrhinoideae

Antirrhineae

Früchte sind gleichfächrig, jedes Fach öffnet sich mit einem gegen die Scheidewand gerichteten Zahn. Das aber, was bei anderen Gruppen Gattungsmerkmal ist, trennt hier Arten; es gibt Arten mit kurzer Ausstülpung am Korollengrund, solche mit kurzem und solche mit langem Sporn. Ebenso variabel ist das Verhalten der Staubblätter, einmal sind vier vollständige und ein Staminodium vorhanden, einmal sind nur zwei ausgebildet und dafür drei Staminodien vorhanden. Wir sehen an diesem Beispiel, daß wir nicht von einem Merkmal sagen können, es sei kategorienbestimmend; einmal gelten derartige Merkmale für Familien, einmal für Gattungen und dann wieder nur für Arten, und das alles innerhalb engster Verwandtschaft.

Die Tribus *Antirrhineae* läßt sich in fünf gleichwertige Gruppen unterteilen, jede dieser Gruppen enthält zahlreiche Sippen, die jeweils gemeinsam gleicher Abstammung sein dürften. Eine solche Gruppe oder Subtribus könnte auch aus der anderen abstammend gedacht werden, ihre Glieder sind aber stets untereinander so stark verbunden, daß sie nicht einzeln aus anderen, sondern nur aus einer gemeinsamen Wurzel abgeleitet werden können. Die fünf Subtriben unterscheiden sich durch wesentliche Merkmale des Blüten- und Fruchtbaus; man kommt vor allem auf Grund der Merkmale des Androeceums und der Palatum-Entwicklung zur Erkenntnis dieser fünf Abstammungsgemeinschaften. Jede Subtribus könnte als Gattung betrachtet werden, wenn jemand weitem Gattungsbegriff (LINNÉ) huldigt. Eine dieser Subtriben *(Linariinae)* enthält die erwähnte Gattung *Antirrhinum;* die anderen Gruppen sind die *Mohaveinae, Gambeliinae, Maurandyinae* und schließlich die *Simbuletinae* mit *Anarrhinum.*

Linariinae — Die Subtribus der *Linariinae* (= *Antirrhinum* L.) schließt die Gattungen *Asarina, Cymbalaria, Kickxia, Linaria, Chaenorrhinum,* Neogaerrhinum, *Acanthorrhinum, Schweinfurthia, Antirrhinum, Pseudorontium* und *Misopates* ein, die durch Fehlen oder Vorhandensein eines Spornes, durch den Bau der Kapsel und der Samen unterschieden werden. Es besteht nicht die Möglichkeit, einen Teil der Gattungen zusammenzuziehen und einen anderen bestehen zu lassen. Entweder muß man sie alle aufrechterhalten oder alle zu einer Gattung zusammenziehen, wie es LINNÉ tatsächlich getan hatte.

Antirrhinum — Die Gattung *Antirrhinum* im engeren Sinn kann nicht mit *Asarina, Misopates* usw. zusammengefaßt werden, weil Samen- und Kapselbau dieser Gattungen gänzlich verschieden von jener sind, wodurch sie in nächste Nähe von *Linaria* resp. *Pseudorontium* und *Mohavea* rücken, während Blüte und Androeceum zu *Antirrhinum* tendieren. Eine Vereinigung würde nur wieder zur Großgattung *Antirrhinum* L. führen können. Die Gattung *Antirrhinum* in ihrer eingeschränkten Form weist zwei Sektionen auf, die, beide klar zusammengehörig, durch den Bau der Unterlippe und durch ihre geographische Verbreitung gut geschieden sind. Es handelt sich um die amerikanische Sect. *Saerorrhinum* und die mediterrane *Sect. Antirrhinum*, die beide sicher einem Ur-*Antirrhinum* entsprungen und nicht unabhängig voneinander aus anderen Gruppen ableitbar sind.

Die Sektion *Antirrhinum* enthält nach BAUR nur 13 Sippen mit Artrang, die nach ihm aus sieben Grundformen durch Kreuzung hergestellt werden könnten. Es schien ihm beinahe so, als sei alles nur eine Art, der die anderen untergeordnet werden müßten. Sicher aber kann der Artrang nicht von der mangelnden oder vorhandenen Kreuzbarkeit abhängig gemacht werden. Zudem sah BAUR bei weitem nicht alle Arten; gerade die am meisten isolierten, vielleicht nicht kreuzbaren, fehlten ihm völlig; übrigens ist ein gut Teil seines Materials nicht richtig bestimmt gewesen. Ich gliedere die Sektion mit ihren etwa 30 Arten und Unterarten in drei Subsektionen, die gleichwertig nebeneinander stehen und gemeinsam gleicher Abstammung sein dürften. Sie sind durch Habitus und Blütenstandausbildung, durch Brakteenentwicklung und Sepalenform geschieden. Sect. *Antirrhinum*

Die Subsektion *Antirrhinum* ist über das ganze Areal von *Antirrhinum* verbreitet. Auf Grund der Behaarung der Pflanzen und der Kelchzipfelform kann man eine Gliederung in drei Serien vornehmen, deren erste die monotypische Serie *Majora* ist, die über das Areal der Untersektion verbreitet ist. Subsect. *Antirrhinum*
Ser. *Majora*

Die einzige Art der Serie *A. majus*, bildet eine Diachore und zerfällt in eine Kette von Unterarten, deren Areale allerdings oft durch Verschleppung und Kultur nicht mehr klar umgrenzt erscheinen. Die Unterarten sind weniger stark morphologisch (durch Blattform, Blütengröße, Wuchs und Verzweigung, Blütenfarbe und Kelchbehaarung) als vielmehr stark ökologisch und geographisch geschieden. Ich nenne besonders die gelbblühende und breitblättrige ssp. *latifolium* aus den Westalpen und ssp. *linkianum* mit niedrigerem und diffuserem Wuchs und mit kleineren, meist kräftig rosa gefärbten Blüten, verbreitet auf der westlichen Iberischen Halbinsel. Die letztere weist eine Reihe von Varietäten auf, die nur schwach morphologisch unterschieden, gewisse geographische und ökologische Selbständigkeit zeigen, so die var. *ramosissimum* mit schmaleren Blättern, dichterem Wuchs und rankenden Zweigen, vorwiegend auf Dünensanden der spanischen und portugiesischen Küsten, und die var. *linkianum* mit breiteren Blättern, lockerem Wuchs und nicht rankenden Zweigen, vorwiegend auf Kalkfelsen und Mauern des gleichen Gebiets. Diese besitzt, wie die anderen Sippen von *A. majus*, noch eine gewisse erbliche Variabilität. Die f. *glandulosum* mit meist auch im unteren Teil dichter drüsigem Stengel tritt da und dort unter der typischen, unterwärts kahlen f. *linkianum* auf, ohne doch *A. majus*
ssp. *latifolium*
ssp. *linkianum*
var. *ramosissimum*
var. *linkianum*
f. *glandulosum*
f. *linkianum* irgendeine geographische Bedeutung zu erlangen. Häufig sind bei allen *Antirrhinum* breitblättrige Modifikationen, Schattenformen usw., die sich besonders an Kulturexemplaren finden. Diese können als nur vorübergehende Zustände nicht taxonomisch bewertet werden. In diesem Modifikation Falle würde man sie als modificatio oder lusus latifolius benennen können, während Alterszustände vielleicht besser mit status zu bezeichnen wären. Neben den obengenannten Unterarten gehört zu *A. majus* auch noch die großblütige ssp. majus aus den Ostpyrenäen, die meistens mit pupurnen Blüten (var. *pseudomajus*), seltener weißblühend (f. *alba*) vorkommt. Im östlichen Teil ihres Areals ist aber eine gelbblühende Sippe (var. *striatum*) ausgebildet. Von der rotblühenden var. *pseudomajus* sind unsere Gartenlöwenmäulchen (var. oder conv. *majus*) abzuleiten. Hierzu gehören verschiedene Habitustypen, unter denen der zwergige Kulturschwarm (cg. *Pumilum*) oder die halbhohe Gruppe (cg. *Nanum*) erwähnt sein mag. In jeder dieser Gruppen können zahlreiche Sorten unterschieden werden, wie z. B. cv. *Feuerfliege* oder cv. *Brillant*.

Wir sehen, daß die Tribus der *Antirrhineae* auf Sippen mit offener, röhriger Krone, auf die Verwandtschaft von *Digitalis* etwa zurückgeht. Wir können uns eine Ursippe vorstellen, von der sich Gattungen wie *Anarrhinum* mit gleichen Kapselfächern genau so ableiten lassen wie die *Maurandya*-Gruppe. *Rhodochiton* hat noch eine fast aktinomorphe Krone, die Staubblätter sind nur wenig verschieden; bei *Lophospermum* dagegen sind die Staubblätter bereits ungleich lang, am Grunde der Röhren liegen zwei behaarte Falten oder Leisten, die bei *Maurandella* bereits ein Palatum bilden. Hier beginnen auch schon ungleichfächrige Kapseln, doch sind sie im ganzen noch kugelig. Die Blätter dieser Gruppe zeigen Handnervigkeit, sie sind mehr oder weniger efeuartig gelappt, herz- oder pfeilförmig. Diesem steht noch *Asarina* aus der *Linaria*-Gruppe mit ähnlichen Blättern und gleichfächrigen Kapseln nahe, doch haben die Blüten ein deutliches Palatum und einen spornförmigen Sack am Grunde. Auch das Zymbelkraut, *Cymbalaria*, mit deutlichem Sporn schließt sich hier an, sowie die Gattung *Kickxia*. Von hier aber geht eine Gruppe aus mit vereinfachten, linearen Blättern und oft komplizierten, z. T. schon ungleichen Kapseln, aus der wir die Abstammungslinie über *Antirrhinum* genauer betrachtet haben. Andere Gattungen sind wieder aus der Nähe von *Asarina* abzuleiten, auch finden wir hier ungleich entwickelte Kapselfächer, dann komplizierte Kapselformen, aber nur selten Spornbildungen; das Palatum ist überall gut ausgebildet.

Es zeigt sich, daß man alle Merkmale bei taxonomischer Arbeit heranziehen muß, daß die gleichen Merkmale nicht überall gleiche Bedeutung haben, und daß die Kategorienbildung von der Gesamtbearbeitung einer Gruppe abhängig zu machen ist. Die Kenntnis einer großen Zahl von Formen hat zur Aufspaltung der LINNÉschen Gattung *Antirrhinum* geführt, und geschichtlich gesehen liegt hier auch eine Entwicklung und Divergenz, eine Aufspaltung einer früher einheitlichen, kleinen Gruppe (Tribus) in zunächst 5 (Subtribus) und schließlich 21 Gattungen vor, die z. T. schon wieder in sich stark gegliedert sind.

Auch apogame Sippen können verschiedenen Kategorien zugehören, so bildet *Antennaria alpina* eine apogame monomorphe Art neben anderen nicht apogamen *Antennaria*-Arten. Bei *Alchemilla* sind nur wenige der europäischen Sippen nicht apogam, so z. B. in der Gruppe *Chirophyllum* (früher *A. alpina* s. l.) neben zahlreichen apogamen Sippen *(A. alpina* s. str., *A. pallens)* zwei normal sexuell sich fortpflanzende Sippen *(A. glacialis, A. grossidens)* sonst gleichen Wertes. Auch die völlig apogamen Sippen zeigen charakteristische Arealbildungen, die sie mit anderen, nicht apogamen Sippen gemeinsam aufweisen. *A. xanthochlora* ist eine Wiesenpflanze, deren Areal die gleiche Form wie das der Buche hat; *A. wichurae* zeigt die gleiche Disjunktion Arktis-Riesengebirge wie *Saxifraga nivalis, Rubus chamaemorus* oder *Pedicularis sudetica*. Die *Alchemilla*-Arten dürften also schon präglazialer Entstehung sein und die Apogamie früh erworben haben. Das dürfte auch für die arktisch-alpische *A. filicaulis*, die in einer kahlstengligen var. *filicaulis* und in einer stark behaarten var. *vestita* vorkommt, zutreffen; die erste Varietät herrscht im Norden und Osten, die andere im Süden und Westen vor, ohne daß sie sich gegenseitig ausschlössen, so daß wir sie deshalb als Varietäten bezeichnen. Andere *Alchemilla*-Arten mit normalerweise abstehender Stengelbehaarung bilden Sippen mit anliegender Stengelbehaarung aus, die ohne ökologische oder räumliche Trennung unter der normalen Sippe vorkommen; sie sind also lediglich als Formen zu bewerten. Die Veränderlichkeit der Individuen ist bei dieser Gattung recht hoch; es gibt zahlreiche Modifikationen nach dem Standort. Auf Wiesen sehen die Arten anders aus als im Gebüsch, an feuchten anders als an trockenen Stellen. Auch nach dem individuellen Alter und nach der Jahreszeit modifizieren sich diese Arten stark, so daß man verschiedentlich diese Varianten als taxonomische Sippen beschrieben hat. Man kann ihnen aber als Modifikationen diesen Wert nicht zusprechen, sie könnten als Phasen oder Varianten mit der Bezeichnung status oder lusus versehen werden, wenn man sie überhaupt bezeichnen muß. Apogame Sippen zeigen also gleiche Kategorienbildung wie normal fortpflanzungsfähige; die Vermehrungsweise entscheidet nicht über den Wert der Sippen.

Die Gattung *Alchemilla* hat in Europa ihre Entwicklung ziemlich abgeschlossen, die Sippen sind wohl durch Allopolyploidie apogam geworden und damit erstarrt; nur drei alpische Arten pflanzen sich noch normal sexuell fort, wobei wieder apogame Bastardsippen entstehen können. Anders ist es bei *Hieracium, Taraxacum* und bei Teilen der Gattungen *Ranunculus, Rosa* und *Rubus,* bei denen ebenfalls Allopolyploidie und Apogamie zu reicherer Sippenbildung geführt haben. Vor allem bei *Hieracium* und *Taraxacum* scheinen neben Apogamie auch noch normale sexuelle Vorgänge in den gleichen Sippen vorhanden zu sein, so daß sich noch ständig neue Sippen bilden können, die meist auch wieder apogam sind, sich also konstant weiter vermehren können. So vermag eine große Fülle lokaler, selbständiger Formen zu entstehen, die auf Grund ihrer Apogamie gewissermaßen Klone darstellen. Bisweilen kann man aus den Arealen dieser kleinsten Sippen auf ihr Alter schließen; es zeigt sich, daß auch darunter alte Arten sind, die bis auf die Eiszeiten zurückgehen. Die Mehrzahl ist aber jünger, oft historischer Entstehung mit ganz lokaler Verbreitung, so daß sie auf ein Wäldchen oder auf einen Hügel beschränkt sein können. In solchen Gattungen macht die Bewertung, die Kategorienbildung, natürlich die größten Schwierigkeiten. Im Einzelfall kann auch hier nur bei Betrachtung der gesamten Gruppe entschieden werden. Sicher ist aber, daß alle diese Sippen unterschieden werden müssen, sie sind alle wichtig für die Taxonomie wie auch für andere Wissenschaftszweige. Gerade in der modernen Physiologie und Ökologie beginnt man das einzusehen, und auch in der Coenologie würde man vielfach mit diesen Erkenntnissen weiter kommen; es sind die kleinsten Sippen, die vorwiegend ökologisch oder physiologisch speziell ausgerichtet sind und damit gerade für diese Arbeitsrichtungen beachtet werden müssen. Ganz besonders wichtig ist das bei Nutzpflanzen, vor allem bei den als Heilkräuter genutzten Arten. Kleinste Sippen können wichtige Inhaltsstoffe den nächsten Verwandten voraus haben. Wir haben also unbedingt auch die kleinsten taxonomischen Einheiten richtig zu erfassen, wir müssen sie richtig beschreiben und benennen können, wenn wir ihr stetes Wiedererkennen ermöglichen wollen. In diesen Fragen sollen uns die nächsten Kapitel als Wegweiser dienen.

KAPITEL 10

Nomenklatur

Nomina si nescis, perit et cognitio rerum.
LINNAEUS

[Kategorien — Volksnamen — Phrasen — Gattungsnamen — Binome — Nomenklaturregeln — Benennungsgrundsätze — Synonyme — Homonyme — Hauptregeln — Prioritätsregel — Typenmethode (Nomenklatorischer — Taxonomischer Typus) — Gattungswechsel — Namensform (Sippen oberh. der Art — Art und Untersippen — Bastarde) — Autorzitat (Rangstufen- und Gattungswechsel — Zusätze) — Tautonyme — Namensverwerfung — Namensschutz — Botanische Kongresse.]

Kategorien — Wir sahen schon, daß jede Pflanze einer Art zugehört, und daß wir die Arten wieder zu höheren Einheiten zusammenfassen müssen. Um mit diesen Begriffen arbeiten zu können, müssen wir jeder Sippe einen bestimmten Namen zuweisen, der sie in ihrer Rangstufe charakterisiert, sie zum zweiten im Wortlaut des Namens von allen anderen Sippen der gleichen Rangstufe unterscheidet und sie schließlich mit ihrer Abstammungsgemeinschaft verbindet. Diese Aufgabe der Benennung kommt einem besonderen Arbeitszweig der Taxonomie, der Nomenklatur, zu. Da der Name engstens mit den Merkmalen und der Kategorie der Sippe verbunden ist, können Nomenklatur und Taxonomie nicht voneinander getrennt werden. Ihre enge Verbindung ist notwendig und unerläßlich; eines kann ohne das andere nicht sein.

Volksnamen — In den ältesten Zeiten ging die Benennung vom Volksgebrauch aus. Da man Kategorien noch nicht unterschied, wurde jede Pflanze mit ihrem Volksnamen bezeichnet. Diese Namen, vor allem des griechischen und römischen Altertums, übernahm die mittelalterliche Wissenschaft zunächst in der gleichen Form, woher sich noch der Brauch herleitet zur wissenschaftlichen Benennung die lateinische Sprache zu wählen. Mit der stärkeren Erforschung der Natur mußten neue Pflanzen benannt werden, die man mit den schon im Altertum bekannten zwar nicht identifizieren aber wohl vergleichen konnte. Dafür verwendete man die klassischen Namen und setzte ihnen unterscheidende Beiworte zu. Da die Zahl der neu zu benennenden Pflanzen jedoch immer stärker zunahm, schwoll damit die Zahl der unterscheidenden Beiworte auch immer mehr an, so daß in artenreichen Gruppen Namen mit 5—10 oft sogar über 20 Wörtern entstanden, die sogenannten Phrasen, die beinahe einer Beschreibung gleichkamen. Als Beispiel führe ich nach MANSFELD an: *Fumaria bulbosa radice non cava major* oder *Trifoliastrum pratense corymbiferum majus repens, corymbis florum magis sparsis, pediculis longissimis insidentibus, siliquis tetraspermis.*

Phrasen

Gattungs-
namen
Allmählich entwickelte sich durch die Verwendung der klassischen Volksnamen, die oft den natürlichen Gattungen entsprachen, der Brauch, die Kategorie der Gattung durch den ersten Namen auszudrücken, und die zu dieser Gattung gehörigen Arten durch die angehängten Beiworte zu benennen und damit gleichzeitig zu charakterisieren. Jedoch erwiesen sich diese langen Namen und Beschreibungen als im täglichen Gebrauch sehr ungeeignet, so daß man nach einer formelhaften Abkürzung suchen mußte.

Binome
Im 18. Jahrhundert führte LINNÉ ein neues Pflanzensystem ein, gleichzeitig aber führte er 1753 eine Reform der Benennung durch, indem er statt der für jede Art üblichen Phrase nur ein unterscheidendes Beiwort oder Epitheton wählte. Jede Pflanze trug dadurch nur mehr zwei Namen, einmal den Namen der Gattung und dazu das unterscheidende Beiwort, so z. B. *Fagus silvatica* oder *Secale cereale*. Damit war die binäre Benennung oder die Bezeichnung durch Binome geschaffen, die noch heute gültig ist; man verzichtete aber damit gleichzeitig darauf, die Sippen in ihrem Namen zu beschreiben, was heute oft übersehen wird. Das an sich nicht sehr fortschrittliche System LINNÉS hat sich durch diese praktische Benennungsweise eingebürgert und sehr lange gehalten, obgleich schon vor ihm bessere, natürliche Systeme geschaffen worden waren.

Nomenklatur-
regeln
Schon LINNÉ versuchte die Beständigkeit der Namen durch Einführung bestimmter Nomenklaturgesetze zu gewährleisten, wobei er sich aber vor allem mit der Nomenklatur der Gattungen beschäftigte. Schon bald nach LINNÉ wurden von den verschiedenen Autoren Anordnungen gefordert, die eine Beständigkeit der Namen garantieren sollten. Im 18. Jahrhundert bemühten sich besonders 1782 MURRAY und 1798 WILLDENOW und LINK um solche Regelungen. Etwas ausführlicher und schon in Form von Regeln faßte 1813 A. P. DE CANDOLLE diese Frage an. 1867 schließlich wurde ein botanischer Kongreß nach Paris einberufen, auf dem ein Vorschlag ALPHONSE DE CANDOLLES als Anleitung für die Nomenklatur angenommen wurde. Auf späteren Kongressen 1905 in Wien, 1910 in Brüssel, 1930 in Cambridge, 1935 in Amsterdam, 1950 in Stockholm und 1954 in Paris wurden diese Regeln weiter ergänzt und ausgebaut und für die Benennung botanischer Sippen als verbindlich erklärt.

Benennungs-
grundsätze
Eine gute und zuverlässige Benennung ist nach MANSFELD nur dann gewährleistet, wenn folgende Bedingungen erfüllt sind: 1. Jeder Name muß in seiner Bedeutung klar sein, d. h. er muß sich auf eine bestimmte Einheit beziehen. 2. Jede Einheit darf nur einen einzigen Namen haben, d. h. es darf von mehreren Synonymen nur eines beibehalten werden. 3. Jeder Name muß eindeutig sein, d. h. er darf nur zur Bezeichnung einer einzigen Einheit verwendet werden; von meh-

reren Homonymen darf also höchstens eines beibehalten werden. 4. Ein einer Einheit gegebener Name darf nicht willkürlich verändert werden, da sonst Synonyme entstehen. Diese Forderungen für die Benennung müssen im täglichen Leben genau so erfüllt sein wie in der wissenschaftlichen Terminologie. Ob man Haushaltsgeräte, die Straßen einer Ortschaft, die chemischen Stoffe, Personen oder Tiere und Pflanzen benennt, stets müssen diese Bedingungen eingehalten werden. Eine Straße darf nur einen Namen haben; bei der Umbenennung entsteht ein Synonym, das die Verständigung erschwert. Von einer Straße, die mehrere Namen hat, darf nur einer gültig sein. Mehrere verschiedene Straßen sollten nicht den gleichen Namen führen, und ein einmal vergebener Name sollte nicht willkürlich verändert werden. Die Namen Quirl oder Löffel verbinden sich mit bestimmten Objekten und können nicht ohne weiteres geändert werden. Es ist leicht vorstellbar, wie wichtig solche Nomenklaturregeln für die Wissenschaft sind, bei der die Mannigfaltigkeit der Objekte sehr viel größer ist.

Doch so einfach es scheint, ist es doch bisweilen sehr schwer, einen Namen auf eine bestimmte Sippe festzulegen, denn es muß auch für künftige Generationen die Verbindung dieses Namens mit der Sippe klar sein. Es kommt vielfach vor, daß eine Pflanze von verschiedenen Botanikern als neu erkannt und benannt wird. Da die Autoren aber vielleicht verschiedene Länder bewohnten, wußten sie gar nicht, daß es sich um die gleiche Art handelte, die jeder von ihnen neu benannte. Oft erst später ergab sich dann, daß einer der beiden Namen ein Synonym des anderen sein mußte. Oder es kam auch vor, daß zwei verschiedene Pflanzen mit dem gleichen Namen belegt wurden, daß also versehentlich Homonyme geschaffen wurden. Unklarheiten entstanden auch bei falscher Namensverwendung durch Fehlidentifizierung (Pseudosynonyme nach CUFODONTIS). Schließlich aber wurden und werden viele Namen willkürlich verändert, weil sie philologisch oder sachlich falsch gebildet waren. Solche Möglichkeiten zu Namensänderungen darf es aber nicht geben, da der Name ja nur ein Name und nicht eine Beschreibung des Objektes sein soll. Wir betrachten auch die Namen für die Gegenstände des täglichen Lebens nur als Zeichen und verlangen nicht, daß der Laut der Worte Haus oder Garten an sich etwas über die Eigenschaften des Gegenstandes aussage.

Synonyme

Homonyme

Zur Erfüllung der oben angegebenen 4 Punkte, die zur Erhaltung einer beständigen Benennung notwendig sind, enthalten die Nomenklaturregeln folgende Hauptsätze: 1. Ein Name wird nur dann anerkannt, wenn zugleich mit seiner Veröffentlichung eine Beschreibung der damit bezeichneten Sippe und die Angabe seiner Rangordnung gegeben wird. 2. Von den verschiedenen Synonymen für eine Sippe wird nur der zuerst veröffentlichte, älteste Name als gültig anerkannt. 3. Von

Hauptregeln

verschiedenen Homonymen wird nur das älteste beibehalten, die anderen werden als ungültige Synonyme abgelehnt. 4. Die willkürliche Veränderung eines Namens oder seiner Schreibung ist verboten. Diese Sätze genügen nicht ganz, es muß noch eine Reihe von Spezialvorschriften dazu erfolgen, wie sie die Regeln im einzelnen geben. Im Anschluß wollen wir die wichtigsten Vorschriften dieser Regeln betrachten.

<small>Prioritäts-regel</small> Der zweite und der dritte unserer oben angeführten Punkte werden durch die sogenannte Prioritätsregel zunächst grundlegend geklärt. Dieser Hauptgrundsatz besagt, daß nur der älteste, zuerst veröffentlichte Name für eine Pflanze als gültig anerkannt wird, weil er die Priorität vor allen anderen späteren Namen hat. Natürlich ist die Priorität nach rückwärts zeitlich begrenzt, man rechnet als frühestes Datum den 1. Mai des Jahres 1753, in dem LINNÉ in seinen „Species plantarum" die binäre Nomenklatur einführte. Für einige, zu LINNÉS Zeiten noch nicht oder noch wenig bekannte, vor allem mikroskopische Pflanzengruppen ist der Ausgangspunkt auf noch spätere, grundlegende Werke festgesetzt, wie z. B. für die Laubmoose 1801 mit HEDWIGS Species Muscorum, für die Pilze z. T. 1801 mit PERSOONS Synopsis Methodica Fungorum, z. T. 1821/32 mit FRIES' Systema Mycologicum. Bei den *Oedogoniaceae* beginnt sogar die Nomenklatur erst mit dem Jahre 1900.

Der erste Punkt unserer Gegenüberstellung bezieht sich auf die Veröffentlichung. Soll ein Artname gültig sein, dann muß er in einem gedruckten Werk oder einer Zeitschrift mit einem Binom in lateinischer Sprache unter Hinzufügung einer Beschreibung in lateinischer Sprache und Angabe seiner Rangordnung veröffentlicht sein. Zur besseren Festlegung des Namens tritt zu dieser Vorschrift ergänzend die Standard- oder Typenmethode. Für jede neu beschriebene Pflanze wird ein <small>Typen-methode</small> Standard oder nomenklatorischer Typus angegeben, an den der Name gebunden bleibt, falls der Umfang der beschriebenen Sippe einmal geändert wird. Dieser Typus ist rein nomenklatorischer Art und hat nichts mit einem in der Vorstellung befindlichen, taxonomischen Typus zu tun; er dient nur dazu, den Namen fest und unveränderlich zu machen. Für nomenklatorische Zwecke sind aber Worte wie Typus und typisch ungeeignet, da wir mit ihnen meist bestimmte taxonomische Vorstellungen verbinden; unter Typus versteht man im allgemeinen eine Grundform oder eine charakteristische, kennzeichnende Form. Deshalb möchte ich für den nomenklatorischen Typus die Verwendung des un- <small>Standard</small> verbindlicheren Wortes Standard (oder auch Basis nach MANSFELD) vorschlagen, zumal dieses nicht durch den täglichen Sprachgebrauch in anderem Sinn belastet ist. Für eine Familie wird als Standard eine Gattung gewählt, d. h. daß bei einer eventuellen Aufspaltung der Familie *Rosaceae* dieser Name immer bei dem Teil verbleibt, der den Standard — in diesem Fall die Gattung *Rosa* — enthält. Ebenso ist für die Gattung eine bestimmte Art der Standard (oder die Leitart), also für jede Kategorie eine bestimmte Sippe der nächstniederen Kategorie. Für eine Art aber oder eine Einheit unterhalb der Art ist der Standard ein bestimmtes Individuum, gegebenenfalls ein in öffentlichen Sammlungen befindliches, konserviertes Exemplar.

Als Beweis für die Wichtigkeit der Schaffung eines Typus für jede Sippe, die beschrieben wird, sei folgendes Beispiel gegeben: In den Tropen sei eine neue Pflanzenart entdeckt worden, und zwar am Punkt A. Sie wird als neue Art beschrieben. Wenig später wird eine ähnliche Pflanze an dem benachbarten Ort B entdeckt, die etwas abweichend ist, so daß der Bearbeiter die Pflanze A als var. typica von der Pflanze B als var. lata unterscheidet. Bei späteren Forschungen in diesen Gebieten zeigt sich, daß die var. lata allgemein verbreitet ist, während die var. typica nur von der einen Stelle, an der sie zuerst gefunden wurde, bekannt ist. Dann würde mancher Bearbeiter sagen — und diese Fälle haben sich in der Praxis oft genug ereignet —, daß die var. lata als Typus der Art, also als var. typica, zu bezeichnen wäre, während die bisherige var. typica diesen Namen zu Unrecht trüge und deshalb einen neuen Namen zu bekommen hätte. Doch nach einiger Zeit findet man die zuerst bei A gefundene Pflanze auf einmal in anderen, bisher noch nicht erforschten Ländern häufig und trennt schließlich A und B vollständig als selbständige Arten, so daß man alle bisherigen Namensveränderungen rückgängig machen müßte. Es ergibt sich daraus, daß man einen Namenswechsel überhaupt nicht zulassen darf, wenn man keine Konfusionen herbeiführen und Beständigkeit gewährleisten will. Mit der Typenmethode wird diesem und damit dem vierten Punkt unserer obigen Gegenüberstellung weitgehend Rechnung getragen.
Nomenklatorischer Typus

Es zeigt sich, daß man nicht Rücksicht auf einen taxonomischen Typus nehmen kann; im übrigen ist auch die Vorstellung, daß ein Teil der Art typischer sei als der andere, reichlich problematisch. Man könnte höchstens den ursprünglicheren Teil festzustellen trachten, was meist unmöglich sein dürfte. Um aller Schwierigkeiten Herr zu werden, wählt man also zu jedem Namen einen nomenklatorischen Typus; dadurch daß der Name stets bei dem Teil verbleibt, der dem Typus entspricht bzw. diesen enthält, ist die Beständigkeit des Namens gesichert. Bei Zusammenlegung von zwei Gruppen wird dabei der ältere der beiden Gruppennamen beibehalten. Bei Versetzung von einer Art in eine andere Gattung wird das Beiwort beibehalten und nur der Gattungsname gewechselt, wie im Falle von *Antirrhinum orontium*, das heute als *Misopates orontium* geführt wird. Wenn in der neuen Gattung das betreffende Epitheton nicht verwendet werden kann, weil es beispiels-
Taxonomischer Typus

Gattungswechsel

weise schon in dieser Gattung vertreten (präokkupiert) ist, so müßte ein anderes Epitheton gewählt werden, damit nicht ein Homonym entsteht. So muß *Orobus tuberosus*, in die Gattung *Lathyrus* überführt, den Namen *Lathyrus montanus* führen, da hier schon eine andere Art mit dem Namen *Lathyrus tuberosus* existiert und eine zweite gleichen Namens nicht geschaffen werden darf.

Namensform Sippen oberhalb der Art

An der Form oder der Endung des Namens soll man die Kategorie gleich erkennen. Die Namen der Einheiten oberhalb der Gattung bestehen aus einem Wort im Plural, sie zeichnen sich durch eine für ihre Kategorie charakteristische Endung aus. So endigen die Namen der Naturreiche auf -*bionta* (z. B. *Cormobionta*), die der Stämme oder Abteilungen auf -*phyta* (z. B. *Spermatophyta*), die der Unterstämme auf -*phytina* (z. B. *Phaeophytina*), die der Klassen auf -*opsida* (z. B. *Gnetopsida*), die der Unterklassen auf -*idae* (z. B. *Filicidae*), die der Ordnungen auf -*ales* (z. B. *Rosales*), die der Unterordnungen auf -*ineae* (z. B. *Solanineae*), die der Familien auf -*aceae* (z. B. *Scrophulariaceae*), die der Unterfamilien auf -*oideae* (z. B. *Antirrhinoideae*), die der Tribus auf -*eae* (z. B. *Digitaleae*) und der Untertribus auf -*inae* (z. B. *Linariinae*) Die Gattungsnamen sind groß zu schreibende Worte in der Einzahl, ebenso wie die Namen der Untergattungen, Sektionen und Subsektionen, die man innerhalb einer Gattung unterscheiden kann, wie z. B. *Fagus*, *Linaria*, *Antirrhinastrum*, *Amblyosepalum* und ähnliche. In manchen Fällen kann man in einer Gattung jeweils mehrere Arten zu Serien zusammenfassen, die oft nur habituell oder geographisch charakterisiert werden können; diese werden durch einen großzuschreibenden Namen im Plural gekennzeichnet, wie z. B. *Majora*, *Repentes*, *Hirsutae* oder *Boreales* usw.

Art und Untersippen

Die Namen der Arten sind, wie gesagt, stets binäre Kombinationen aus dem Namen der Gattung und dem darauffolgenden Epitheton für die Art. Dieses ist häufig ein Adjektivum, das nur aus einem Wort besteht und sich im Geschlecht nach dem Gattungsnamen richtet; es wird meist klein geschrieben. Die Namen der Sippen unterhalb der Art werden mit den ihnen entsprechenden, abgekürzten Bezeichnungen an das Binom angehängt, so daß ssp. für die Unterart (subspecies), var. für die Varietät (varietas) und f. für die Form (forma) verwendet wird. In der Botanik wird also eine ternäre Nomenklatur, die die Sippen allgemein mit drei Namen bezeichnet, wie es vielfach in der Zoologie üblich ist, nicht angewendet. Die unter der Art stehenden Sippennamen werden vielmehr stets unter Einschaltung der Kategorienbezeichnung an das Binom angehängt. Doch muß bei der Unterscheidung einer Untereinheit unter der Art automatisch eine dem Typus entsprechende und diesen einschließende Untersippe entstehen. Nachdem sich herausgestellt hat, daß *Ulex europaeus* L. in Portugal sich stets durch einen großen Hüllkelch auszeichnet, ist diese südwestliche Sippe als *U.*

europaeus L. ssp. *latebracteatus* (Mariz) Rothm. zu unterscheiden. Die dem Typus entsprechenden Individuen des nördlicheren Europa müssen dann den Namen *U. europaeus* L. ssp. *europaeus* führen. Zu *Antirrhinum majus* L. ssp. *linkianum* (Boiss. et Reut.) Rothm. var. *ramosissimum* Wk. gehören *A. majus* L. ssp. *majus* mit seinen Varietäten und Formen sowie *A. majus* L. ssp. *linkianum* (Boiss. et. Reut.) Rothm. var. *linkianum* f. *linkianum* (= var. *latifolium* Rothm. f. *typicum* Rothm.) und f. *glandulosum* P. Cout.

Bastarde werden auch mit einem Binom aus Gattungsnamen und Epitheton bezeichnet, man setzt jedoch ein Malzeichen (×) vor ihren Namen und fügt die Formel ihrer mutmaßlichen Entstehung in Klammern dazu, so z. B. *Anemone* × *intermedia* (= *A. nemorosa* × *ranunculoides*). Verschiedene Ausbildungen der gleichen Kreuzung werden als Nothomorphe (nm.) dem Bastard untergeordnet, so z. B. *Anemone* × *intermedia* nm. *vimariensis* und nm. *lipsiensis*. Bei Bastarden aus Arten verschiedener Gattungen werden neue Gattungsnamen gebildet, die meist aus Silben der beiden Elterngattungen zusammengesetzt werden, wie im Falle von × *Triticale*, der Kreuzung einer Art der Gattung *Triticum* mit einer aus der Gattung *Secale*. Die Formen und Kreuzungsprodukte der Kulturpflanzen, soweit sie unterhalb unserer taxonomischen Kategorien stehen, werden meist mit Phantasienamen der gewöhnlichen Sprache bezeichnet und durch ein vorgesetztes cv. (cultivar) gekennzeichnet; sie sind stets mit großem Anfangsbuchstaben zu schreiben, so beispielsweise *Secale cereale* cv. *Petkuser Kurzstroh*. Bisweilen werden in der Nomenklatur der Kulturpflanzen noch weitere Kategorien wie Convarietas (conv.) und Cultigrex (cg.) benötigt, z. B. *Antirrhinum majus* ssp. *majus* var. *majus* cg. *Nanum* cv. *Brillant* u. a. m.

Bastarde

Zum Namen wird im allgemeinen der Name des Autors zitiert, der diesen Namen zuerst gültig veröffentlicht hat; es gilt dieser Autorname als abgekürztes Literaturzitat, wie im Falle von *Antirrhinum majus* L. (Linné) oder *Festuca altissima* Allioni. So wird auch unter Umständen der Name eines zweiten Autors durch die Wörtchen „ex", „apud" oder „in" verbunden hinter den des ersten Autors gesetzt, wenn die betreffende Veröffentlichung im Werk des zweitgenannten Autors erfolgte, wie bei *Juncus acutiflorus* Ehrhart ex Hoffmann, *Carex rexta* Boott in Hooker oder *Carex contigua* Hoppe ap. Sturm.

Autorzitat

Bei Veränderungen der Rangstufe oder bei Versetzungen in eine andere Gattung wird der Autor des Epithetons in Klammern mitgeführt während der Autor, der die Versetzung ausführte, hinter die Klammer tritt; so wurde *Triticum junceum* Jusl. von Palisot de Beauvois in die Gattung *Agropyrum* als *A. junceum* (Jusl.) P. B. versetzt und *Cory-*

Rangstufen- u. Gattungswechsel

dalis laxa Fries von R. Mansfeld als Varietät einer anderen Art der gleichen Gattung aufgefaßt und als *Corydalis solida* (L.) Sw. var. *laxa* (Fries) Mansfeld bezeichnet.

Zusätze An sonst gebräuchlichen Zusätzen zum Autorzitat ist noch „em." (emendavit) zu nennen, was mit einem zweiten Autornamen hinzugefügt wird, wenn dieser Autor einen ursprünglichen Namen in erweitertem oder eingeschränktem (emendiertem) Sinn verstanden hat, wie *Antirrhinum* L. em. Rothm. Schließlich sind noch die Zusätze „s. ampl." (sensu amplio), „s. l." (sensu lato) oder „s. str." (sensu stricto) zu erwähnen, die sich auch auf eine Veränderung des Umfanges der Sippe beziehen; man kann sie der Reihe nach übersetzen mit „im weitesten Sinn", „im weiten Sinn" und „im engen Sinn".

Tautonyme Im Gegensatz zur zoologischen Nomenklatur sind in der Botanik Tautonyme d. h. gleichlautende Gattungs- und Artnamen, in denen also im Epitheton der Gattungsname wiederholt wird, wie etwa in einem Falle *Odontites odontites* oder *Cymbalaria cymbalaria* nicht zulässig. *Euphrasia odontites* L., in die Gattung *Odontites* verbracht, würde *Odontites odontites* ergeben; das ist nicht zulässig, so daß ein neuer Name gewählt werden muß, wie es Gilibert mit dem Namen *O. rubra* Gilib. getan hat. Es wird dagegen bei Sippen unterhalb der Art der gleiche Name bei d e n Untersippen stets wiederholt, die dem Typus der übergeordneten Sippe entsprechen. Hier ist auch noch darauf hinzuweisen, daß die botanische Nomenklatur nicht nur in Form und Aussage einiger Regeln von der der Zoologie abweicht, sondern daß sie überhaupt völlig von dieser unabhängig ist. Die Regeln gelten also in der hier besprochenen Form nur für die Botanik einschließlich der Paläobotanik und nicht für andere Fachgebiete. Die Benennung ist ganz unabhängig von diesen anderen Gebieten, so daß ein dort verwendeter Name auch in der Botanik und umgekehrt gebraucht werden kann. Die Gattungsnamen *Lunaria* oder *Fritillaria* werden in der Botanik und in der Zoologie zur Benennung ganz verschiedener Objekte gültig verwendet.

Namensverwerfung Namen, die in der Botanik mehrfach in verschiedenem Sinn gebraucht worden sind und die dadurch zu Verwirrung Anlaß geben können (nomina ambigua), können ganz verworfen und für ungültig erklärt werden. Das gleiche gilt für unzureichend umschriebene (nomina dubia) oder solche, die sich versehentlich auf Teile von verschiedenen Pflanzen stützen (nomina confusa). Alle aus diesen oder den oben angeführten Gründen für ungültig erklärten Namen werden auch als illegitim (nomina illegitima) bezeichnet.

Namensschutz Um allzu große Änderungen in der Nomenklatur zu verhindern, können gebräuchliche Namen von Gattungen oder höheren Einheiten, wenn ihre Gültigkeit durch einen älteren, gültigen oder sonstwie bevorrechtigten Namen bedroht ist, geschützt werden, indem sie auf eine besondere Liste zu ihrer Erhaltung gesetzt werden. Die Liste der nomina conservanda verleiht ihnen entgegen den anderen Regeln für dauernd Gültigkeit.

Mit diesen Anweisungen ist im allgemeinen die Eindeutigkeit und Beständigkeit der botanischen Nomenklatur gewährleistet. Natürlich ergeben sich immer wieder zweifelhafte Fälle und schwierige Probleme, deren Regelung auf den jetzt alle vier Jahre stattfindenden Internationalen Botanischen Kongressen erfolgt. Dort werden auch eventuell notwendig gewordene Änderungen der Regeln beschlossen. Alle Nomenklaturvorschriften sind im International Code of Botanical Nomenclature (1. Aufl., Utrecht 1952) zusammengefaßt.

Botanische Kongresse

KAPITEL 11

Phytographie

Nihil est in intellectu quod non fuerit in sensu.
LOCKE

[Taxonomische Technik — Individualbeschreibung (Typus — Herbarmaterial — Habitus — Morphologie — Verbreitung — Diagnose — Name — Synonyme) — Monographie (Allgemeiner Teil — Spezieller Teil — Conspectus — Clavis — Iconographie — Exsiccate — Species excludendae) — Revision — Flora (Enumeratio — Verzeichnis — Synopsis — Prodromus) — Floristik — Satztypen — Gruppenmerkmale — Merkmale (konstitutive — funktionelle — epharmonische adaptative — Organisations- und Adaptationsmerkmale — homologe und analoge — konservative und progressive — alternative und epallele) — Merkmalsauswertung — Merkmalstabelle — Bastardpopulationen (Introgression — Diskordante und konkordante Variabilität — Massenkollektionen — Hybrid-Index — Polygon-Methode) — Literatur — Typus (Holotypus — Isotypus — Paratypus — Topotypus — Lectotypus — Neotypus) — Benennung — Beispiel *Petrocoptis* (Merkmalstabelle — Synonymie — Beschreibung — Gattungstypus — Verbreitung — Übersetzung — Conspectus — Übersetzung — Schlüssel) — Bestimmungsschlüssel — Schlüsselregeln — Schlüsselmerkmale — Beispiel *Ulex* (Synonymie — Artbeschreibung — Unterartenschlüssel — Unterartenbeschreibung und Verbreitung).]

Die Phytographie steht in engsten Beziehungen zur Taxonomie, sie ist eigentlich nur ein Teil der taxonomischen Technik und hat allein keine Existenzberechtigung mehr. DIELS versuchte eine völlige Trennung von Phytographie und Taxonomie durchzuführen, wobei er die Behauptung aufstellte, daß derjenige, welcher die Trennung nicht anerkenne, von beiden Dingen nichts verstünde. Die negative Grundeinstellung zum Erkenntniswert der Wissenschaft, mit der er auch beispielsweise die Realität der taxonomischen Einheiten leugnete, verführte ihn zu solcher Schärfe und solchen Behauptungen, die seine

Taxonomische Technik

eigenen Arbeiten ad absurdum führen und ihn selbst seinen eigenen Vorwürfen aussetzen. Wenn die taxonomischen Einheiten nicht real sind, kann man sie zwar definieren, aber nicht beschreiben; man kann nur Einzelfälle, Individuen, beschreiben. Jede Anreihung weiterer Individuen, jede Gruppenbildung ist Taxonomie. Nach DIELS wäre also die Beschreibung von Individuen Wissenschaft und die taxonomische Arbeit eigentlich Spielerei, wenn man seine Gedanken konsequent durchführt.

Nach unserer Auffassung existieren aber die taxonomischen Einheiten in der Realität, sie sind wahre Tatsachen. Die Taxonomie ist also keine abstrakte Spielerei, und die Phytographie, die Kunst der Pflanzenbeschreibung, ist die der Taxonomie adäquate Technik zur Festlegung ihrer Objekte. Nur dadurch ist die Möglichkeit gegeben, diese wiederzuerkennen und mit anderen gleichgestalteten zu identifizieren. Nachdem wir uns über die Grundlagen der Taxonomie informiert haben und auch die Grundbegriffe der Bildung taxonomischer Kategorien und der Nomenklatur kennengelernt haben, müssen wir uns einen Überblick über die Technik der Pflanzenbeschreibung verschaffen.

Individualbeschreibung Da die Typenmethode, wie wir sahen, grundlegend für die Nomenklaturvorschriften geworden ist, müssen wir auch nach dieser vorgehen. Für eine Art oder eine Untersippe einer Art gilt stets ein Individuum, ein Exemplar, als Typus oder Standard. Wir müssen also in diesen Fällen stets ein Einzelexemplar erfassen, wenn wir den Vorschriften genügen wollen. Vielfach liegt das bei Herbarmaterial schon fest, da uns meist nur ein Exemplar oder Bruchstücke eines solchen vorliegen, bisweilen aber müssen wir eines auswählen, das als durchschnittlich für die zu beschreibende Mehrzahl der Individuen gelten kann. Nachdem wir also auf Grund taxonomischer (geographisch-morphologischer) Betrachtung eine Gruppe von Individuen als noch unbeschrieben, als wissenschaftlich noch nicht festgelegt erkannt haben,
Typus beschreiben wir sie an Hand des dazu ausgewählten Typus. Was von diesem in der Gruppe abweicht, dürfte in die Standardbeschreibung nicht aufgenommen werden, sondern sollte in Klammern in die Beschreibung eingefügt oder in Anmerkungen dazu vermerkt werden. Das am besten geeignete Material wäre ein lebendes Individuum mit Blüten und Samen, aus dem man dann Tochterindividuen erzielen könnte, so daß man die Pflanze auch in der Kultur und in der Konstanz kennenlernt. Das beschriebene Individuum wäre dann neben anderen, die man für identisch hält, so zu präparieren, daß es auch noch späteren
Herbarmaterial Generationen zur Untersuchung zur Verfügung steht. Derart konserviertes Material, in der Botanik vielfach unter Druck ausgetrocknetes, sogenanntes Herbarmaterial oder auch in Spiritus aufbewahrtes Ma-

terial, dient allerdings in den allermeisten Fällen der Analyse. Das gewöhnlich zur Untersuchung kommende Material entstammt Expeditionen; auf der Reise ist normalerweise keine Zeit zu derartigen Untersuchungen; es stellt sich oft erst bei der Bearbeitung in späterer Zeit heraus, daß ein Objekt noch unbeschrieben war.

Bei der Neubeschreibung zeigt sich auch gleich wieder die engste Verbindung zur Taxonomie, weil man die betreffende Sippe erst in das allgemeine System einordnen muß; erst dann kann man feststellen, daß sie noch nicht beschrieben ist. Die Charakterisierung eines Objektes aber als zugehörig zu einer bestimmten Abteilung, Klasse, Ordnung, Familie und Gattung vereinfacht zudem unsere Beschreibung, weil die für diese Einheiten charakteristischen Merkmale bereits in den übergeordneten Begriffen enthalten sind. Die allgemeinen Dikotylen-Merkmale braucht man in der Beschreibung einer neuen Art, die zu den Dikotylen gehört, ebensowenig zu wiederholen wie die Rosaceen-Merkmale bei einer als neu zu beschreibenden Angehörigen dieser Familie.

Eine Beschreibung muß also alle die Merkmale enthalten, die die betreffende Pflanze als neu gegenüber den schon bekannten Formen aufzuweisen hat und die sie gegenüber noch zu entdeckenden unterscheiden könnte, wobei man zunächst mit der Organographie beginnt, nachdem man das allgemeine Aussehen (Habitus) charakterisiert hat. Es folgt die Untersuchung und Beschreibung der übrigen Merkmale der Anatomie, Zytologie, Chemie und Physiologie, soweit sie eben zugänglich und bekannt sind. Die Terminologie ist dabei die in diesen Wissenschaftszweigen allgemein übliche. Alles das ist möglichst einem Exemplar, dem Typus oder Standard, zu entnehmen. *(Habitus / Morphologie usw.)*

Zur Beschreibung gehören Angaben über das Vorkommen der neuen Sippe, über ihre geographische Verbreitung und Ökologie, vor allem aber über die Herkunft des Typusexemplares, einschließlich Sammler, Sammelzeit und Aufbewahrungsort. Zur Ergänzung treten dazu Angaben über den ökonomischen Wert oder eine bekannte Nutzung, über gebräuchliche Volksnamen usw. Alles, was einem über die betreffende Pflanze bekannt wird, sollte hier enthalten sein; damit ist dann die Beschreibung des Standard und der neuen Sippe vollständig erfaßt. Im allgemeinen wurde früher von der Beschreibung (descriptio) die Diagnose (diagnosis) getrennt; dieser Brauch sollte sich auch heute wieder einbürgern. Die Diagnose stellt eine kurzgefaßte Charakterisierung am Kopf der Beschreibung dar, in der nur die Merkmale zusammengestellt sind, die wesentlich zur Erkennnung dieser Sippe und zur Unterscheidung von anderen Sippen dienen. Sie kann auch innerhalb der Beschreibung durch Sperrdruck hervorgehoben werden. Diagnosen und Beschreibungen müssen in Latein abgefaßt sein, da dieses die größte *(Verbreitung / Diagnose)*

Einheitlichkeit und allgemeine Verständlichkeit gewährleistet. Die Begriffe Blatt oder Sproß, aufrecht oder kriechend usw. sind in einer toten Sprache viel genauer und international festgelegt als in einem neuen, lebendigen Idiom. Auch für den, der diese Sprache nicht beherrscht, ist es keine große Mühe, die lateinischen Worte oder Termini ohne komplizierte Verbalkonstruktionen aneinander zu reihen und so eine Sippe zu beschreiben.

Name

Synonyme

Der rein taxonomisch-nomenklatorische Teil der Beschreibung steht an ihrem Kopf. Hier muß zunächst der gewählte Name aufgeführt sein, hinter dem Namen folgen dann der Autor und Angaben über die gewählte Rangstufe oder Kategorie. Darauf folgt die Aufzählung der Synonyme, d. h. der schon für die betreffende Sippe verwendeten Namen, die aus irgendwelchen Gründen nicht gültig oder verwendbar sind. Es reihen sich Angaben über eventuell schon publizierte Abbildungen und schließlich die Diagnose und die Beschreibung mit allen ihren Details und Anmerkungen, sowie die Verbreitungsangaben an.

Monographie

Wichtiger als die Neubeschreibung einzelner, neuer Sippen sind zusammenfassende Bearbeitungen ganzer taxonomischer Gruppen bzw. höherer Einheiten mit allen ihren Sippen in sogenannten Monographien oder Revisionen. Solche Arbeiten verlangen eine ganz bestimmte Technik der Bearbeitung und Beschreibung. Das rein Taxonomische ergibt sich aus den in früheren Kapiteln behandelten Punkten, hier bleibt vor allem die technische Frage der Darstellung zu erörtern. Eine Monographie ist die Gesamtdarstellung einer Familie, Gattung, Artengruppe oder Art, kurz einer Sippe in allen ihren Merkmalen und mit allen ihren Untergruppen ohne jede, auch geographische Beschränkung. Eine Revision dagegen ist eine Monographie mit gewissen Einschränkungen, die geographisch sein können, so daß man eine Gruppe nur in einem Teil ihres Areals studiert, oder sich darauf beziehen können, daß man nur ihre Taxonomie untersucht, die anderen Fragen also beiseite läßt. Man liest zwar oft von Monographien einer bestimmten Gruppe in Mitteleuropa, obgleich sie vielleicht weltweit verbreitet ist; es wäre richtiger, eine solche Bearbeitung als Revision zu bezeichnen. In den Revisionen werden unter Umständen auch nicht alle Sippen ausführlich beschrieben, sondern, wo keine Unklarheiten vorliegen, nur kurz behandelt. In Monographien dagegen erhält jede Sippe eine vollständige lateinische Beschreibung ähnlich einer Neubeschreibung, doch bei der besseren Kenntnis der Gruppe wesentlich vollkommener als diese und besonders auf den Vergleich mit allen verwandten Sippen abgestimmt.

Allgemeiner Teil

Eine Monographie umfaßt gewöhnlich zwei Hauptteile, einen sogenannten allgemeinen und einen speziellen Teil. Der allgemeine Teil bringt zunächst eine historische Übersicht über die wissenschaftliche

Kenntnis und Arbeit an der behandelten Gruppe, also die Zeit ihrer Entdeckung, die Zahl ihrer in den verschiedenen Epochen entdeckten Untersippen, ihre wichtigsten Bearbeiter und die bisher von diesen vorgenommenen, taxonomischen Unterteilungen und Gliederungen. Daran anschließend wäre die in der vorliegenden Arbeit eingehaltene Begrenzung der Gruppe und ihre Stellung im System genauestens zu umreißen und kritisch zu betrachten. Der jetzt anschließende Teil hätte die Morphologie der Gruppe darzustellen, wobei man mit dem Habitus, dem allgemeinen Aussehen, und dem Wuchstyp zu beginnen hat. Dann erfolgt die Beschreibung der Wurzeln, der Sprosse, der Blätter und der Emergenzen wie Haare, Stacheln und Drüsen. Es schließt sich die Charakterisierung des Blütenstandes, der Blüten und ihrer Organe, der Früchte und der Samen an. Die Anatomie kann bei den einzelnen Organen mit behandelt werden, sie kann aber auch zum Abschluß der Organographie zur Darstellung kommen. Hier sind die vorkommenden Gewebetypen, die Zellen und ihre Einschlüsse, der Zellkern und die Chromosomen zu behandeln.

Ein weiterer Abschnitt ist der Darstellung der Fortpflanzung gewidmet. Hier hätten auch die Verbreitungsbiologie und die Blütenbiologie Platz, falls man diese nicht bei Betrachtung der Blüten, Früchte und Samen abgehandelt hat. Schließlich ist hier noch anzufügen, was man über die Ontogenie und über die Genetik der Gruppe weiß; die Vererbungsverhältnisse können ja von großer Bedeutung sein. Anschließend wird das, was über die Physiologie und allgemeine Biologie der Gruppe bekannt ist, betrachtet.

Der nächste Absatz gilt der Geographie, in der die ökologischen Fragen geschildert werden, soweit das nicht schon im Abschnitt über die Physiologie erfolgt ist. Dann ist die coenologische Bedeutung der Gruppe zu erwähnen, d. h. es sollte ihre Rolle in der Vegetation charakterisiert werden. Schließlich wird die rein chorologische Stellung der Gruppe, ihre geographische Verbreitung und die ihrer Untersippen ausführlicher untersucht. Aus diesen Feststellungen ergibt sich dann das, was eventuell über die Entwicklungsgeschichte ausgesagt werden kann. Hierbei ist auch die Paläobotanik der Gruppe, soweit bekannt, mit zu erwähnen. Ein letzter Abschnitt über Nutzen, menschliche Verwendung und Kultur der Gruppe schließt den allgemeinen Teil.

Der spezielle Teil beginnt mit dem Namen und den Synonymen der bearbeiteten Gruppe, an die sich ihre meist lateinisch abgefaßte Beschreibung anschließt. Darauf folgt eine taxonomische Übersicht der dazu gehörigen Sippen, ein sogenannter Conspectus, sowie ein Bestimmungsschlüssel, eine Clavis, für diese Sippen. Der Conspectus gibt die natürliche Gliederung der Sippen nach ihrer Verwandtschaft an, wo-

Spezieller Teil

Conspectus

bei oft mikroskopische oder andere, nicht leicht sichtbare Merkmale benutzt werden müssen, von denen wir wissen, daß sie von größter taxonomischer Bedeutung sind. Wir können also einen solchen Conspectus bei vielen Gruppen nicht zum ständigen, leichten Wiedererkennen der Sippen verwenden, weshalb meist noch ein Schlüssel (Clavis) beigefügt wird, der eine ganz künstliche Bestimmungsmöglichkeit gibt, indem die Pflanzen hier nicht nach ihrer Verwandtschaft, sondern nach leicht erkennbaren Merkmalen angeordnet werden. Anschließend an diese beiden Übersichten erfolgt in der gleichen Ausführlichkeit wie bei Neubeschreibungen die Behandlung der einzelnen Sippen, wobei jede mit Namen und Synonymie beginnt, darauf folgt die Angabe von Bildern (Iconographie) und anderer Literaturhinweise. Daran schließen sich die Beschreibung, Angaben über Vorkommen und Verbreitung, Blütezeit, Volksnamen und Biologie an. Dann sind die Beweisstücke, das sind Herbarexemplare (sogenannte Exsiccate), mit Sammlernamen, Nummern und Aufbewahrungsort unter besonderer Hervorhebung der Typus-Exemplare aufzuführen, und schließlich können noch ein paar allgemeine Bemerkungen über abweichende Stücke, über systematische Beziehungen und über biologische oder ethnologische Besonderheiten, auch über Nutzen und Verwendung folgen.

Sind alle zur Gruppe gehörigen Sippen abgehandelt, werden die Sippen kurz erwähnt, die nicht mehr zur Gruppe gerechnet werden, aber früher in ihr geführt wurden (species excludendae). Dann folgt ein Verzeichnis der Sammler der Exsiccate mit ihrer Sammlernummer, das anderen Fachleuten ermöglicht, bekannte Stücke schnell auf die Richtigkeit der Bestimmung nachzuprüfen. Es reihen sich Aufzählungen der Werke, in denen die Gruppe oder eine ihrer Sippen behandelt oder abgebildet sind, und schließlich ein Verzeichnis aller vorkommenden Namen und Synonyme an.

Während eine Monographie stets die Gesamtdarstellung einer größeren oder kleineren, aber gesamten Abstammungsgemeinschaft in allen ihren Fragen behandelt, betrifft eine Revision vielleicht nur einen geographischen Ausschnitt. Sie ist eine Vorarbeit, eine Ergänzung oder Berichtigung einer Monographie, so daß sie oft auf ausführliche Beschreibungen, auf Betrachtung schon bekannter oder noch nicht genügend erforschter Teile einer Gruppe verzichtet. Die taxonomische Bearbeitung einer Pflanzengruppe, die nicht die Gesamtheit dieser Gruppe und ihrer Merkmale und Kenntnisse umfaßt, also eine unvollständige Monographie darstellt, sollte man stets nur als Revision bezeichnen. Vielfach werden aber auch nicht einmal Revisionen durchgeführt, sondern die Mehrzahl der taxonomischen Arbeiten erstreckt sich leider nur auf das Bearbeiten von Material aus bestimmten Florengebieten. Durch die Beschränkung auf ein engeres Gebiet ist die Verknüpfung der taxonomischen Befunde mit denen anderer Gebiete oder anderer Teile der Erde erschwert, zumal wenn sich der Autor nicht auf Typusmaterial stützen kann. Das wirkt sich natürlich auch dann aus, wenn die Erforschung der Flora eines Gebietes weniger taxonomischen, als vielmehr allgemein pflanzengeographischen Zwecken dient. Für derartige Arbeiten sind solche Werke unentbehrlich; ihre taxonomische Zuverlässigkeit aber ist die Vorbedingung für ihre Verwertbarkeit.

Ein zusammenfassendes Werk über die Pflanzenwelt eines Gebietes nennt man meist kurzweg eine Flora. Eine Flora enthält Bestimmungsschlüssel und Verbreitungsangaben für alle im Gebiet vorkommenden Pflanzensippen; sie kann auch noch Beschreibungen der einzelnen Sippen enthalten und damit stärker taxonomisch orientiert sein. Oft beginnt die floristische Bearbeitung eines Gebietes, d. h. die Erfassung seiner Flora, auch nur mit der Publikation einer Aufzählung der vorkommenden Arten und eventuell ihrer Verbreitung, ohne daß Schlüssel oder gar Beschreibungen beigegeben werden; in diesem Fall spricht man von einer Enumeratio oder einem Verzeichnis. Florenwerke werden auch oft als Synopsis oder Prodromus bezeichnet, wenn sie eine Vorarbeit (Vorschau) oder nur einen Vorläufer eines zukünftigen größeren Werkes darstellen sollen. Wie gesagt, sind Floren äußerst wichtige und unentbehrliche Werke, doch sollten taxonomische Bearbeitungen von Gruppen möglichst nicht in so engem Rahmen, sondern in Monographien oder Revisionen erfolgen. *Flora* *Enumeratio* *Synopsis* *Prodromus*

Die Taxonomie erwuchs aus der Floristik, deren Bedeutung oft unterschätzt wird. Floristik nennen wir taxonomische Studien in einem geographisch enger begrenzten Gebiet. Die Floristik der Erde ist identisch mit der Taxonomie oder der Erforschung des natürlichen Pflanzensystems. Die Floristik ist die Vorschule jedes Botanikers und vor allem des Taxonomen; ihr kommt demgemäß im Unterricht an Schulen und Hochschulen eine besondere Bedeutung zu. *Floristik*

Einige Worte sind noch zur Veröffentlichung selbst bzw. zur Druck- und Satztechnik zu sagen, wobei wir uns auf das allernötigste beschränken wollen. Auf größte Übersichtlichkeit muß Wert gelegt werden, wofür eine richtige Verwendung der Satztypen Voraussetzung ist. Kursive Schrift sollte nur für wissenschaftliche Sippennamen Verwendung finden, während Kapitälchen für Personennamen reserviert bleiben sollten. Neu veröffentlichte Namen bedürfen der besonderen Hervorhebung durch fetten oder gesperrten Satz. Im übrigen sei auf die Beispiele am Schluß dieses Kapitels verwiesen. *Satztypen*

Wie taxonomisch-phytographische Arbeit vor sich geht, wenn man mit unbearbeitetem Material beginnt, können wir nicht im einzelnen schildern, zumal man die Arbeit im allgemeinen in der Praxis lernt, doch mögen einige Anhaltspunkte dafür auch hier kurz angegeben sein. Vor allem ist bei Beginn der Arbeit zunächst vor zu starker Benutzung der Literatur zu warnen. Zuerst muß man sich seine Objekte anschauen, damit man nicht durch die Meinung früherer Forscher geleitet, sich neue Wege verbaut, indem man mit vorgefaßten Auffassungen an die Dinge herangeht. Sei es, daß man mit Herbarmaterial oder mit lebenden Pflanzen zu arbeiten beginnt, immer muß man zuerst versuchen, das Objekt gründlich kennenzulernen. Man untersucht also der Reihe nach alle Sippen, die einem als verschieden auffallen, und zwar jede zunächst möglichst nur von einer Herkunft, also an recht umfangreichem und in jeder Beziehung einheitlichem Material. Nicht nur die Wuchsform, Wurzeln, Blätter und Blüten, sondern die Anatomie aller Organe, die Form der Haare, die Samenschale, der Embryo und die Keimblätter, alle Organe oder Organteile können differenziert und damit zur Charakterisierung von Sippen wesentlich sein.

Gruppenmerkmale — Man wird dann bald sehen, daß viele Merkmale im Bereich der gesamten zu bearbeitenden Gruppe nicht variieren, also Gruppenmerkmale sind. Man wird andere Merkmale finden, die nur bei einigen oder gar nur bei einer Sippe in einer bestimmten Form auftreten. Diese müssen genauer daraufhin geprüft werden, ob sie wohl nur bei dieser oder jener Herkunft vorkommen, weil diese gerade unter ganz bestimmten Außenbedingungen gewachsen waren. Die Merkmale, die wir für modifikativ, also für nur vorübergehend unter Umwelteinflüssen entstanden halten, sind zwar für die Taxonomie selbst unwesentlich, sie müssen aber erkannt und von den erblichen Merkmalen getrennt werden; sie bestimmen die Variationsbreite der Sippe.

Merkmale, konstitutive — Die Merkmale an sich wurden von DIELS in konstitutive und nicht konstitutive gesondert; bei den letzteren unterschied man funktionelle, epharmonische und adaptative. Konstitutive Merkmale sind solche, die von jeder Funktion unabhängig sind, sie werden auch als Organisationsmerkmale bezeichnet. Die funktionellen Merkmale sind eng mit *funktionelle* einer Funktion verbunden, ihre Ausbildung ist völlig unabhängig von der äußeren Lebenslage. Die epharmonischen Merkmale sind zwar *epharmonische* auch funktionell, sie sind aber so eng mit der äußeren Lebenslage verbunden, daß sie die Pflanzen an das bestimmte Milieu, für das das Merkmal geschaffen zu sein scheint, binden. Adaptative Merkmale dagegen *adaptative* treten nur in bestimmten Lebenslagen als Antwort auf die Einwirkungen der Außenwelt auf; sie sind im Gegensaz zu den vorher genannten nur bedingt erblich.

Diese Gliederung wurde schon länger verlassen. Zunächst einmal *Adaptations-Merkmale* schied man die rein modifikativen Merkmale aus und faßte dann die epharmonischen und die funktionellen Merkmale als Adaptations-

Merkmale zusammen, die man den sogenannten Organisations-Merkmalen gegenüberstellte, bei denen man einen Zusammenhang mit der Anpassung nicht mehr ohne weiteres erkennen kann. Sie sind wahrscheinlich im allgemeinen älter und vermutlich vielfach auch als Anpassungsmerkmale entstanden; nach Verlust oder Überdeckung ihrer Funktion sind sie aber erhalten geblieben. Sie treten uns meist als Gruppenmerkmale entgegen, doch liegt weder das fest, noch ist überhaupt ein prinzipieller Unterschied im Wert und in der Beurteilung beider oder gar der früher von DIELS unterschiedenen Merkmalstypen zu machen. Ein für den Organismus unwesentliches, nicht schädliches Merkmal kann sehr früh und als bedeutungsvoll in der Stammesgeschichte aufgetreten sein und demnach in einer umfangreichen Abstammungsgemeinschaft generell und einheitlich als wichtiges Gruppenmerkmal auftreten, so daß wir ihm heute auf Grund seiner Geschichte eine besondere Bedeutung beimessen müssen. *(Organisations-Merkmale)*

Die Unterscheidung solcher Merkmalstypen führte in der ENGLERschen taxonomischen Schule zu dem bekannten Formalismus, der zu ihrer Erstarrung führte. Nur die innersten und verborgensten Teile der Blüten und Früchte schienen der Betrachtung wert; man übersah so wesentliche Beziehungen, wie sie sich beispielsweise im Blattbau von *Fagales* und *Hamamelidales* ausdrücken. Ja, man spöttelte über HAYATA, daß er phylogenetische Beziehungen auf Grund von Blattbildungen fand. Gerade die verschiedenen Wertigkeiten, die man den Merkmalen beimaß, veranlaßten HAYATA und DU RIETZ gegen solchen Schematismus aufzutreten; dabei war der von diesen Autoren eingeschlagene Weg sicher auch nicht der richtige. Das sogenannte dynamische System, die Sukzessions- und Partizipations-Theorie waren der Versuch eines Ausweges. Mir erscheint es sicher, daß netzartige Sippenverknüpfung nur im Bereich niederer Sippen vorhanden ist, in Sippen, die sich noch in Panmixie befinden oder vor nicht allzu langer Zeit noch Kreuzungen zu bilden vermochten. Bei höheren Sippen sind diese retikulaten Verbindungen nur scheinbare; es handelt sich meist um echte, phylogenetische Beziehungen, die übersehen waren, während versteckte, sogenannte Organisationsmerkmale, nur ungenau untersucht, für identisch erklärt wurden. Gewissenhafte Durcharbeitung aller Merkmale wird hier noch manche Überraschungen bringen.

Es gibt aber noch andere Qualitäten der Merkmale, die weniger problematisch sind als die geschilderten. So sprachen wir schon früher von homologen und analogen Bildungen. Wir können unter Umständen bei eingehender Bearbeitung größerer Gruppen auch etwas über konservative und progressive Merkmale, also über solche, die eine Neigung zur Veränderlichkeit haben, und solche, für die das nicht gilt, erfahren. Die Abwandlung von Merkmalen kann alternativ oder dimer *(Homologe und analoge Merkmale)* *(Konservative u. progressive Merkmale)*

Alternative Merkmale — sein, indem sie Gegensatzpaare umfaßt. Auf diesem normalen und häufigen Fall ist die Dichotomie der Bestimmungsschlüssel aufgebaut. Weniger häufig, aber doch verbreitet, ist die mehrfach abgewandelte, polymere oder epalle Merkmalsentwicklung, wobei wir gleitende oder gestufte Reihen unterscheiden können. Es können Blätter alternativ

Epallele Merkmale — variieren, indem sie z. B. entweder geteilt oder ungeteilt sind; sie können aber auch epall variiert sein, indem sie beispielsweise ganzrandig, gesägt, gezähnt, gekerbt, gelappt oder geteilt sind. Es sind das nicht immer wesentliche Eigenschaften der Merkmale, sondern meist zu ihrer technischen Verwendung vom Bearbeiter hineingelegte Besonderheiten. Zur Anfertigung eines Schlüssels werden wir so die epalle Reihe der Blattgliederung in die Alternativen: ganzrandig — eingeschnitten, am Rand eingeschnitten — tief eingeschnitten, gesägt — gezähnt, gelappt — geteilt zerlegen.

Merkmals-Auswertung — Nach dieser Abschweifung über die Merkmale und ihre Qualitäten kehren wir zur taxonomisch-phytographischen Untersuchung zurück. Wir haben bei unserer Analyse Anhaltspunkte gefunden und sind zu Vorstellungen darüber gekommen, welche Merkmale in der Gruppe zu beachten und zu untersuchen sind, wenn wir die taxonomischen Fragen klären wollen. Wir erkennen vielleicht bereits einige modifikativ bedingte Merkmale und damit die normale Reaktionsbreite, die den Sippen zukommt. Danach kann alles Material diesen zunächst unterschiedenen Gruppen zugeordnet werden, indem wir es genau so gründlich untersuchen. Die Fülle des Materials wird nunmehr auch Möglichkeiten bieten, die geographische Verbreitung und eventuell die ökologische Verteilung der Sippen als Merkmal heranzuziehen. Bei um-

Merkmalstabelle — fangreicherem Material sollte man sich jetzt eine Tabelle zusammenstellen, in der man alle Merkmale am Kopfe der senkrechten Kolonnen anordnet; am Kopf der waagerechten Spalten führt man der Reihe nach die Sippen oder Herkünfte auf und trägt jeweils + und — Zeichen an den Schnittpunkten in den Kolonnen ein, je nachdem, ob ein Merkmal vorhanden ist oder fehlt. Als Beispiel folgt eine Tabelle zur Bearbeitung der Gattung *Petrocoptis* (s. S. 135). Aus der Tabelle können wir ersehen, durch welche Unterschiede die einzelnen Arten charakterisiert sind, und durch welche Merkmale bestimmte Gruppen innerhalb der Gattung gebildet werden.

Bastardpopulationen — Einer besonderen Behandlung bedürfen die Bastardpopulationen oder auch die polymorphen Serien einer Synchore. Wir haben auch oben (S. 79) schon auf das Eindringen von Merkmalen aus einem Arael in ein benachbartes und auf das Übergreifen von Merkmalen von einer

Introgression — Sippe auf die andere hingewiesen. Diese Trans- oder Introgressionen gehen auf Bastardierung zurück und sind besonders von E. ANDERSON und seiner Schule untersucht worden. Bei solchen Populationen finden wir keine einheitlichen Proportionen der Variabilität; die Veränderlichkeit der einzelnen Merkmale steht nicht in Beziehungen zueinander, so daß man von diskordanter Variation spricht, während wir bei zwei nahe verwandten Arten ohne hybridogene Durchdringungen zwar unter Umständen Überschneidungen einzelner Merkmalsextreme finden, doch bleibt jede Art in ihren Proportionen im allgemeinen gleich, ihre Merkmale verändern sich harmonisch, die Variation ist konkordant. Die diskordante Variation als Zeichen von introgressiver Hybri-

Variabilität

diskordante

konkordante

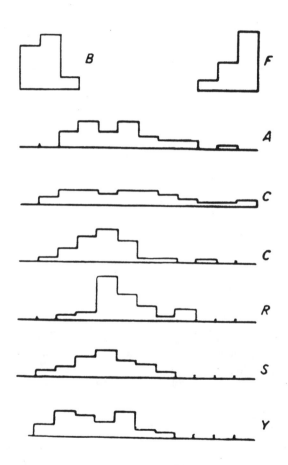

Abb. 44: Hybrid-Index von B = *Tradescantia canaliculata* und F = *T. virginiana*, A—Y sind Bastardpopulationen verschiedener Herkünfte zwischen beiden Arten. Die Angaben beruhen auf je 30 Exemplaren. (Nach ANDERSON).

disierung zeigt eine so starke Durchdringung der Merkmale, daß den Eltern sehr ähnliche Formen entstehen können. Zu ihrer Erfassung müssen bisweilen größere Individuenmengen genau und statistisch untersucht werden, wenn man zur klaren Abgrenzung der Einheiten kommen will oder das Transgressionsgefüge zwischen den Endgliedern solcher Populationen kennen lernen will.

Massenkollektionen

|Hybrid-Index| Die klarste Form der Erfassung solcher Komplexe ist der Hybrid-Index, der durch Ziffernbewertung der Merkmale und gegebenenfalls durch graphische Darstellung zu anschaulichen Vorstellungen über das Durchdringen der Merkmale und Sippen führt. Dazu setzt man die Extreme der ganzen Reihe oder die Ausgangssippen (Eltern) in Gegensatz, indem man jedem Merkmal der einen Sippe den Wert 0 und denen der anderen den Wert 2 gibt. Intermediäre Merkmale wären dann mit 1

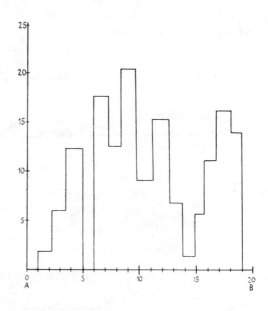

Abb. 45: Hybrid-Index einer Population zwischen Art A (mit dem Wert 0) und Art B (mit dem Wert 20). Die Individuen mit den Werten 1—19 (auf der Abzisse) sind als Bastarde zu bezeichnen. Auf der Ordinate ist die Zahl der Individuen eingetragen.

zu bewerten. Bei sechs untersuchten Merkmalen erhält dann die eine Sippe den Gesamtwert 0, die andere den Gesamtwert 12, während alle Individuen mit Merkmalswerten von 1—11 als hybridogene Zwischenformen aufzufassen sein würden. Man kann im übrigen den Merkmalen der zweiten Sippe, wenn sie gute Differenzierung und Staffelung in ihrer Ausbildung zeigen, auch höhere Werte geben. Die graphische Darstellung kann als Blockschema erfolgen (Abb. 44, 45).

|Polygon-Methode| Als sehr geeignetes Verfahren muß auch die Polygonmethode nach DAVIDSON genannt werden. Hierzu werden auf den Radien eines Kreises, deren jeder einem Merkmal zugewiesen wird, entweder die oben gewählten Merkmalswerte oder im Gesamtvergleich auch gezählte (z. B. 1-, 2-, 3- oder 4-zählig) oder gemessene (Blattlänge) Werte abgetragen.

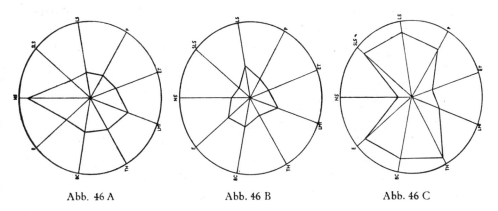

Abb. 46 A Abb. 46 B Abb. 46 C

Abb. 46: Hybrid-Polygone für A *Betula occidentalis* und C *Betula papyrifera*. B stellt eine der zahlreichen Nothomorphen des Bastardes *Betula* $\times$ *andrewsii* dar. (Nach FROILAND).

Die jedem einzelnen Individuum auf den Radien zukommenden Punkte werden durch Linien verbunden, so daß vergleichbare Polygone entstehen. Hierbei empfiehlt es sich, die Werte der einen Art auf die Peripherie, die der anderen auf die Peripherie eines kleineren Kreises nahe dem Mittelpunkt zu legen (Abb. 46, 47).

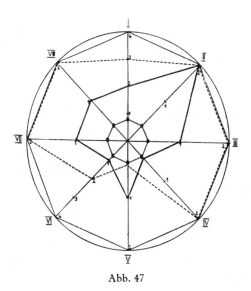

Abb. 47

Abb. 47: Hybrid-Polygon für zwei Arten und zwei Nothomorphen ihres Bastardes: *Anemone ranunculoides* (mit dem Wert 0 im Innenring) und *A. nemorosa* (mit dem Wert 20 im Außenring). Die ausgezogene Linie stellt *A.* $\times$ *intermedia* nm. *laciniosa* (9) die unterbrochene *A.* $\times$ *intermedia* nm. *albescens* (15) dar.

Nach Erfassung der Merkmale können wir endlich die Literatur zu Rate ziehen. Aus dem Index Kewensis für die höheren Pflanzen und aus anderen Artenverzeichnissen, aus ENGLER-PRANTL, Natürliche Pflanzenfamilien, aus BENTHAM-HOOKER, Genera Plantarum, und anderen Sammelwerken, aus Floren und spezieller Literatur über die Gruppe stellt man alles Erreichbare zusammen. Man lernt jetzt die Meinung anderer Autoren kennen, man findet Merkmale, die man übersehen hat, und die der Nachprüfung bedürfen. Außerdem stellt man fest, daß einem noch Material aus bestimmten Gebieten der Erde fehlt, oder daß man einige Sippen überhaupt noch nicht zu Gesicht bekommen hat. Dieses Material muß man sich aus den verschiedensten Museen und Sammlungen ausleihen, die bei LANJOUW und STAFLEU, Index Herbariorum, mit ihren Abkürzungen aufgeführt sind. Die bereits publizierten Namen werden auf die unterschiedenen Sippen verteilt, was am sichersten und

Typus leichtesten zu bewerkstelligen ist, wenn man in jedem Fall den Typus des beschreibenden Autors hat. Das ist allerdings nicht immer möglich, auch wenn das Originalstück des Autors (der Holotypus resp. Typus) noch in einer Sammlung erhalten ist. Vielfach kann man sich mit einem Stück des Typusexemplars oder einem Stück der gleichen Sammelnummer, einem Isotypus, helfen. Auch ein vom Autor in der Originalveröffentlichung zu seiner Sippe zugezogenes Stück, ein Paratypus, oder ein Exemplar vom Originalfundort, vom Locus classicus, ein sogenannter Topotypus, kann dabei nützen. In Fällen, in denen ein Typus nicht angegeben ist, kann ein Lectotypus geschaffen werden, wobei man einen Isotypus oder Paratypus benutzt. Ist nun ein Typus überhaupt nicht erhalten, dann kann ein Neotypus nach bestimmten Vorschriften gewählt werden.

Benennung Ist man sich durch Ermittlung der Typen klar geworden, welche Namen zu den einzelnen Sippen gehören, dann werden sie an Hand der Nomenklaturregeln auf ihre Gültigkeit geprüft und die Synonyme dazugeordnet. Noch nicht beschriebene oder nicht gültig benannte Sippen können einen neuen, selbstgewählten Namen erhalten. Nach Abschluß der Materialsammlung erfolgt nunmehr die Darstellung des Stoffes in einem allgemeinen und einem speziellen Teil, so wie wir es oben schon sahen. Zur besseren Verständlichkeit gebe ich einen Ausschnitt aus dem speziellen Teil einer Monographie und Beispiele für Neubeschreibungen, wobei die Diagnosen in die Beschreibung eingeschlossen und durch Sperrung hervorgehoben sind.

Petrocoptis *Merkmalstabelle* Zur allgemeinen Information über diese Gattung sei zunächst die erwähnte Merkmalstabelle wiedergegeben und behandelt: Man erkennt auf dieser Übersicht leicht, daß durch die Struktur der Samenschale und durch die Form der Arillodenhaare am Samen die Arten 1—5 und 6—7 in Gruppen zusammengefaßt werden können. Nach Samengröße und Blattkonsistenz können die Gruppen 1—4 und 5—7 gebildet werden, doch sind diese Merkmale viel mehr äußeren Ein-

Merkmale			P. pyrenaica	P. viscosa	P. glaucifolia	P. grandiflora	P. hispanica	P. crassifolia	P. pardoi
1	Blüte	a hell	+	+			+	+	+
		b rot			+	+			
2	Kelch	a klein	+	+	+		+		
		b groß				+		+	+
3	Samen	a klein	+	+	+	+			
		b groß					+	+	+
4	Samenschale	a glatt	+	+	+	+	+		
		b rauh						+	+
5	Haare	a vorhanden	+	+					
		b nicht vorhanden			+	+	+	+	+
6	Drüsen	a vorhanden		+					
		b nicht vorhanden	+		+	+	+	+	+
7	Brakteen	a krautig				+			
		b häutig	+	+	+		+	+	
8	Rosette	a vorhanden	+	+			+	+	
		b nicht vorhanden			+	+			+
9	Blatt	a ledrig					+	+	+
		b weich	+	+	+	+			
10	Blattform	a breit	+	+			+	+	+
		b schmal			+	+			
11	Arilloden-haare	a zylindrisch	+	+	+	+	+		
		b keulig						+	+

Merkmalstabelle für die *Petrocoptis*-Arten

flüssen ausgesetzt als die erstgenannten. Wir bilden also zwei Sektionen mit den Arten 1—5 und 6—7 und teilen nach Samengröße und Blattkonsistenz die erste in zwei Subsektionen mit den Arten 1—4 und 5 ein. Wir erkennen auch die sonstigen Unterschiede der einzelnen Arten und ihre Verknüpfung (Abb. 48), so daß sich daraus Conspectus

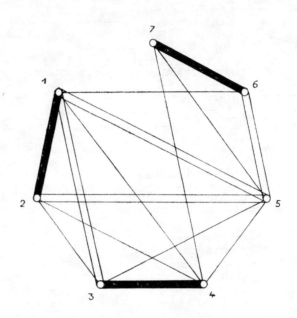

Abb. 48. Netzartige Beziehungen der *Petrocoptis*-Arten. Die schwarzen Balken verbinden Arten mit 8—9 gemeinsamen, die weißen solche mit 6—7, die dünnen Linien solche mit 4—5 gemeinsamen Merkmalen.

und Clavis leicht ergeben. Wir lassen Synonymie und Beschreibung, sowie Conspectus und Bestimmungsschlüssel der gleichen Gattung mit den deutschen Übersetzungen folgen:

Petrocoptis A. Br.

ap. ENDL. Gen. pl. Suppl. II (1842) 78, et in Flora XXVI (1843) 370; WK. in Flora XXXIV (1851) 601; WK l. c. pl. 1 (1852) 30; ROHRB. in Linnaea XXXVI (1869) 189; PAU in Bol. Soc. Iber. Cienc. Nat. (Jan. 1927) 39. —
Synonymie *Silenopsis* WK. in Bot. Ztg. (1847) 237. — *Lychnis* sect. *Petrocoptis* (A. BR.) BENTH. et. HOOK., Gen. pl. I, 1 (1862) 148.

Genus *Caryophyllacearum* — *Silenoidearum* — *Lychnidearum*, ex aff. gen. *Heliosperma* et *Silene* sect. *Behen*.

Beschreibung   P l a n t a e perennes s u f f r u t i c o s a e glabrae vel sparsim pilosae aut viscosae; axis principalis indeterminata, axes laterales i n f l o r e s c e n t i a c y m o s a terminatae. C a l y x gamosepalus 10-

nervus; petala 5 imbricata longe unguiculata; lamina alba vel rosea aut pallide purpurea, obovata, integra vel leviter emarginata, basi corona appendiculata. Stamina 10, filamentis longis filiformibus antheris bilocularibus longitudinaliter dehiscentibus. Gynaeceum carpophoro longo stipitatum stylis 5 episepalibus; capsula unilocularis, apice dentibus 5 episepalibus dehiscens. Gemmulae complures amphitropae funiculis distinctis placentae centrali insertae. Semina reniformia nigra, umbilico arillodio piloso praedita. Embrio semicircularis cotyledonibus incumbentibus.

Typus generis: *P. pyrenaica* (BERGERET) A. BR. ap. WALPERS. *Gattungstypus*

Hab. in rupibus calcareis siccis verticalibus partis borealis Peninsulae Ibericae id est Valentia boreali, Aragonia, Catalaunia ocidentali, Pyrenaeis occidentalibus et centralibus, Vasconia, Cantabria et Legionense Provincia. *Verbreitung*

Eine Gattung der *Caryophyllaceae* — *Silenoideae* — *Lychnideae*, aus der Verwandtschaft der Gattung *Heliosperma* und *Silene* sect. *Behen*. *Übersetzung*

Perennierende, halbstrauchige, kahle, spärlich behaarte oder drüsige Pflanzen mit unbegrenzter Hauptachse, Seitenachsen mit zymösen Blütenständen. Kelchblätter verwachsen, zehnnervig; Blütenblätter 5 mit imbrikater Knospenlage, lang genagelt, Platte weiß, rosa oder blaßrot, verkehrteiförmig ganzrandig oder schwach ausgerandet, am Grunde mit Ligularkrönchen. Staubblätter 10 mit langen fadenförmigen Staubfäden und zweifächrigen, sich längs öffnenden Staubbeuteln. Fruchtknoten auf langem Karpophor mit 5 episepalen Griffeln; Kapsel einfächrig, an der Spitze mit 5 episepalen Zähnen sich öffnend. Samenanlagen zahlreich, amphitrop mit deutlichen Nabelsträngen an der Zentralplazenta aufgehängt. Samen nierenförmig schwarz, Nabel mit haariger Arillode. Embryo halbkreisförmig mit liegenden Kotyledonen.

Typus der Gattung: *P. pyrenaica* (BERGERET) A. BR. ap. WALPERS.

Verbreitung: An trockenen, senkrechten Kalkfelsen im Norden der iberischen Halbinsel, und zwar in Nordvalencia, Aragon, Westkatalonien, West- und Zentralpyrenäen, Baskenland, Kantabrien und in der Provinz León.

Conspectus sectionum specierumque. *Conspectus*

Sect. *Petrocoptidella* ROTHM. — Pili arillodii cylindrici; semina micantia; folia submollia.

Subsect. *Microsperma* ROTHM. — Semina diametro 1 mm vel minora.

1. *P. pyrenaica* (Berg.) A. Br. — Flores pallidi; petioli ciliati; calyces glabri.

2. *P. viscosa* Rothm. — Flores pallidi; petioli villosi; calyces viscosi.

3. *P. glaucifolia* (Lag.) Boiss. — Flores purpurascentes; petioli glabri; bracteae hyalinae.

4. *P. grandiflora* Rothm. — Flores purpurei; petioli glabri; bracteae foliaceae.

Subsect. *Macrosperma* Rothm. — Semina diametro 1 aut 1,5 (—2) mm.

5. *P. hispanica* (Wk.) Pau — Flores pallidi, petioli glabri; bracteae hyalinae.

Sect. *Petrocoptidon* Rothm. — Pili arillodii pistillati; semina haud micantia; folia crassa.

6. *P. crassifolia* Rouy — Flores pallidi; bracteae hyalinae; planta rosulata.

7. *P. pardoi* Pau Flores rosacei; bracteae foliaceae; planta erosulata.

Übersetzung   Übersicht der Sektionen und Arten.

Sect. *Petrocoptidella* Rothm. — Arillodenhaare zylindrisch; Samen glänzend; Blätter fast weich.

Subsect. *Microsperma* Rothm. — Samen von 1 mm Durchmesser oder darunter.

1. *P. pyrenaica* (Berg.) A. Br. — Blüten blaß; Blattstiele gewimpert; Kelche kahl.

2. *P. viscosa* Rothm. — Blüten blaß; Blattstiele zottig; Kelche drüsig behaart.

3. *P. glaucifolia* (Lag.) Boiss. — Blüten rötlich; Blattstiele kahl; Brakteen häutig.

4. *P. grandiflora* Rothm. — Blüten rot; Blattstiele kahl; Brakteen blattartig.

Subsect. *Macrosperma* Rothm. — Samen von 1 mm oder 1,5 (—2) mm Durchmesser.

5. *P. hispanica* (Wk.) Pau — Blüten blaß; Blattstiele kahl; Brakteen häutig.

Sect. *Petrocoptidon* Rothm. — Arillodenhaare keulig; Samen matt; nicht glänzend; Blätter dick.

6. *P. crassifolia* Rouy — Blüten blaß; Brakteen häutig; Pflanzen mit Rosette.

7. *P. pardoi* Pau — Blüten rosa; Brakteen blattartig; Pflanzen ohne Rosette.

Bestimmungsschlüssel. *Schlüssel*

A. Pflanzen mit Rosetten; Blüten weiß, selten schwach rosa.
   I. Kelche groß, 9—13 mm lang; Blätter lederig, dick, blau bereift
        6. *P. crassifolia* Rouy

  II. Kelche klein, 5—8 mm lang; Blätter kaum lederig
        2. *P. viscosa* Rothm.

  b) Kelche kahl
    1. Blätter dicklich, blau bereift; Blattstiele kahl; Samen stumpf, groß (1,5 mm im Durchmesser)
        5. *P. hispanica* (Wk.) Pau

    2. Blätter weich, grün; Blattstiele gewimpert; Samen glänzend, klein (1 mm im Durchmesser oder kleiner)
        1. *P. pyrenaica* (Berg.) A. Br.

B. Pflanzen ohne Rosetten; Blüten meist rosa oder rot.
   I. Kelche 7—9 mm lang; Brakteen häutig
        3. *P. glaucifolia* (Lag.) Boiss.

  II. Kelche 10—13 mm lang; Brakteen blattartig grün

    a) Blätter dick lederig, blau bereift, schmal lanzettlich; Samen matt groß (1,25 im Durchmesser)
        7. *P. pardoi* Pau

    b) Blätter weich, grün, eiförmig oder breit lanzettlich; Samen glänzend klein (1 mm im Durchmesser oder kleiner)
        4. *P. grandiflora* Rothm.

Diese Form der Bestimmungsschlüssel ist die in wissenschaftlichen Werken meist übliche; der Gebrauch versteht sich wohl von selbst. Die ersten beiden Fragen, zwischen denen man sich entscheiden muß, sind A und B; treffen die Merkmale unter A auf die vorliegende Pflanze zu, dann geht man zum Gegensatzpaar I und II über, dann zu a und b und schließlich zu 1 und 2, bis man bei einer Frage angelangt ist, die mit einem Pflanzennamen endigt. Erstrecken sich solche Bestimmungsschlüssel wegen der großen Zahl der zu behandelnden Sippen über mehrere Seiten, dann werden sie leicht unübersichtlich, weil das Eingerückte sich nicht mehr abhebt; außerdem ist der Platzverbrauch beim Druck sehr hoch. *Bestimmungsschlüssel*

Deshalb empfiehlt sich eine in der Zoologie übliche Darstellung viel mehr; die Übersichtlichkeit ist dabei fast die des obigen Verfahrens, ja bei sehr umfangreichen Gruppen wird sie noch erhöht. So sollte man diese Form in Zukunft auch in der Botanik verwenden. Im folgenden gebe ich den Bestimmungsschlüssel für *Petrocoptis* auch in dieser Weise wieder:

1 (8)	Pflanzen mit Rosetten; Blüten weiß, selten schwach rosa	
2	Kelche groß, 9—13 mm lang	*P. crassifolia*
3	Kelche klein, 5—8 mm lang	
4	Kelche drüsig	*P. viscosa*
5	Kelche kahl	
6	Blätter dicklich, blau bereift	*P. hispanica*
7	Blätter weich, grün	*P. pyrenaica*
8 (1)	Pflanzen ohne Rosetten, Blüten rosa oder rot	
9	Kelche 7—9 mm lang, Brakteen häutig	*P. glaucifolia*
10	Kelche 10—13 mm lang, Brakteen blattartig, grün	
11	Blätter dick, lederig, lanzettlich	*P. Pardoi*
12	Blätter weich, grün, eiförmig	*P. grandiflora*

Hierbei ist der Gegensatz immer in der folgenden Ziffer zu suchen, wenn keine Ziffer in Klammern dabeisteht, die auf den Gegensatz verweist. In unserem Fall ist der Gegensatz zu Frage 1 die Frage 8. Wenn die betreffende Frage zutrifft, ist zur nächsten überzugehen. Wir gehen also von 8 zu 9 und 10, von 1 zu 2 und 3, von 3 zu 4 und 5, von 5 zu 6 und 7. Hat man sich einmal geirrt, dann ist der Rückweg leicht zu finden, ohne daß man wieder ganz von vorn beginnen muß, weil auch jeweils die Rückbeziehung 8 zu 1 wie die Beziehung 1 zu 8 durch eingeklammerte Ziffern angegeben ist.

Völlig unübersichtlich für wissenschaftliche Zwecke ist die in den meisten unserer Floren übliche Darstellung, die ich noch kurz erwähnen muß, wenn sie auch in Zukunft zu vermeiden wäre. Für ihre Verwendung setzen sich vor allem Pädagogen ein, da Schlüssel mit nebeneinander stehenden Gegensätzen für Schüler leichter faßlich seien. Bei diesen folgt also der Gegensatz jeweils direkt auf die erste Frage; die Hinweise zum nächsten Fragenpaar stehen immer am Ende der Zeile. Dabei können die Gegensätze durch einfache Striche, so 1 und —,2 und —, mit *, so 1 und 1* oder auch mit ', so A und A', B und B' bezeichnet sein. Am gleichen Beispiel sei auch dieses Verfahren kurz dargestellt:

1		Pflanzen mit Rosetten, Blüten weiß, selten schwach rosa	2
—		Pflanzen ohne Rosetten, Blüten meist rosa oder rot	5
2		Kelche groß, 9—13 mm lang	*P. crassifolia*
—		Kelche klein, 5—8 mm lang	3
3		Kelche drüsig	*P. viscosa*
—		Kelche kahl	4
4		Blätter dicklich, blau bereift	*P. hispanica*
—		Blätter weich, grün	*P. pyrenaica*
5	(2)	Kelche 7—9 mm lang, Brakteen häutig	*P. glaucifolia*
—		Kelche 10—13 mm lang, Brakteen blattartig, grün	6
6		Blätter dick, lederig, lanzettlich	*P. pardoi*
—		Blätter weich, grün, eiförmig	*P. grandiflora*

Hier ist also so vorzugehen, daß zunächst zwischen Frage 1 und — zu entscheiden ist; die Zahl am Schluß der gewählten Zeile verweist dann auf das nächste Gegensatzpaar. Auch so gelangt man schließlich zu einer Zeile, die mit dem betreffenden Pflanzennamen endigt.

LAWRENCE teilt einige Regeln für die Anfertigung von Schlüsseln mit, deren Beachtung sehr vorteilhaft erscheint. Danach sollten die Fragen des Schlüssels stets zweigliedrig (dichotom) sein, wobei zunächst wirkliche Gegensätze angegeben werden sollten. Wenigstens die erste der beiden Fragen sollte positiv abgefaßt sein. Das erste Wort in zwei gegensätzlichen Fragen sollte gleichlauten, bei zwei aufeinanderfolgenden Paaren sollte das dagegen vermieden werden (Frage 2 und 3 unseres letzten Beispiels). Allgemeine oder relative Angaben (lang, länger) ohne Maß- oder Zahlenangaben sollte man nicht verwenden. Schlüsselregeln

Ein Wort über die Bedeutung der Schlüsselmerkmale und ihre Beziehungen zu anderen Merkmalen der Sippen muß noch gesagt werden. Von Nichttaxonomen werden vielfach die von den Taxonomen in den Schlüsseln verwendeten Merkmale als die entscheidenden angesehen und sogar als Organisationsmerkmale betrachtet. Demgegenüber ist festzustellen, daß die Schlüsselmerkmale oft rein technische Hilfsmittel sind, Merkmale, die leicht erkennbar und leicht aufzufinden sind, doch hat ihr Fehlen oder Vorhandensein nicht unbedingt etwas mit dem Wesen der Sippe zu tun. So gibt es sporntragende *Antirrhinum*-Individuen, die dennoch zu dieser Gattung gehören, ebenso wie eine vierflügelige *Drosophila* noch immer eine Diptere bleibt. Eine jede Sippe ist durch die Summe ihrer morphologischen und physiologischen Merkmale bestimmt, wobei man niemals einem davon, das ja auch eventuell nicht ausgebildet sein mag, irgendwelchen Vorrang zuerkennen darf. Schlüssel-Merkmale

Als Beispiel sei noch die Beschreibung einer Art und Unterart der Gattung *Ulex* beigefügt:

Ulex europaeus L., Spec. pl. (1753) 241 — *U. grandiflorus* POURR. in Mém. acad Toul. III (1788) 333. — *U. compositus* MNCH., Meth. *Ulex europaeus* Synonymie

(1794) 289. — *U. floridus* Salisb., Prodr. (1796) 329 — U. major vel *U. vernalis* Thore, Ess. Chlor. Land. (1803) 299. — *U. strictus* Mackey in Trans. Roy. Irish Acad. XIV (1824) 166. — *U. hibernicus* G. Don, Gen. Syst. II (1832) 148. — **Vorlinneische Synonyme**: *Scorpius I* Clus., Rar. stirp. Hisp. Hist. (1576) 211 et Rar. pl. Hist. (1601) 106 c. ic. — *Genista spinosa* Dod., Stirp. Hist. (1583) 747, et alt. auct. — *Scorpius alter sive Genista spinosa* Dalech., Hist. (1587) 164. — *Genista spinosa major vulgaris sive Scorpius Theophrasti quem Gaza Nepam transtulit* Parkinson, Theat. Bot. (1640) 1003. — *Genistellae spinosae affinis Nepa quibusdam* J. Bauh. et Cherler, Hist. Pl. (1650) 400. — *Genista spinosa major longioribus aculeis* C. Bauh., Pinax (1671) 394 et Johnst., Dendrogr. (1672) 370. — *Genista-Spartium majus brevioribus et longioribus aculeis* Tourn., Inst. (1719) 645, etc.

Artbeschreibung und Diagnose

Frutex saepe elatus erectus vel humilis ramosissimo-intricatus, obscurius viridis, ramis 50 ad 150 cm altis, ramulis 2—8 cm longis, basi villosis, ramellis 0,5—1,5 cm longis sulcatis versus basin ramulorum magis aggregatis, **phyllodiis 5—12 mm longis e basi plana triangulari-linearibus** apice triquetris pungentibus recurvatis obsitus; **calyx 12—18 mm longus dense longeque rufo-villosus, bracteolis 1,5—7 mm latis, 3,6 mm longis ovatis vel suborbicularibus suffultus; petala subexserta, vexillo et alis carinam longe superantibus composita; legumen trapezoideo-oblongum 10—16 mm longum paulo exsertum, dense villosum**, subinflatum 10-ad 12-ovulatum, plerumque 8-spermum. — Fl. dec. - maio.

Distinguntur subspecies duas:

Unterartenschlüssel

A. Bracteolae (1—) 2—4 mm latae lanceolatae vel ovato-lanceolatae acutae   ssp. *europaeus*

B. Bracteolae 5—7 mm latae amplectentes, suborbiculares, plerumque obtusae vel obtusiusculae   ssp. *latebracteatus*

ssp. *europaeus* ssp. *europaeus* quae spectat ad typum speciei *U. europaei*.

Bracteolae calycis (1—) 1,5—4 mm latae, (2—) 3—5 mm longae, lanceolatae vel ovato-lanceolatae acutae, basin calycis vix involventibus — Fl. januario — maio.

Typus: Europa (Linné, non vidi).

Hab. In ericetis pinetisque, in sepibus et ad vias, solo siliceo plerumque arenoso Insularum Britannicarum, Scandinaviae australi-occidentalis, Germaniae boreali-occidentalis, Hollandiae, Belgiae, Galliae (partibus austro-orientalibus mediterranneis exclusis), Hispaniae borealis atque boreo-occidentalis, Lusitaniae occidentalis usque ad Tagum fl.

ssp. *latebracteatus* (MARIZ) ROTHM., nov. ssp. — *U. europaeus* ssp. *latebracteatus*
var. *latebracteatus* (MARIZ) in Bol. Soc. Brot. II (1884) 113. — *U.*
europaeus auct. lus. p. p. max. — *U. europaeus* var. *humilis* P.
COUT., Fl. Port. (1913) 321. — *U. europaeus* f. *latebracteatus* SAMP.,
f. *confusus* SAMP. p. p. max. in Broteria, Ser. Bot. XXI (1924) 150. —
U. europaeus f. *bifarius* SAMP., l. c. 151.

Bracteolae calycis 5—7 mm latae et 4—6 mm longae, suborbiculares, obtusae, etiam florendi tempore basin calycis involventes. — Fl. dec. — martio.

T y p u s : Pinhal de Leiria (MENDIA, COI).

H a b. in ericetis pinetisque Lusitaniae borealis, et centralis, solo arenoso, solum in regione littorali occurrit, ad 200 m alt.

I c. : MARIZ in Bol. Soc. Brot. II (1884) t. 2.

E x s. : MOLLER ap. Fl. Lus. exs. 551, sub *U. europaeo*; CARVALHO ap. F. SCHULTZ, Herb. norm. 2148 sub *U. europaeo* f. *australi*; MOLLER ap F. SCHULTZ, Herb. norm. 2147 sub *U. europaeo* var. *latebracteato*; PIMENTEL ap. Fl. Lus. exs. 355 sub *U. europaeo* var. *latebracteato*.

S p e c i m i n a   v i s a *) : Gallaecia: Vigo (NAUMANN, B) Islas del Miño et Camposancos pr. Tuy (ex MERINO). Lusitania: Duriminium: Valladares (CUNHA, COI). Va. Na. da Cerveira; Areosa; Valença do Minho (CUNHA, LISU). Armarmar (VILHENA et VASCONCELLOS, LISE). Sto. Tirso (LIMA, COI; VASCONCELLOS; LISE). Amarante (CARVALHO, COI). Valongo — S. Pedro da Cova (HENRIQUES, COI). Espinho (MOLLER, COI). Sa. de Quintela pr. Vilarandelo (MORAIS, COI). Beira: Mala Posta — Agueda (ROTHM. 14675!!). Anadia — Porto, frequentissime in pinetis c. *U. micrantho* (ROTHM.!!). Ovar (CUNHA, COI). Aveiro (HENRIQUES, COI). Mira; Cabo Mondego (MOLLER, COI). Buarcos (CARVALHO, COI). Coimbra, Quinta da Espertina (FERREIRA, COI). Ceia (MENDONÇA, COI). Ferreira do Zezere (FERREIRA, COI). Extremadura: Pinhal de Leiria (MENDIA, FELGUEIRAS, MOLLER, COI; PIMENTEL, B). S. Marinho do Porto (PALHINHA et MENDES, LISU). Caldas da Rainha (DAVEAU, COI, LISU). Feteira pr. Caldas (ROTHM. 14095!!). In pinetis int. Caldas et Condeixa, freq. (ROTHM.!!). Cintra, Lagoa das Cabras (SANTOS, LISU). Colares (PASSOS, LISE) etc.

---

*) Die Abkürzungen hinter dem Namen des Sammlers bezeichnen die Herbarien nach LANJOUW und STAFLEU, in denen sich die angegebenen Stücke finden, so z. B. COI = Instituto Botancio, Coimbra oder B = Botanisches Museum, Berlin-Dahlem. Durch !! werden vom Verfasser lebend beobachtete Vorkommen **hervorgehoben.**

KAPITEL 12

Systemgeschichte

> Primus et ultimum in parte systematica Botanices quaesitum est methodus naturalis.
>
> C. LINNAEUS

[Deskriptive Periode (ARISTOTELES — DIOSKORIDES — MATTIOLI — Kräuterbücher) — Patres (BRUNFELS — BOCK — BAUHIN) — Systematische Periode: Künstliche Systeme (GESSNER — LOBELIUS — CAESALPINUS — MORISON — RAY — RIVINUS — CLUSIUS — TOURNEFORT — LINNAEUS) — Natürliche Systeme (JUSSIEU — ADANSON — Organisationshöhe) — A. L. JUSSIEUS System — A. P. DE CANDOLLE — A. BRONGNIART — S. ENDLICHER — J. LINDLEY — A. BRAUN — A. W. EICHLER — A. ENGLER — R. von WETTSTEIN — Taxonomische Periode — Phylogenetische Systeme (BESSEY — HALLIER — BUSCH — HUTCHINSON — KUSNETZOW — BERTRAND — TIPPO — J. P. LOTSY — A. PASCHER — G. M. SMITH — F. E. FRITSCH — B. M. KOSO-POLJANSKY) — Systeme der Organismenwelt (V. FRANZ — E. HAECKEL — F. A. BARKLEY — H. F. COPELAND — W. ROTHMALER.)].

Deskriptive Periode   In den ältesten Zeiten botanischer Wissenschaft beschäftigten sich die Erforscher der Botanik nur mit der Beschreibung der Einzelobjekte, so daß wir diese Zeit als die Deskriptive Periode bezeichnen können. Eine gewisse Anordnung mußte auch damals für die große Zahl der Objekte gewählt werden, man ging dabei entweder nur nach den Namen oder nach der Wuchsform, bisweilen auch nach den medizinischen Eigenschaften der Pflanzen oder überhaupt nach ihrem Nutzen.

ARISTOTELES   Die ersten Taxonomen, von deren Werken uns etwas überliefert ist, sind die griechischen Naturwissenschaftler ARISTOTELES (384—322 v. d. Ztr.) und sein Schüler THEOPHRAST (371—286 v. d. Ztr.). Sie unterschieden die Hauptgruppen Bäume, Sträucher, Stauden und Kräuter, die sie wiederum in wilde und zahme, in dornige und dornlose, in Wasser- und Landgewächse usw. einteilten. **DIOSKORIDES**   DIOSKORIDES (ca. 30 bis 80 n. d. Ztr.) ordnete die Pflanzen nach ihren medizinisch wertvollen Produkten und deren Ähnlichkeit untereinander. Von ihm ist die gesamte Botanik durch die nächsten Jahrhunderte bestimmt. So schließen sich hier die meisten römischen, arabischen und frühmittelalterlichen Schriftsteller an, soweit sie nicht die Botanik nur von der landwirtschaftlichen Seite her betrieben. In diesem Fall wurde nach dem Nutzen der erzeugten Produkte oder nach den Kulturmethoden geordnet. Das Werk des **MATTIOLI**   DIOSKORIDES wurde noch von PIETRO ANDREA MATTIOLI (MATTHIOLUS 1501—1577) im Jahre 1554 mit Holzschnitten versehen neu herausgegeben und war noch in vielen Nachdrucken und Übersetzungen bis in das 17. Jahrhundert im Gebrauch.

Kräuterbücher   Doch schon vorher, vor allem durch die Einführung des Buchdruckes begünstigt, hatte in Deutschland die Publikation einer Reihe von Kräuterbüchern begonnen, die sich in ihrem System wieder an Aristoteles anlehnten, aber sonst weder von dessen noch von Dioskorides Werken sich abhängig machten, sondern die Pflanzen selbständig, neu und aus der Anschauung der Natur heraus beschrieben und abbildeten. Es sind das die Werke der sogenannten Väter der Botanik (Patres), unter denen das 1530—36 erschienene des Brunfels, 1539 das des Hieronymus Bock oder Tragus (1498—1554), 1542/43 das des Leonhard Fuchs (1501—1565) vor vielen anderen zu nennen sind. Auch in späteren Jahren ordneten die Autoren ihren Stoff entweder im Sinne des Aristoteles oder des Dioskorides, doch die Charakterisierung der einzelnen Pflanzen und ihre Benennung war schon durchaus gründlich und auch für moderne Zeiten brauchbar. Kaspar Bauhin zählte 1623 die ihm bekannten 6000 Pflanzenarten in seinem Pinax auf, identifizierte die Pflanzen der verschiedenen Autoren miteinander und gab eine vollständige Sammlung aller Synonyme. *[Patres, Brunfels, Bock, Bauhin]*

Gegen Ende des 16. Jahrhunderts wurde die Deskriptive Periode langsam durch die Systematische Periode der künstlichen (morphologischen) Systeme abgelöst, die aber erst in der zweiten Hälfte des 17. Jahrhunderts effektiv sich durchsetzte. Konrad Gessner (1516—1585) hatte zuerst auf die Notwendigkeit einer wissenschaftlichen Anordnung der Pflanzen hingewiesen. 1570 beginnt Matthias Lobelius (1538—1616) schon eine natürliche Anordnung der Gewächse zu geben, indem er Gruppen wie Gräser, Binsen, Lilien, Compositen, Labiaten, Leguminosen und andere aufstellt. Ebenso versuchte schon 1583 Caesalpinus (1519—1603) ein System nach den Früchten aufzustellen, wobei er viele Gruppen bildete, die den natürlichen Familien entsprechen. Doch folgten ihm die Autoren der Zeit nicht, die lieber noch die klassische Einteilung benutzten und sich im übrigen mehr mit der Beschreibung der einzelnen Arten und weniger mit ihrer Zusammenfassung abgaben. *[Systematische Periode, Künstliche Systeme, Gessner, Lobelius, Caesalpinus]*

Erst im 17. Jahrhundert mehrten sich die Bemühungen zur Begründung wissenschaftlicher, wirklicher Pflanzensysteme. 1672—1699 erschienen die Arbeiten von Robert Morison (1620—1683) und 1660 von John Ray (1628—1705), die auf Grund der Fruchtbildung zur Entwicklung von Gesamtanordnungen der Pflanzen kamen. 1690 stellt August Quirinus Rivinus oder Bachmann (1652—1725) ein System nach den Blüten auf. Schon Gessner und Clusius (1526—1609) hatten im 16. Jahrhundert den Begriff der Gattung richtig erfaßt, erst Joseph Pitton De Tournefort 1656—1708 aber begründete 1694 den Gattungsbegriff im heutigen Sinne und brachte 1700 das gesamte Pflanzenreich auf Grund des Blüten- und Fruchtbaues in ein geordnetes System von Klassen, Ordnungen, Gattungen und Arten. Damit kamen die wissenschaftlichen, morphologischen Systeme zur Entwicklung, die *[Morison, Ray, Rivinus, Clusius, Tournefort]* schon in mancher Beziehung natürliche waren, doch hielten sie meist noch an der überlieferten Trennung in Bäume und Kräuter fest.

LINNAEUS 1732—37 schuf CAROLUS LINNAEUS oder LINNÉ (1707—1778) sein Sexualsystem, ein künstliches morphologisches System nach der Staubfadenzahl und ihrer Anordnung. Zugleich aber schuf er handliche, zweigliedrige (binäre) Namen für alle Pflanzen. LINNÉ selbst strebte Natürliche aber auch ein natürliches System an, doch gelang ihm sein Aufbau Systeme nicht. Die Botaniker-Familie JUSSIEU in Paris und besonders BERNARD DE JUSSIEU (1699—1777) wendeten sich dann 1759 mit Erfolg der ErJUSSIEU forschung des natürlichen Systems zu; sie sind die Schöpfer eines der ersten brauchbaren Systeme. 1761 widmete sich MICHEL ADANSON ADANSON (1727—1806) in Paris besonders diesen Fragen und wies nach, daß man zahllose künstliche Systeme aufstellen könne, wenn man sich an Einzelmerkmale hielte. Man müsse alle Merkmale erfassen, um ein natürliches System aufstellen zu können. Er schuf so zuerst ein beinahe modernes System natürlicher Gruppen, doch war er damit seiner Zeit zu weit voraus, um anerkannt zu werden. Mit LINNÉ, BERNARD JUSSIEU und ADANSON beginnt die Zeit der natürlichen, morphologischen Systeme, d. h. man suchte die Pflanzen nicht mehr auf Grund eines morphologischen Merkmals zu ordnen, sondern man ordnete nach mehreren Organisations- Merkmalen, nach einem Merkmalskomplex und nach Organisationshöhe höhen. Man nannte diese Systeme natürliche, wenn zu diesem Begriff auch eigentlich noch die wissenschaftliche Grundlage fehlte, die erst später von LAMARCK und DARWIN geschaffen wurde.

System BERNARD DE JUSSIEUS System ist im Garten von Trianon in Gebrauch A. L. JUSSIEU gewesen; es wurde aber erst 1789 von Bernards Neffen ANTOINE LAURENT JUSSIEU (1748—1836) veröffentlicht; seine Grundzüge seien kurz wiedergegeben:

I. *Acotyledones*, enthaltend die sechs Familien der

  Fungi

  Algae

  Hepaticae

  Musci

  Filices

  Najades

II. *Monocotyledones*

  Cl. *Monohypogynae*

  Cl. *Monoperigynae*

  Cl. *Monoepigynae*

III. *Dicotyledones*
   A. *Monoclinae*
     a) *Apetalae*
       Cl. *Epistamineae*
       Cl. *Peristamineae*
       Cl. *Hypostamineae*

     b) *Monopetalae*
       Cl. *Hypocorolleae*
       Cl. *Pericorolleae*
       Cl. *Epicorolleae Synantherae*
       Cl. *Epicorolleae Chorisantherae*

     c) *Polypetalae*
       Cl. *Epipetalae*
       Cl. *Hypopetalae*
       Cl. *Peripetalae*

   B. *Diclinae*

Die drei Abteilungen waren nach der Zahl der Keimblätter (I. Keimblattlose, II. Einkeimblättrige, III. Zweikeimblättrige) gebildet; die dritte Abteilung umfaßt apetale, gamopetale und dialypetale eingeschlechtliche, sowie getrenntgeschlechtliche, meist apetale Gruppen als Unterabteilungen. Die zweite und dritte Abteilung sind nach den Stellungsverhältnissen der Staubblätter und Krone in einzelne Klassen weiter untergegliedert, innerhalb deren insgesamt 100 Familien unterschieden werden.

Unsere heute üblichen, morphologischen, natürlichen Systeme gehen im wesentlichen auf die Arbeiten der JUSSIEUS zurück; alle unsere Systeme enthalten diese Grundelemente in verschiedenen Abwandlungen. Die älteste noch im Gebrauch befindliche Darstellung ist die von A. P. DE CANDOLLE (1778—1814), die 1819 veröffentlicht wurde. Dieses System ist, wenigstens was die Blütenpflanzen betrifft, noch in zahlreichen europäischen Florenwerken, vor allem in Frankreich, in Benutzung. Eine Übersicht dieses Systems in der Fassung ALPHONSE DE CANDOLLES von 1835 gebe ich hier wieder, wobei unter den einzelnen Gruppen nur die wichtigsten Familien (es waren insgesamt 194 Ordnungen oder Familien in unserem Sinn) aufgeführt werden:

    A. P. DE CANDOLLE

Regnum Vegetale
   Div. *Phanerogamae (Vasculares)*
     Cl. *Dicotyledonae (Exogenae)*

Subcl. *Thalamiflorae*
- Fam. *Ranunculaceae*
  Magnoliaceae
  Nymphaeaceae
  Berberidaceae
  Papaveraceae
  Cruciferae
- Fam. *Violaceae*
  Caryophyllaceae
  Guttiferae
  Geraniaceae
  Rutaceae

Subcl. *Caliciflorae*
- Fam. *Rhamnaceae*
  Leguminosae
  Rosaceae
  Cucurbitaceae
  Saxifragaceae
- Fam. *Umbelliferae*
  Rubiaceae
  Compositae
  Ericaceae

Subcl. *Corolliflorae*
- Fam. *Primulaceae*
  Oleaceae
  Apocynaceae
  Gentianaceae
  Convolvulaceae
- Fam. *Boraginaceae*
  Labiatae
  Solanaceae
  Scrophulariaceae

Subcl. *Monochlamydeae*
- Fam. *Plumbaginaceae*
  Plantaginaceae
  Chenopodiaceae
  Euphorbiaceae
- Fam. *Resedaceae*
  Urticaceae
  Amentaceae
  Casuarinaceae

Cl. *Monocotyledonae (Endogenae)*
- Fam. *Alismaceae*
  Lemnaceae
  Orchideae
  Irideae
  Amaryllideae
  Liliaceae
- Fam. *Juncaceae*
  Palmae
  Typhaceae
  Araceae
  Cyperaceae
  Gramineae

Div. *Cryptogamae (Cellulares)*

Cl. *Aetheogamae (Semivasculares)*
- Fam. *Characeae*
  Equisetaceae
  Filicaceae
  Marsiliaceae
- Fam. *Lycopodiaceae*
  Musci
  Hepaticae

Cl. *Amphigamae (Cellulares)*
- Fam. *Lichenes, Fungi, Algae*

In diesem System wird das Pflanzenreich zunächst in zwei große Abteilungen zerlegt. Die erste Abteilung der *Phanerogamae* enthält die Samenpflanzen, also Pflanzen mit Blüten und Samen mit Embryonen, die schon im frühesten Stadium Wurzel, Stengel und Blätter ausbilden; außerdem tragen sie Spaltöffnungen. Diese Abteilung enthält zwei Klassen, die wir auch noch heute unterscheiden. Die *Dicotyledonae* als erste Klasse mit zwei Kotyledonen, fiedriger Nervatur und offenen, im Kreis angeordneten Gefäßbündeln werden in vier Unterklassen zerlegt, eine Einteilung, die sich als Charakteristikum dieses Systems besonders in französischen Werken noch gehalten hat. Bei den *Thalamiflorae* sind die freien Blütenorgane alle der Achse, dem Thalamus oder Torus, angeheftet. Hierzu gehören vor allem die Familien der *Ranunculaceae, Cruciferae, Caryophyllaceae, Geraniaceae* etc. Bei den *Caliciflorae* sind die Kelchblätter unter sich und mit der Achse verwachsen. Kronblätter und Staubblätter scheinen dem Kelch zu entspringen; theoretisch sind sie da, wo Torus und Kelch verwachsen sind, inseriert. Hierzu sind vor allem *Leguminosae, Resedaceae, Umbelliferae, Compositae* und verwandte Familien zu rechnen. Die *Corolliflorae* haben auch einen verwachsenblättrigen Kelch, doch ist die Krone gamopetal, sonst aber frei dem Torus aufsitzend. Die Staubblätter sind mit der Krone am Grunde verwachsen, also auf ihr inseriert; das Ovarium ist stets frei. Diese Klasse enthält u. a. die *Primulaceae, Gentianaceae, Labiatae, Boraginaceae, Solanaceae* und *Scrophulariaceae*. Die *Monochlamydeae* haben nur eine einzige Blütenhülle, also ein Perigon, was als Kelch oder Krone oder auch als Vereinigung von beiden angesprochen werden kann. Hierher gehören *Plantaginaceae, Chenopodiaceae, Urticaceae* und *Amentiflorae*, aber auch *Resedaceae* und *Euphorbiaceae*. Die *Coniferae* und *Cycadeae* schließt DE CANDOLLE hierin ebenfalls mit ein; diese sind allerdings bald und noch von DE CANDOLLE zu einer eigenen Klasse erhoben worden.

Die zweite Klasse der *Monocotyledonae* ist durch das einzige Keimblatt, die parallelnervigen Blätter und die geschlossenen und zerstreut angeordneten Gefäßbündel charakterisiert. Eine spezielle Unterteilung dieser Klasse erfolgt nicht.

Die Abteilung der *Cryptogamae*, die alle Sporenpflanzen und Einzeller umfaßt, hat zu damaliger Zeit nur sehr geringen Umfang gehabt. Von mikroskopischen Formen waren nur ganz wenige bekannt, und die gesamten Geschlechtsvorgänge der Sporenpflanzen waren überhaupt noch nicht beobachtet. In dieser Abteilung unterscheidet DE CANDOLLE zwei Klassen, einmal die *Aetheogamae* oder Halbgefäßpflanzen mit Leitbündeln und Spaltöffnungen, wozu neben Moosen und Farnen auch irrtümlicherweise die *Characeae* gerechnet werden, zum anderen die

Amphigamae oder reinen Zellenpflanzen ohne Leitbündel und Spaltöffnungen, denen er nur die drei Familien *Lichenes* (Flechten), *Fungi* (Pilze) und *Algae* (Algen) unterordnet.

BRONGNIART 1843 veröffentlichte ADOLPHE BRONGNIART (1801—1847) ein System, welches gegenüber dem von DE CANDOLLE den Vorteil der besseren Charakterisierung der *Gymnospermae* zeigte. Er unterscheidet sonst wie dieser

> *Cryptogamae*, Sporenpflanzen
>> *Amphigenae*, Blatt und Stengel nicht unterschieden
>>> *Algae*
>>> *Fungi*
>>> *Lichenes*
>> *Acrogenae*, Blatt und Stengel unterschieden
>>> *Musci*
>>> *Pteridophyta*
>>> *Characeae*
>
> *Phanerogamae*, Blütenpflanzen
>> *Monocotyledoneae*
>>> *Perispermeae*, mit Nährgewebe im Samen
>>> *Aperispermeae*, ohne Nährgewebe im Samen
>> *Dicotyledoneae*
>>> *Angiospermae*
>>>> *Gamopetalae*
>>>> *Dialypetalae*
>>> *Gymnospermae*

ENDLICHER Etwas früher war STEPHAN ENDLICHERS (1804—1849) großes System in seinen Genera plantarum (1836—43) erschienen, in dem er den Gegensatz von Cryptogamen und Phanerogamen zu Gunsten einer natürlicheren Gliederung nach den vegetativen Grundorganen aufgab. Diese Haupteinteilung in *Thallophyta* und *Cormophyta* blieb lange Zeit maßgebend, bis sie von ENGLER und WETTSTEIN aufgegeben wurde. Wir sehen aber, daß diese Gliederung heute z. T. wieder zu ihrem Recht und ihrer Bedeutung kommt. In der Gliederung der Blütenpflanzen liegt bei ENDLICHER gegenüber den früheren Systemen ein Fortschritt in der Bildung zahlreicher Klassen (unseren Ordnungen entsprechend), denen 278 Ordnungen (Familien) untergeordnet sind:

> *Thallophyta*, kein Gegensatz von Stengel und Wurzel

Protophyta	*Hysterophyta*
Cl. *Algae*	Cl. *Fungi*
Cl. *Lichenes*	

Cormophyta, Stengel und Wurzel differenziert
  Acrobrya
    Anophyta
      Cl. *Hepaticae*
      Cl. *Musci*
    Protophyta
      Cl. *Calamariae*
      Cl. *Filices*
      Cl. *Hydropterides*
      Cl. *Selagines*
      Cl. *Zamiae*
    Hysterophyta
      Cl. *Rhizantheae*

  Amphibrya
    Cl. *Glumaceae*
    Cl. *Enantioblastae*
    Cl. *Helobiae*
    Cl. *Coronariae*
    Cl. *Arthorhizae*
    Cl. *Ensatae*
    Cl. *Gynandrae*
    Cl. *Scitamineae*
    Cl. *Fluviales*
    Cl. *Spadiciflorae*
    Cl. *Principes*

Acramphibrya
  Gymnospermae
    Cl. *Coniferae*

  Apetalae
    Cl. *Piperitae*
    Cl. *Aquaticae*
    Cl. *Juliflorae*
    Cl. *Oleraceae*
    Cl. *Thymelaeae*
    Cl. *Serpentariae*

  Gamopetalae
    Cl. *Plumbagines*
    Cl. *Aggregatae*
    Cl. *Campanulinae*
    Cl. *Caprifoliaceae*
    Cl. *Contortae*
    Cl. *Nuculiferae*
    Cl. *Tubiflorae*
    Cl. *Personatae*
    Cl. *Petalanthae*

  Dialypetalae
    Cl. *Diacanthae*
    Cl. *Corniculatae*
    Cl. *Polycarpicae*
    Cl. *Rhoeades*
    Cl. *Nelumbia*
    Cl. *Parietales*
    Cl. *Peponiferae*
    Cl. *Opuntiae*
    Cl. *Caryophyllinae*
    Cl. *Columniferae*
    Cl. *Guttiferae*
    Cl. *Hesperides*
    Cl. *Acera*
    Cl. *Polygalinae*
    Cl. *Frangulaceae*
    Cl. *Tricoccae*
    Cl. *Therebinthineae*
    Cl. *Gruinales*
    Cl. *Calyciflorae*
    Cl. *Myrtiflorae*
    Cl. *Rosiflorae*
    Cl. *Leguminosae*

LINDLEY Die Einführung der Reihen oder Ordnungen und ihrer charakteristischen Endung geht auf J. LINDLEY (1799—1856) zurück, der sie unter dem Namen Nixus in seinem System von 1833 verwendete. Dieses hat sonst nur in England Bedeutung gehabt:

Classis I *Exogenae*
  Subclassis I. *Polypetalae*
    Cohors I. *Albuminosae*
      Nixus 1. *Ranales*
      — 2. *Anonales*
      — 3. *Umbellales*
      — 4. *Grossales*
      — 5. *Pittosporales*
    Cohors II. *Gynobasicae*
      Nixus 1. *Rutales*
      — 2. *Geraniales*
      — 3. *Coriales*
      — 4. *Flörkeales*
    Cohors III. *Epigynae*
      Nixus 1. *Onagrales*
      — 2. *Myrtales*
      — 3. *Cornales*
      — 4. *Cucurbitales*
      — 5. *Begoniales*
    Cohors IV. *Parietales*
      Nixus 1. *Cruciales*
      — 2. *Violales*
      Nixus 3. *Passionales*
      — 4. *Bixales*
    Cohors V. *Calycosae*
      Nixus 1. *Guttales*
      — 2. *Theales*
      — 3. *Acerales*
      — 4. *Cistales*
      — 5. *Berberales*
    Cohors VI. *Syncarpae*
      Nixus 1. *Malvales*
      — 2. *Meliales*
      — 3. *Rhamnales*
      — 4. *Euphorbiales*
      — 5. *Silenales*
    Cohors VII. *Apocarpae*
      Nixus 1. *Rosales*
      — 2. *Saxales*
      — 3. *Ficoidales*
      — 4. *Crassales*
      — 5. *Balsamales*
  Subclassis II. *Incompletae*
    Cohors I. *Tubiferae*
      Nixus 1. *Santalales*
      — 2. *Daphnales*
      — 3. *Proteales*
      — 4. *Laureales*
      — 5. *Penaeales*
    Cohors II. *Curvembriae*
      Nixus 1. *Chenopodales*
      — 2. *Polygonales*
      — 3. *Petivales*
      — 4. *Sclerales*
      — 5. *Cocculales*
    Cohors III. *Rectembriae*
      Nixus 1. *Amentales*
      Nixus 2. *Urticales*
      — 3. *Casuarales*
      — 4. *Ulmales*
      — 5. *Datiscales*
    Cohors IV. *Achlamydeae*
      Nixus 1. *Piperales*
      — 2. *Salicinales*
      — 3. *Monimiales*
      — 4. *Podostemales*
      — 5. *Callitrales*
    Cohors V. *Columniferae*
      Nixus 1. *Nepenthales*
      — 2. *Aristolochiales*

Subclassis III. *Monopetalae*

    Cohors I. *Polycarpae*

        Nixus 1. *Brexiales*
        — 2. *Ericales*
        — 3. *Primulales*
        — 4. *Nolanales*
        — 5. *Volvales*

    Cohors II. *Epigynae*

        Nixus 1. *Campanales*
        — 2. *Goodenales*
        — 3. *Cinchonales*
        — 4. *Capriales*
        — 5. *Stellales*

    Cohors III. *Dicarpae*

        Nixus 1. *Gentianales*
        — 2. *Oleales*
        Nixus 3. *Loganiales*
        — 4. *Echiales*
        — 5. *Solanales*

    Cohors IV. *Personatae*

        Nixus 1. *Labiales*
        — 2. *Bignoniales*
        — 3. *Scrophulales*
        — 4. *Acanthales*
        — 5. *Lentibales*

    Cohors V. *Aggregatae*

        Nixus 1. *Asterales*
        — 2. *Dipsales*
        — 3. *Brunoniales*
        — 4. *Plantales*
        — 5. *Plumbales*

Classis II. *Gymnospermae*

Classis III. *Endogenae*

    Cohors I. *Epigynae*

        Nixus 1. *Amomales*
        — 2. *Narcissales*
        — 3. *Ixiales*
        — 4. *Bromeliales*
        — 5. *Hydrales*

    Cohors II. *Gynandrae*

    Cohors III. *Hypogynae*

        Nixus 1. *Palmales*
        — 2. *Liliales*
        Nixus 3. *Commelales*
        — 4. *Alismales*
        — 5. *Juncales*

    Cohors IV. *Imperfectae*

        Nixus 1. *Pandales*
        — 2. *Arales*
        — 3. *Typhales*
        — 4. *Smilales*
        — 5. *Fluviales*

    Cohors V. *Glumaceae*

Classis IV. *Rhizantheae*

Classis V. *Esexuales*

    Nixus 1. *Filicales*
    — 2. *Lycopodales*
    — 3. *Muscales*
    Nixus 4. *Charales*
    — 5. *Fungales*

DARWINS Abstammungslehre und HOFFMEISTERS Entdeckung des Generationswechsels beeinflußten in der Folgezeit die Systembildung sehr stark. Jetzt wurde das phylogenetische Moment in der System-Darstellung verwendet, wenn man auch im Grunde weiterhin der von JUSSIEU eingeführten Grundrichtung treu blieb. Alle folgenden Systeme waren Versuche, die Tradition mit den neuen phylogenetischen Gesichtspunkten zu verbinden, insofern stellte schon das System von ALEXANDER BRAUN (1864) einen Fortschritt dar:

A. BRAUN

   I. *Bryophyta,* Keimpflanzen
      1. *Thallodea:* Algen, Flechten, Pilze
      2. *Thallophyllodea:* Charen, Moose
  II. *Cormophyta,* Stockpflanzen
      1. *Phyllopterides:* Farne, Schachtelhalme
      2. *Maschalopterides:* Bärlappe
      3. *Hydropterides:* Wasserfarne
 III. *Anthophyta,* Blütenpflanzen
      A. *Gymnospermae,* Nacktsamige
         1. *Frondosae:* Cycadaceen
         2. *Acerosae:* Koniferen
      B. *Angiospermae,* Bedecktsamige
         1. *Monocotyledones*
         2. *Dicotyledones*
            a) *Apetalae*
            b) *Sympetalae*
            c) *Eleutheropetalae.*

A. W. EICHLER

Erst in der zweiten Hälfte des 19. Jahrhunderts bekamen Forschungen über Algen und Pilze größere Bedeutung. Erst jetzt begann die Zeit der Entdeckungen ihrer Sexualität. Das System von A. W. EICHLER (1883) ist aber nicht nur durch den Einbau dieser neuen Erkenntnisse von Bedeutung, es bringt auch bei den Blütenpflanzen wesentliche Verbesserungen:

   A. *Cryptogamen*
      I. Abteil. *Thallophyta*
      I. Klasse *Algae*
         I. Gruppe: *Cyanophyceae*
         II. „ *Diatomeae*
         III. „ *Chlorophyceae*
               I. Reihe: *Conjugatae*
               II. „ *Zoosporeae*
               III. „ *Characeae*
         IV. Gruppe: *Phaeophyceae*
         V. „ *Rhodophyceae*
      II. Klasse *Fungi*
         I. Gruppe: *Schizomycetes*
         II. „ *Eumycetes*

     I. Reihe: *Phycomycetes*
     II.   „   *Ustilagineae*
     III.   „   *Aecidiomycetes*
     IV.   „   *Ascomycetes*
     V.   „   *Basidiomycetes*
  III. Gruppe: *Lichenes*
 II. Abteil. *Bryophyta*
  I. Gruppe: *Hepaticae*
  II.   „   *Lycopodinae*
 III. Abteil. *Pteridophyta*
  I. Klasse *Equisetinae*
  II.   „   *Musci*
  III.   „   *Filicinae*

B. *Phanerogamae*

 I. Abteil. *Gymnospermae*
 II.   „   *Angiospermae*
  I. Klasse *Monocotyleae*
    I. Reihe: *Liliiflorae*
    II.   „   *Enantioblastae*
    III.   „   *Spadiciflorae*
    IV.   „   *Glumiflorae*
    V.   „   *Scitamineae*
    VI.   „   *Gynandrae*
    VII.   „   *Helobiae*
  II. Klasse *Dicotyleae*
   I. Unterklasse *Choripetalae*
    I. Reihe: *Amentaceae*
    II.   „   *Urticinae*
    III.   „   *Polygoninae*
    IV.   „   *Centrospermae*
    V.   „   *Polycarpicae*
    VI.   „   *Rhoaedinae*
    VII.   „   *Cistiflorae*
    VIII.   „   *Columniferae*
    IX.   „   *Gruinales*
    X.   „   *Terebinthinae*
    XI.   „   *Aesculinae*
    XII.   „   *Frangulinae*
    XIII.   „   *Tricoccae*
    XIV.   „   *Umbelliflorae*
    XV.   „   *Saxifraginae*

XVI.   „ *Opuntiinae*
XVII.   „ *Passiflorinae*
XVIII.   „ *Myrtiflorae*
XIX.   „ *Thymelinae*
XX.   „ *Rosiflorae*
XXI.   „ *Leguminosae*

Anhang: *Hysterophyta*

II. Unterklasse *Sympetalae*

I. Reihe: *Bicornes*
II.   „ *Primulinae*
III.   „ *Diospyrinae*
IV.   „ *Contortae*
V.   „ *Tubiflorae*
VI.   „ *Labiatiflorae*
VII.   „ *Campanulinae*
VIII.   „ *Rubiinae*
IX.   „ *Aggregatae*

ENGLER   Das so bekannte System ADOLF ENGLERS ist lediglich ein verbessertes EICHLERsches System, das sich z. T. bewußt von der Phylogenie abwendet und die Organisationshöhe als auschlaggebend betrachtet. Es zeigt besonders bei den niederen Pflanzen auf Grund der stärkeren Erforschung dieser Gruppen wesentlich neue Züge, während bei den höheren Pflanzen die Tradition sich nach wie vor behauptet.

I. Abteilung

Schizophyta

1. Klasse *Schizomycetes*
2.   „ *Schizophyceae*

II. Abteilung

Phytosarcodina, Myxothallophyta, Myxomycetes

1. Klasse *Acrasiales*
2.   „ *Plasmodiophorales*
3.   „ *Myxogasteres*

    1. Reihe *Ectosporae*
    2.   „ *Endosporae*

III. Abteilung

Flagellatae

1. Reihe *Pantostomatinales*
2.   „ *Distomatinales*
3.   „ *Protomastigales*
4.   „ *Chrysomonadales*

5. „ *Cryptomonadales*
6. „ *Chloromonadales*
7. „ *Euglenales*

IV. Abteilung
Dinoflagellatae

? Abteilung
Silicoflagellatae

V. Abteilung
Bacillariophyta

VI. Abteilung
Conjugatae

VII. Abteilung
Chlorophyceae
1. Klasse *Protococcales*
2. „ *Confervales*
3. „ *Siphonocladales*
4. „ *Siphonales*

VIII. Abteilung
Charophyta

IX. Abteilung
Phaeophyceae
    1. Reihe *Phaeosporeae*
    2. „ *Cyclosporeae*
    3. „ *Dictyotales*

X. Abteilung
Rhodophyceae
1. Klasse *Bangiales*
2 „ *Florideae*
    1. Reihe *Nemalionales*
    2. „ *Gigartinales*
    3. „ *Rhodymeniales*
    4. „ *Cryptonemiales*

XI. Abteilung
Eumycetes
 (*Fungi*)
1. Klasse *Phycomycetes*
    1. Reihe *Zygomycetes*
    2. „ *Oomycetes*

2. Klasse *Ascomycetes*

    1. Reihe *Euascales*
    2.   „   *Laboulbeniales*

3. Klasse *Basidiomycetes*

    1. Unterklasse *Hemibasidii*
        Reihe *Hemibasidiales*

    2. Unterklasse *Eubasidii*

        1. Reihe *Protobasidiomycetes*
        2.   „   *Autobasidiomycetes*

Anhang zu Klasse 2 und 3: *Fungi imperfecti*

Nebenklasse zu Klasse 2 und 3: *Lichenes*

    1. Reihe *Ascolichenes*
    2.   „   *Basidiolichenes*

XII. Abteilung

Embryophyta Asiphonogama (Archegoniatae)

  I. Unterabteil. *Bryophyta (Muscineae)*

    1. Klasse *Hepaticae*

        1. Reihe *Marchantiales*
        2.   „   *Anthocerotales*
        3.   „   *Jungermanniales*

    2. Klasse *Musci*

        1. Unterkl. *Sphagnales*
        2.   „   *Andreaeales*
        3.   „   *Bryales*

            1. Reihe *Acrocarpi*
            2.   „   *Pleurocarpi*

  II. Unterabteil. *Pteridophyta*

    1. Klasse *Filicales*

        1. Reihe *Filicales leptosporangiatae*

            1. Unterreihe *Eufilicineae*
            2.   „   *Hydropteridineae*

        2. Reihe *Marattiales*
        3.   „   *Ophioglossales*

    2. Klasse *Sphenophyllales*
    3.   „   *Equisetales*

        1. Reihe *Euequisetales*
        2.   „   *Calamariales*

4. Klasse *Lycopodiales*
   1. Reihe *Lycopodiales eligulatae*
   2.   „   *Lycopodiales ligulatae*
      1. Unterreihe *Selaginellineae*
      2.   „   *Lepidophytineae*
5. Klasse *Psilotales*
6.   „   *Isoëtales*
7.   „   *Cycadofilices*

XIII. Abteilung

Embryophyta Siphonogama

(Siphonogamen, Phanerogamen, Endoprothalliaten, Samenpflanzen)

  I. Unterabteilung *Gymnospermae*

1. Klasse *Cordaitales*
2.   „   *Bennettitales*
3.   „   *Cycadales*
4.   „   *Ginkgoales*
5.   „   *Coniferae*
6.   „   *Gnetales*

  II. Unterabteilung *Angiospermae*

1. Klasse *Monocotyledoneae*

1. Reihe	*Pandanales*	7. Reihe		*Spatiflorae*
2.	„ *Helobiae*	8.	„	*Farinosae*
3.	„ *Triuridales*	9.	„	*Liliiflorae*
4.	„ *Glumiflorae*	10.	„	*Scitamineae*
5.	„ *Principes*	11.	„	*Microspermae*
6.	„ *Synanthae*			

2. Klasse *Dicotyledoneae*

   1. Unterklasse *Archichlamydeae*

1. Reihe	*Verticillatae*	12. Reihe		*Urticales*
2.	„ *Piperales*	13.	„	*Proteales*
3.	„ *Salicales*	14.	„	*Santalales*
4.	„ *Garryales*	15.	„	*Aristolochiales*
5.	„ *Myricales*	16.	„	*Polygonales*
6.	„ *Balanopsidales*	17.	„	*Centrospermae*
7.	„ *Leitneriales*	18.	„	*Ranales*
8.	„ *Juglandales*	19.	„	*Rhoeadales*
9.	„ *Batidales*	20.	„	*Sarraceniales*
10.	„ *Julianales*	21.	„	*Rosales*
11.	„ *Fagales*	22.	„	*Pandales*

23. Reihe	Geraniales		27. „	Parietales
24. „	Sapindales		28. „	Opuntiales
25. „	Rhamnales		29. „	Myrtiflorae
26. „	Malvales		30. „	Umbelliflorae

2. Unterklasse *Metachlamydeae* oder *Sympetalae*

1. Reihe	Ericales		6. Reihe	Tubiflorae
2. „	Primulales		7. „	Plantaginales
3. „	Plumbaginales		8. „	Rubiales
4. „	Ebenales		9. „	Cucurbitales
5. „	Contortae		10. „	Campanulatae

Das modernste, in einem größeren Handbuch niedergelegte und auch R. v. viel benutzte System, ist das von WETTSTEIN in seiner Fassung von WETTSTEIN 1935, das ich im folgenden in großen Zügen wiedergeben will:

Stamm *Schizophyta*

    Abt. *Schizophyceae*

    „ *Schizomycetes*

Stamm *Monadophyta*

    „ *Myxophyta*

    „ *Conjugatophyta*

    „ *Bacillariophyta*

    „ *Phaeophyta*

    „ *Rhodophyta*

    Abt. *Bangieae*

    „ *Florideae*

Stamm *Euthallophyta*

    Abt. *Chlorophyceae*

    „ *Fungi* incl. *Lichenes*

Stamm *Cormophyta*

    Abt. *Archegoniatae*

        Unterabt. *Bryophyta*

            Cl. *Musci*

            Cl. *Hepaticae*

        Unterabt. *Pteridophyta*

            Cl. *Psilophyta*

            Cl. *Lycopodiales*

            Cl. *Psilotales*

            Cl. *Articulatae*

            Cl. *Filicinae*

Abt. *Anthophyta*

  Unterabt. *Gymnospermae*

    Cl. *Pteridospermae*
    Cl. *Cycadeae*
    Cl. *Bennettitales*
    Cl. *Cordaitales*
    Cl. *Gingkoales*
    Cl. *Coniferae*
    Cl. *Gnetineae*

  Unterabt. *Angiospermae*

    Cl. *Dicotyledoneae*

      Unterkl. *Choripetalae*
         Monochlamydeae
         Dialypetalae
      Unterkl. *Sympetalae*

    Cl. *Monocotyledoneae*

Mit WETTSTEIN beginnt eigentlich erst die Zeit der phylogenetischen Systeme, die Zeit der wahren natürlichen Systeme und damit der Taxonomie im heutigen Sinn, wenn auch EICHLERS System schon als erster Versuch in dieser Richtung zu werten ist. Sie konnten erst entwickelt werden, nachdem LAMARCK, DARWIN, HAECKEL und andere die Grundlagen der Abstammungs- und Vererbungslehre geschaffen hatten, nachdem Phylogenie und Genetik in den Bereich der Taxonomie gerückt waren. Eine Fülle von neuen Systemvorschlägen und Änderungen brachte dieses Jahrhundert; die Mehrzahl dieser Systemversuche behandelt lediglich die Blütenpflanzen. Sie haben in den großen Lehrbüchern noch keinen Eingang gefunden, so daß wir sie hier auch etwas summarisch behandeln wollen. Sie gehen vor allem davon aus, daß der Ursprung der Blütenpflanzen monophyletisch bei den *Polycarpicae* (Ranales) liegt, und davon sowohl Monokotyle als auch Dikotyle abzuleiten sind. Besonders klar ist das bei BESSEY (1905), E. HALLIER (1903) und BUSCH (1940); HUTCHINSON (1926—32) fordert eine diphyletische Entstehung der Blütenpflanzen aus den *Ranales-Magnoliales* und KUSNETZOV überhaupt einen polyphyletischen Stammbaum. Sonst sind an neuen Systemen noch die von P. BERTRAND (1937/38) und O. TIPPO (1942) zu nennen; sie alle werden bei der Betrachtung der Taxonomie der *Cormobionta* noch einer genauen Betrachtung unterzogen werden müssen (Abb. 42).

Von den Gesamtsystemen wäre zunächst das von J. P. LOTSY (1907) zu betrachten. Er leitet die niederen Organismen von farblosen Flagellaten *(Protomastigina)* ab, stellt aber die Mehrzahl der farblosen

Marginalia: Taxonomische Periode — Phylogenetische Systeme — BESSEY, HALLIER, BUSCH, HUTCHINSON, KUSNETZOV, BERTRAND, TIPPO — LOTSY

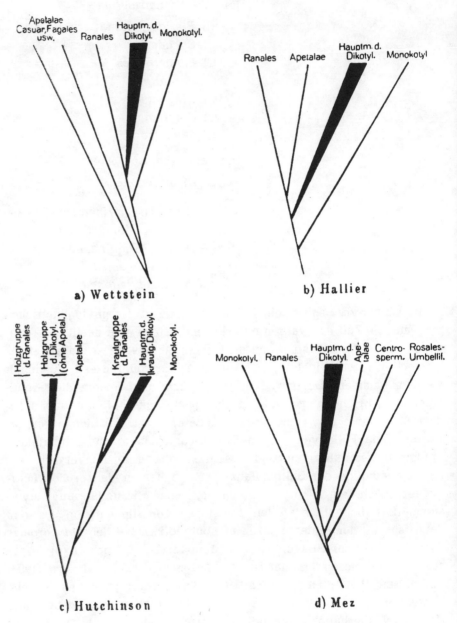

Abb. 49. Verschiedene Auffassungen über die Entwicklung der Angiospermen. (Nach ZIMMERMANN).

Einzeller mit den Myxomyzetes zu den Tieren. Von den einfachsten Grünalgen *(Pyramidomonas)* stammen alle anderen grünen Gruppen bis zu den Samenpflanzen ab. Die *Euglenen* bilden eine selbständige, auf die *Protomastigina* zurückgehende Gruppe, ebenso die *Chloromonadae*, von denen sich die *Heterokontae*, die *Chrysomonadae*, von denen sich die *Phaeophyceen* herleiten, und schließlich die *Cryptophyceen*, an die die *Rhodophyta* angeschlossen werden. Die *Schizophyta* werden mit Vorbehalt ebenfalls als von den *Cryptophyceen* abstammend angenommen, währen die Pilze ihren Ursprung in den verschiedensten Rot- und Grünalgengruppen haben sollen.

Besonders wichtig und grundlegend für die neuesten Darstellungen des natürlichen Systems der Pflanzen sind die zahlreichen Arbeiten A. Paschers (spez. 1931), aus denen sich folgendes System ergibt: — PASCHER

Plantae holoplastidae
    Stamm *Cyanophyta*
       „ *Schizomycophyta*

Plantae euplastidae
    Stamm *Chrysophyta*
        Abt. *Chrysophyceae*
        Abt. *Diatomeae*
        Abt. *Heterocontae*
    Stamm *Phaeophyta*
    Stamm *Pyrrhophyta*
        Abt. *Cryptophyceae*
        Abt. *Desmocontae*
        Abt. *Dinophyceae*
    Stamm *Rhodophyta*
    Stamm *Mycophyta*
    Stamm *Euglenophyta*
    Stamm *Chlorophyta*
        Abt. *Chlorophyceae*
        Abt. *Conjugatae*
    Stamm *Charophyta*
    Stamm *Cormophyta*

Auf den Pascherschen Vorarbeiten fußen die speziellen Darstellungen von Gilbert M. Smith (1938), F. E. Fritsch (1935) und viele andere. Weniger gelungen ist ein System von B. V. Koso-Poljansky, das im Pflanzenreich drei Unterreiche unterscheidet: — SMITH FRITSCH KOSO-POLJANSKY

1. Subregnum *Schizophyta* (mit den *Archaeophyta, Schizomycetes, Schizophyceae*)

2. Subregnum *Mycophyta* (mit den Pilzen)

3. Subregnum *Nomophyta* (mit den *Phycophyta* und *Cormophyta*), weil es zumindest in Bezug auf Einzeller und Thallophyten, ganz unnatürlich ist.

Nachdem schon V. Franz und A. Pascher die zu den Tieren gerechneten Einzeller zu den Pflanzen gestellt hatten oder wenigstens auf — FRANZ

HAECKEL diese Beziehungen hingewiesen hatten, sind in neuerer Zeit mehrfach
BARKLEY Versuche zu einer neuen Gesamtgliederung der Organismenwelt ge-
COPELAND macht worden. Auf Ideen von ERNST HAECKEL (1866) bauen diese
neuesten Vorschläge für ein Organismensystem von F. A. BARKLEY
ROTHMALER (1937), H. F. COPELAND (1938, 1947) und W. ROTHMALER (1948, 1949, 1951)
auf: Tiere und Pflanzen werden auf vier (oder fünf, wenn man die Viren
als Organismen behandelt) Reiche verteilt, so daß das erste die kernlosen
Spaltpflanzen, das zweite die Einzeller und Thallophyten (Algen, Proto-
zoen) enthält. Dieses System liegt dieser Schriftenreihe zu Grunde, so
daß man in den einzelnen, einschlägigen Bänden darüber Genaueres
findet. Hier sei als Abschluß nur eine kurze Übersicht gegeben:

System der
Organismen-
welt

Aphanobionta — Scheinwesen
  Viren und Bakteriophagen

Akaryobionta — Spaltwesen
  Schizophyta
  Cyanophyta

Protobionta — Urwesen
  Pyrrhophyta
  Rhodophyta
  Phaeophyta
  Mycophyta
  Euglenophyta
  Chlorophyta

Cormobionta (Cormophyta) — Pflanzen
  Psilophyta
  Anthocerophyta
  Bryophyta
  Pteridophyta
  Spermatophyta

Gastrobionta (Metazoa) — Tiere

Bibliographie und Autorennachweis

Es werden keine allgemein botanischen Werke angegeben, sondern nur spezielle, die über das in den einzelnen Kapiteln Gesagte hinausführen können oder die speziell zur Abfassung benutzt wurden. Die zur Weiterbildung empfohlenen Werke sind durch einen * hervorgehoben.

	Seiten- nachweis
ADANSON, M. (1761) — Les Familles des Plantes. Paris	146
ALLAN, H. H. (1940) — Natural Hybridization in Relation to Taxonomy, in The New Systematics ed. J. S. Huxley. Oxford.	96, 195, 204
ANDERSON, E. (1949) — Introgressive Hybridization. New York.	130 ff
— (1951) — Concordant versus discordant variation in relation to introgression, in Evolution 5, 133—141	
ARISTOTELES	144 f
BABCOCK, E. B. (1947) — The genus Crepis. Berkeley and Los Angeles	
BACHMANN	145
BARKLEY, F. A. (1939) — Keys to the Phyla of Organisms. Missoula Montana	93, 164
— (1948) — Mapa Filogenético de los Anthophyta, in Rev. Fac. Nac. de Agronomia VII, S. 369—372.	
BAUHIN	145
BAUR, E. (1933) — Artbild und Artumgrenzung in der Gattung Antirrhinum, in Ztschr. f. ind. Abst. u. Vererb. 63, 256—302.	109
BEGER	40
BEIGNET	65
BENTHAM AND HOOKER	134
BERG, L. S. (1926) — Nomogenesis: or Evolution Determined by Law. London.	
BERTRAND, P. (1937) in Bull. Soc. Bot. Fr. 84.	161
BERTSCH, H. (1942) — Lehrbuch der Pollenanalyse. Stuttgart.	63 f
BESSEY, Ch. E. (1905) — The phylogenetical Taxonomy of flowering plants, in Ann. Miss. Bot. Gard. II	161
— (1909) — The phyletic Idea in Taxonomy, in Science N. S. 29, 91—100.	
— (1910) — Classes and Orders of Plants, in Trans. Amer. Micr. Soc. 29, 85—96.	
BERINGER, C. Ch. (1941) — Stammesgeschichte als historische Naturwissenschaft. Jena.	

*Bischoff, G. W. (1833—44) — Handbuch der botanischen Terminologie und Systemkunde. 3 Vol. Nürnberg.
— (1834—1840) — Lehrbuch der Botanik I—III. Stuttgart.

Blum, H. F. (1951) — Time's Arrow and Evolution. Princeton.

Bock 145

Bonner, J. T. (1952) — Morphogenesis. Princeton.

Braun 154

Braun-Blanquet J. (1923) — L'origine et le developpement des Flores dans le Massif Central de France. Paris/Zürich 44, 57

Brongniart 150
Brunfels 145
Busch 161

Buxbaum, F. (1951) — Grundlagen und Methoden einer Erneuerung der Systematik der höheren Pflanzen. Wien (Springer).

Caesalpinus 145

Cain, Stanley A. (1944) — Foundations of Plant Geography.

Camp, W. H. u. Gilly, C. L. (1943) — The Structure and Origin of Species, in Brittonia 4   178 f, 184, 186, 189, 191, 194, 198, 201, 204

Candolle, A. P. de (1813) — Théorie élémentaire de la Botanique. Paris.   114, 140, 142 f
— (1867) — Lois de la nomenclature botanique. Paris.

Candolle, Alphonse de (1855) — Géographie botanique raisonné. Paris.   114, 147 ff
— (1880) — La Phytographie. Paris.

Christiansen 37

Clausen, J. (1951) — Stages in the Evolution of Plant Species. Ithaca, N. Y.   91, 195
— (1940—48) — Experimental Studies on the Nature of Species I—III. Washington.

Clausen, J., Keck, D. D. and Hiesey, W. M. (1937/38) — Experimental Taxonomy, in Yearb. Carneg. Inst. 36, 13; 37, 218.   205

Clements, F. E. (1928) — Flowers Families and Ancestors. New York.

Clements, F. E., Martin, E. V. and Long, F. L. (1950) — Adaption and Origin in the plant world. Waltham, Mass.

	Seiten-nachweis
Clusius	103, 145
Cockayne	195, 204
Copeland, H. F. (1938) — The Kingdoms of Organisms, in Quart. Rev. Biol. 13, 383—420.	164
— (1947) — Progress Report on Basic Classification, in The American Naturalist 81, 340—361.	
Cretzoiu	68
Cufodontis	115
Danser, B. H. (1929) — Über die Begriffe Komparium, Kommiskuum und Konvivium etc., in Genetica 11, 399.	182, 202 ff, 206
Darlington, C. D. (1933) — Chromosome Study and The Genetic Analysis of Species, in Ann. of Bot. 4, 811.	
— (1939) — The Evolution of Genetic Systems. Cambridge.	
— (1940) — Taxonomic Species and Genetic Systems, in The New Systematics, ed. J. S. Huxley. Oxford.	
Darwin, Ch. (1859) — The Origin of species. London	15 ff, 20, 34, 78, 89, 146, 153, 161
Davidson, I. F. (1947) — The polygonal graph of simultaneous portrayal of several variables in population analysis, in Madroño 9, 105—110.	132
Diels, L. (1924) — Aufgaben der Phytographie und der Systematik, in Abderh. XI, 1, 69—190.	121 f, 128 f, 203 f
— (1908) — Pflanzengeographie. 2. Aufl. 1918. 3. Aufl. 1929.	
Dioskorides	144 f
Diver, C. (1940) — The problem of Closely-Related Species living in the Same Area, in The New Systematics, ed. J. S. Huxley. Oxford.	95
Dobzhansky, T. (1937) — Genetics and the Origin of Species. New York. (Genetische Grundlagen der Artbildung. Jena 1939).	78, 91, 99, 194, 205
Dollo, L. (1893) — Les lois de l'evolution, in Bull. Belge Geol. 7 : 164—67.	35
Drude, O. (1902) — Der Herzynische Florenbezirk. Leipzig.	57
Duval-Jouve, M. J. (1865) — Variations paralleles des types congénères, in Bull. Soc. Bot. France XII, 196—211.	
Eichler	154 ff, 161
Eig	208
Endlicher	150

	Seiten-nachweis
*ENGELS, FRIEDRICH (1878) — Herrn DÜHRINGS Umwälzung der Wissenschaft. Neue Ausgabe Dietz, Berlin 1948.	4, 17, 20, 33, 84
— (1840) — Die Dialektik der Natur. Berlin 1952.	
ENGLER, A. (1916) — Beiträge zur Entwicklungsgeschichte der Hochgebirgsfloren, in Abh. Kgl. Pr. Akad. Wiss. 1916, Phys.-Math. Klasse Nr. 1.	129, 150, 156 187, 195, 204 208
— (1879) — Versuch einer Entwicklungsgeschichte der extratropischen Florengebiete der nördlichen Hemisphäre. Leipzig.	
*ENGLER, A. und DIELS, L. (1936) — Syllabus der Pflanzenfamilien. 11. Aufl. Berlin.	
ENGLER und PRANTL	134
ENQUIST	51
*ERDTMAN, G. (1943) — An Introduction to Pollen Analysis. Waltham/Mass.	
*FIRBAS, F. (1949) — Waldgeschichte Mitteleuropas. Vol. I. Jena	47, 63
FORD	199
FRANZ, V. (1924) — Die Geschichte der Organismen. Jena	163
FRIES	116
FRITSCH, F. E. (1935) — The Structure and Reproduction of the Algae. Cambridge.	163
— (1945) in Ann. of Bot. N. S. 9, 33.	
FROILAND, S. G. (1952) — The biological status of Betula andrewsii A. Nels, in Evolution 6, 268—282.	133
FUCHS	145
GAMS, H. (1923) — Noch einmal die Herkunft von *Cardamine bulbifera* (L.) Crantz und Bemerkungen über sonstige Halb- und Ganzwaisen, in Ber. D. Bot. Ges. 40, 362—367.	30, 72
GESSNER	103, 145
GEOFFROY	15, 89
GILMOUR, J. S. L. and GREGOR, J. W. (1939) — Demes: a Suggested New Terminology, in Nature 144, 333.	99, 183, 205
GINZBERGER, A. (1939) — Pflanzengeogr. Hilfsbuch, Wien.	
GOEBEL, K. (1924) — Die Entfaltungsbewegungen der Pflanzen und deren teleologische Bedeutung. 2. Aufl. Jena.	33, 199
*— (1928) — Organographie der Pflanzen, Vol. I 3. Aufl. Jena.	
GOLDSCHMIDT	99
D' O. GOOD	65

	Seiten-nachweis
GREBENSCZIKOV, J. (1953) — Die Entwicklung der Melonensystematik, in Die Kulturpfl. I. 121—138.	101
GREGOR siehe GILMOUR	
GRISEBACH, A. (1880) — Gesammelte Abhandlungen. Leipzig.	24, 57, 77
HAECKEL, E. (1866) — Generelle Morphologie der Organismen. 2. Vol. Berlin.	10, 16, 26 f, 35, 161, 164, 181, 193
— (1868) — Natürliche Schöpfungsgeschichte. 1. Aufl. Berlin.	
— (1894) — Systematische Phylogenie der Protisten und Pflanzen. Berlin.	
*HALDANE, J. B. S. (1942) — Dialectical Materialism and Modern Science. (Der dialektische Materialismus und die moderne Wissenschaft. Berlin 1948). London.	
HALLIER, H. (1903—12) — Entwicklung des natürlichen Systems der Blütenpflanzen, in Bull. Herb. Boiss. 2, III Vol. 1903, in Ber. D. Bot. Ges. 23, 1905, in Arch. Néerl. 1912.	161 f
HARDER	6
HARTMANN, MAX (1948) — Die philosophischen Grundlagen der Naturwissenschaften. Jena.	2
HAYATA, B. (1920) — The natural Classification of Plants according the dynamical System, in Icon. Pl. Formos. X, 1920.	30, 129, 184
— (1928) — The Relation between the Succession and Participation Theories . . . ., in Proc. 3. Pan- Pacif. Sc. Congress Tokyo, Vol. II, Tokyo.	
— (1931 — Über das „Dynamische System" der Pflanzen, in Ber. D. Bot. Ges. 49, 328—348.	
*HAYEK, A. (1926) — Allgemeine Pflanzengeographie, Berlin .	42, 57
HEBERER, A. (1943) — Die Evolution der Organismen. Jena. (Mit zahlreichen Mitarbeitern).	
HEDWIG	116
HENNIG, W. (1950). — Grundzüge einer Theorie der phylogenetischen Systematik. Berlin (Deutscher Zentralverlag).	26
HERAKLIT	59
HESLOP-HARRISON, J. (1953) — New Concepts in Flowering-Plant Taxonomy. London.	
HESSE	7
HIESEY siehe CLAUSEN	

Seiten-
nachweis

Hitchcock, A. S. (1925) — Methods of Descriptive Systematic Botany. New. York.

Hofmann, E. (1873) — Isoporien der europäischen Tagfalter. 74
Diss. Jena.

Hofmeister 153

Hooker siehe Bentham

Hult 57

Humboldt, A. v. (1806) — Ideen zu einer Physiognomik der 57
Gewächse. Tübingen.

Hutchinson, I. (1926, 1936) — The Families of Flowering 161 f
Plants. 2 Vol. London.

*Huxley, J. S. (1940) — The New Systematics. Oxford. (Mit   3, 33 f, 35,
zahlreichen Mitarbeitern).   45, 84, 92,
— (1943) — Evolution, The Modern Synthesis.   96, 98, 194,
New York-London.   199, 202, 204

Index Kewensis 128

Irmscher, E. (1922, 1929) — Pflanzenverbreitung und Ent- 43, 205
wicklung der Kontinente, in Mitt. Inst. Allg. Bot.
V. 17—234, VIII, 169—374, Hamburg.
— (1939) — Die *Begoniaceen* Chinas und ihre Bedeutung für die Frage der Formbildung in polymorphen Sippen, in Mitt. Inst. Allg. Bot. 10, 427—557.

Jepsen, G. L., Mayr, E., Simson, G. G. (1949) — Genetics, Paleontology and Evolution. Princeton, N. J.

*Jessen, Karl F. W. (1864) — Botanik der Gegenwart und Vorzeit. Leipzig. (Neudr. Waltham, Mass. 1948).

Johannsen, W. (1903) — Über Erblichkeit in Populationen 193
und in reinen Linien. Jena.
— (1909) — Elemente der exakten Erblichkeitslehre,
1. Aufl. Jena. (2. Aufl. 1913).

Jordan 89

Jussieu . . . . 146 f

Juzepzcuk, S. V. (1948) — Thesen über die Frage der Art bei   101, 183,
Kulturpflanzen und über die Prinzipien ihrer Syste-   185, 202 f
matik, in Botan. Journal, Moskau, 33, 150—151, russ.

Keck siehe Clausen

Kerner, A., (1871) — Können aus Bastarden Arten werden? 57, 77
in Ö. B. Z., 21, 34—41.
— (1891) — Pflanzenleben. Leipzig und Wien.

	Seitennachweis
KLEINSCHMIDT	187, 204 f
*KOMAROV, V. L. (1944) — Opera Selecta, Moskau 1945: Die Lehre von der Art bei den Pflanzen (1. Aufl. 1940) 2. Aufl. 1944.	78, 90
KOSO-POLJANSKI, B. M. (1947) — Über das neue Pflanzensystem, in C.-R. Acad. Sc. USSR. 56, 3, 309—311.	163
KORSCHINSKIJ, S. (1892) — Flora der Arten des europäischen Rußlands. Tomsk.	77, 205
KUNTZE, O. (1891—93) — Revisio Generum plantarum. 3. Vol. Leipzig.	
KUPFFER, K. (1907) — Apogameten, neueinzuführende Einheiten des Pflanzensystems, in Ö. B. Z. 57, 369.	74, 179, 203
— (1925) — Grundzüge der Pflanzengeographie des Ostbaltisch. Gebietes, in Abh. Herder-Inst. Riga I, 6.	
*KÜHN, A. (1939) — Grundriß der Vererbungslehre. Leipzig.	
KUSNETZOV, N. I. (1936) — Einführung in die Systematik der Blütenpflanzen. Leningrad.	161
LAMARCK, I. B. A. DE (1809) — Philosophie Zoologique. Paris.	15 f, 32 f, 89, 146, 161
*LANJOUW, J. — International Code of Botanical Nomenclature 1952) Ed. 1. Utrecht (IAPT).	
*LANJOUW, J. and Stafleu, F. A. (1953) — Index Herbariorum, ed. 2. Utrecht (IAPT) — Siehe SCHULZE.	134, 143
LAWRENCE, George H. M. (1951) — Taxonomy of Vascular Plants. New York.	141
LEHMANN, E. (1914) — Art, reine Linie, isogene Einheit, in Biol. Zentralbl. 34, 285—394.	190, 203
LINDLEY	103, 152
LINK	114
LINKOLA, K., (1916) — Studien über den Einfluß der Kultur auf die Flora I, in Acta Soc. F. et Fl. Fenn. 45, 1—429.	49
LINNAEUS, C. (1751) — Philosophia Botanica. Stockholmiae.	89, 103,
— (1738) — Classes plantarum seu Systemata plantarum. Lugduni Batavorum.	107 f, 111, 113 f, 116, 137, 146, 203
LOBELIUS	145
LOCKE	121

	Seiten-nachweis
LOTSY, I. P. (1916) — Evolution by means of hybridisation. The Hague.	85, 89, 161, 181, 190, 203, 2(
— (1907—11) — Vorträge über Botanische Stammesgeschichte. Jena.	
LUDWIG, W. (1943) — Siehe HEBERER	23
LYSSENKO, T. D. (1948) — Die Situation in der biologischen Wissenschaft (Vortrag und Diskussion) Deutsche Übers. in 2. Beih. zur Sowjetwissenschaft. Berlin 1949.	19, 196
— (1949) — Agrobiologie. 2. Aufl. Moskau.	
— (1950) — Neues in der Wissenschaft von der biologischen Art, in Agrobiologie 1950, Nr. 6.	
MANSFELD, R. (1949) — Über den Begriff der Art in der systematischen Botanik., in Biol. Zentralbl. 67, 320—331.	84, 101, 113 f, 120,
— (1949) — Die Technik der wissenschaftlichen Pflanzenbenennung. Berlin (Akademie-Verlag).	200, 203 ff, 207 f
— (1953). — Zur allgemeinen Systematik der Kulturpflanzen I, in Die Kulturpfl. I, 138—155.	
MATTFELD	102
MATTIOLI ·	144
*MAYR, E. (1944) — Systematics and the Origin of Species. New York.	91, 95
MENDEL, G. (1865) Versuche über Pflanzen-Hybriden, in Verh. naturf. Verein Brünn, 4.	154
*MEUSEL, H. (1939) — Vergleichende Arealkunde. 2 Vol. Berlin.	38, 41, 50, 54 f
*MEZ, C. (1924) — Serum-Reaktion zur Feststellung von Verwandtschaftsverhältnissen im Pflanzenreich, in Abderhalden XI, 1, 1054—1094. Siehe auch MORITZ, O. (1929).	14, 162
MEZ, C. u. ZIEGENSPECK, H., (1926) — Zur Theorie der Serodiagnostik, in Bot. Archiv XII, 1925, 163—202.	
MICHAELIS, P. (1947) — Über das genetische System der Zelle, in Naturw. 34, 18—22.	19
— (1949) — Prinzipielles und Problematisches zur Plasmavererbung, in Biol. Zentralbl. 68, 173—195.	
*MITSCHURIN, I. W. (1934) — (Gedanken und Erkenntnisse) Ergebnisse sechzigjähriger Arbeit, 1. Aufl. Moskau 1934 (dtsch. Frankf. a. O. 1943).	18
— (1950) — Ausgewählte Werke (deutsch). Moskau.	

	Seiten-nachweis

*Molisch, H., (1933) — Pflanzenchemie und Pflanzenverwandtschaft. Jena.

Morison 145

*Moritz, O. (1929) — Weitere Beiträge zur Kritik und zum Ausbau phytoserologischer Methodik, in Planta 7, 759—814.

Morgan, T. H. (1925) — Evolution and Genetics. Princeton.

Murr, F. (1919) — Hinterlassene Halbwaisen in unserer Flora, in Feldkircher Anzeiger 1919.   30

Murray 114

Nägeli 86

Neumayer, G. v. (1906) — Anleitung zu wissenschaftl. Beobachtungen auf Reisen. 3. Aufl. 2 Vol. Hannover.

Nilsson, Heribert (1947) — Totale Inventierung der Mikrotypen eines Minimiareals von Taraxum officinale, in Hereditas 33, 119—142.   179, 203

Noll 8

Ognev, S. J. (1947) — Species, lower categories of species, urgent problems of systematics, in Obsc. Ispyt. Prir. N. S. 52, 3—21.

Pangalo, K. J. (1948) — Neue Prinzipien der intraspezifischen Systematik der Kulturpflanzen, in Botan. Journ., Moskau, 33, 151—155, russ..   178, 183, 196, 198, 208, 210

Pascher, A. (1931) — Systemat. Übersicht über die mit Flagellaten in Zusammenhang stehenden Algenreihen . . ., in Beih. Bot. Centralbl. 48, 317—332.   163

Pearson, J. (1938) — The Tasmanian Brush Opossum: its Distribution and Colour Variations, in Pap. Proc. Roy. Soc. Tasm. for 1937, 21.   80

*Penzig, O. (1921/22) — Pflanzen-Teratologie. 2. Aufl.

Persoon 116

Plate, L. (1913) — Selektionsprinzip und Probleme der Artbildung. 4. Aufl. Leipzig   32

Prantl siehe Engler

Pulle, A. A. (1928) — Compendium van de Terminologie, Nomenclatur and Systematik.

Rabl 14

Raunkiaer, C. (1905) — Types biologiques pour la géographie botanique, in Ac. Roy. C. et lettres Danemark Nr. 5 347.   57 f, 181, 190 f, 203

— (1918) — Über den Begriff der Elementarart im Lichte der modernen Erblichkeitsforschung, in Ztschr. ind. Abst. u. Vererb.-Lehre, 19, 225—240.	
— (1934) — The Life Forms of Plants. Oxford.	
Ray	145
Reichenow, A., (1904) — Über die Begriffe der Subspecies, in Journ. f. Ornithol. 52 (1904).	205
Reinig, W. F. (1937) — Die Holarktis. Jena.	23, 25, 79,
— (1938) — Elimination und Selektion. Jena.	83
Remane, A. (1928) — Exotypus-Studien an Säugetieren I, in Ztschr. f. Säugetierk., 3.	195
— (1952) — Die Grundlagen des natürlichen Systems, der vergleichenden Anatomie und der Phylogenetik. Leipzig (Geest & Portig).	
Rensch, B. (1929) — Das Prinzip geogr. Rassenkreise und das Problem der Artbildung. Berlin.	26, 33, 202, 204 f
— (1947) — Neuere Probleme der Abstammungslehre. Stuttgart.	
Rietz, E. du (1930) — The fundamental units of biological taxonomy, in Svensk Botan. Tidskr. 24, 333—428.	90 f, 129, 203 f
Rikli	49
Rivinus	145
Rothmaler, W. (1938 — Systematik und Geographie der Subsektion *Calycanthum* der Gattung *Alchemilla*, in Feddes Rep., Beih. 100, 59—93.	57, 74, 82, 105, 164, 196, 204
— (1940) — Importancia da Fitogeografia nos estudos agronomicos, in Palestras Agron. II (1) 1939.	
— (1941, 3) — Revision der Genisteen. I. Monographien der Gattungen um *Ulex*, in Bot. Jahrb. 72, 1, 69—116.	
— (1941, 4) — Monographie der Gattung *Petrocoptis* A. Br., in Bot. Jahrb. 72, 1, 117—130.	
— (1941, 8) — Roteiro das plantas cultivadas até Portugal, in Rev. Agron. (Lissabon) 29, 323—337.	
— (1943, 3) — Promontorium Sacrum. Vegetationsstudien im südwestlichen Portugal, in Feddes Rep. Beih. 128, 1.	
— (1943, 4) — Zur Gliederung der *Antirrhineae*, in Feddes Rep. 52, 16—39.	
— (1944, 6) — Systematische Einheiten in der Botanik. Unités systématiques botaniques, in Feddes Rep. 54, 1—22.	

Seiten-
nachweis

- (1945) — Sobre a sistematica e a sociologia dos linhos de Portugal, in Agron. Lusit. (Lissabon) VI, 3, 253—279.
- (1947, 1) — Artentstehung in historischer Zeit am Beispiel des Kulturleins *(Linum usitatissimum)*, in Züchter 17/18, 89—92.
- (1948, 1) — Über das natürliche System der Organismen, in Biol. Zentralbl. 67, 242—250.
- (1948, 2) — Die Bedeutung des Generationswechsels in der Systematik, in Forsch. u. Fortschr. 24, 218—220.
- (1951) — Probleme der Abstammungslehre und ihre kausale Erklärung, in Ber. D. B. G. 63, (29)—(31).
- (1951) — Die Abteilungen und Klassen der Pflanzen, in Feddes Rep. 54, 256—266.
- (1953) — Evolution und Revolution in der Entwicklung der Organismen, in Wiss. Ztschr. Univ. Halle-Wittenberg. Naturw. Reihe II, H. 5, 197—202.
- (1954) — Typus oder Standard, in Taxon 3, 15.
- (1954) — Rapport. Terminologie des Subdivisions de l'Espèce. In Rapp. et Comm. VIIIème Congr. Intern. de Bot. Paris Sect. 4, 67—74.

RÜBEL, E. (1943) — Begriffe und Systeme, in Ber. Geobot. Forsch. Inst. RÜBEL 1942, 11—22.

SARASIN 204

SCHENK 8, 10

*SCHENNIKOV, A. P. (1953) — Pflanzenökologie. Berlin (Bauernverlag).

SCHILDER, F. A. (1952) — Einführung in die Biotaxonomie (Formenkreislehre). Jena.   182, 200, 202, 205 f, 208

SCHINDEWOLF, O. H. (1947) — Fragen der Abstammungslehre. Frankf. a. M., und frühere Arbeiten.

SCHRÖTER 65

*SCHULZE, G. M. (1954) — Internationaler Code der Botanischen Nomenklatur. Berlin.

SCHWANITZ, H., (1943) — Siehe HEBERER.   84

SCHWARZ, O. (1938, 1) — Phytochorologie als Wissenschaft am Beispiel der Vorderasiatischen Flora, in Feddes Rep. Beih. 100, 178—228.   23, 32, 54, 74, 79, 90

— (1938, 2) — Neue Ergebnisse der Phytochorologie, in Chron. Bot. IV, 1, 9—11.	
— (1937) — Monographie der Eichen Europas und des Mittelmeergebietes, in Feddes Rep. Sonderbeih. D, 2.	
SEMENOV-TIAN-SHANSKY, A. — Die taxonomischen Grenzen der Art und ihre Unterteilungen, in Zapiski Imperat. Akad. Nauk. VIII Ser. 25, N 1 (phys.-math. Ad.) 1910, russ. (Deutsch bei Friedländer, Berlin 1910, 49).	182 ff, 195, 205, 208
SIMPSON, G. G. (1937) — Superspecific Variation in Nature and in Classification from the View-point of Palaeontology, in The Americ. Naturalist, 71.	94, 104
* — (1944) — Tempo and mode in evolution. New York. Übers.: Zeitmaße und Ablaufformen der Evolution. Göttingen 1951.	
— (1950) — The Meaning of Evolution. London.	
* SINNOT, E. W. (1947) — Botany, Principles and Problems, 4. Aufl.	
SINSKAJA, E. N. (1948) — Die Prinzipien der Klassifikation der Kulturpflanzen, in Botan. Journal, Moskau, 33, 148—150, russ.	187 f, 191, 196 f, 203 ff, 208
SMITH, GILBERT M. (1938) — Cryptogamic Botany. 2 vols. New York.	163
SÓO	200
SOLMS-LAUBACH, H. Graf zu (1905) Die leitenden Gesichtspunkte einer allgemeinen Pflanzengeographie in kurzer Darstellung. Leipzig.	
STEBBINS, G. Ledyard. (1951) — Variation and Evolution in Plants. New York.	66
STERNER	36
STUCHLIK	96
SUESSENGUTH	60 f
THEOPHRAST	144
TIMIRJASEW	16, 18
TIMOFEEF-RESSOVSKY, N. W. (1940) — Mutation and Geographical Variation, in The New Systematics. Oxford.	21 f
— (1943) — Siehe HEBERER.	
TIPPO, O. (1942) in Chron. Bot. 7, 5.	161
TOURNEFORT	103, 145
TRAGUS	145

	Seitennachweis
TURESSON, G. (1936) — Die Bedeutung der Rassenökologie für die Systematik und Geographie der Pflanzen, in Feddes Rep., Beih. 41, 15—37.	28, 179, 195, 197, 202 f, 205
— (1930) — Genecological Units and their Classificatory Value, in Sv. Bot. Tdskr. 24, 511—518.	
TURRILL, W. B. (1936) — Contacts between Plant Classification and Experimental Botany, in Nature 137, 563.	30, 91, 98, 195, 198
— (1938) — The Expansion of Taxonomy, with Spec. Reference to Spermatophyta, in Biol. Rev. 13, 342.	
— (1939) — Experimental Taxonomy in America, in Chronica Bot. 5, 354—357.	
— (1939) — „Subspecies" and „varieties", in Chron. Botan. 5, 357—358.	
— (1940) — Experimental and Synthetic Plant Taxonomy, in The New Systematics, ed. J. S. Huxley.	
*ULBRICH, E. (1924), — Präparations-, Konservierungs- und Frischhaltungsmethoden für pflanzl. Organismen, in Abderhalden XI, 1, 689—960.	
* — (1928) — Biologie der Früchte und Samen (Karpobiologie). Berlin.	
VAVILOV	83, 101, 182, 205, 208
VIERHAPPER, F. (1918) — Über echten und falschen Vikarismus, in Ö. B. Z. 68, 1—22.	
VOGT, O. (1947) — Ethnos, ein neuer Begriff der Populations-Taxonomie, in Naturwiss. 34, 45—52.	183, 186, 205
VRIES, H. DE (1901/03) — Die Mutationstheorie.	89, 181
WAGNER, M. (1868) — Die Darwinsche Selektionstheorie und das Migrationsgesetz der Organismen. Leipzig.	
WALTER, H. (1927) — Allg. Pflanzengeographie Deutschlands. Jena.	
WEGENER, A. (1922) — Die Entstehung der Kontinente und Ozeane. 3. Aufl. Braunschweig.	66, 192
WETTSTEIN, R. v. (1898) — Grundzüge der geographisch-morphologischen Methode der Pflanzensystematik. Jena.	1, 5, 77, 150, 160 ff
* — (1935) — Handbuch der systematischen Botanik. 3. Aufl. Wien.	
WILLDENOW	114

Seiten=
nachweis

WILLIS, I. C. (1922) — Age and Area. Cambridge. 62, 77, 178
— (1940) — The Course of Evolution. Cambridge.

WINGE 178

WINKLER, E. (1854) — Geschichte der Botanik. Frankf./Main.

WINKLER, H. (1939) — Ziel und Methode der biologischen Systematik, in Feddes Rep. Beih. 111, 1—25.

WULF, E. V. (1943) — An Introduction to Historical Plants Geography. Waltham/Mass.

ZIEGENSPECK siehe MEZ

* ZIMMERMANN, W. (1930) — Die Phylogenie der Pflanzen. Jena. 6, 12, 25, 31
80, 95, 162

— (1931) — Arbeitsweise der botanischen Phylogenetik, in Abderh. Handb. biol. Arbeitsmeth. IX, 3, 941.
— (1938) — Vererbung „erworbener Eigenschaften" und Auslese. Jena.
— (1943) — Siehe HEBERER.
* — (1949) — Geschichte der Pflanzen. Stuttgart.

ZHUKOWSKIJ — Botanik. 2. Aufl. Moskau 1940, russ.

Glossarium und Schlagwortverzeichnis

                                                                                                      Seite

Abart	s. Varietät	
Aberratio	= Abirrung; s. Modifikation; auch für Chromosomen-Mutationen verwendet (WINGE)	
Abstammungsgemeinschaft	= Nachkommenschaft	86, 91 ff, 106
Abstammungslehre	= Evolutionslehre, Deszendenztheorie	15 ff
	Selektionstheorie, Darwinismus	23 f, 90
	Differentiations-Integrationstheorie	161
abstrahieren	= abziehen; einen Begriff ableiten, verallgemeinern	
Abstraktion	= Begriffsbildung	
Abszisse	= waagerechte Achse eines Koordinatensystems	
Abteilung	= Diviso, höhere taxonomische Einheit = Stamm (Phylum). — Bei PANGALO Zyklusgruppe als Untereinheit der Art	88, 104, 106, 118
Ackerpflanzen	s. Segetale	
Acme	= Anpassungsphase in der Phylogenie (Typostase)	26 f
Adaptation	= Anpassung	17, 20, 27
Adaptationsmerkmale	s. Merkmale	
adaptiv	= angepaßt	
adäquat	= entsprechend, zukommend	
Adjektivum	= Eigenschaftswort	
Adventive	= Ankömmlinge, Eingeschleppte	49, 60
aff.	= affinis: verwandt	
Agameon	= rein apomiktische Art (CAMP & GILLY) s. Apogamie	
Agamospecies	s. Apogamie	
Age and Area	= Zeit und Raum; Theorie von WILLIS	62, 77
Agrotypus	s. Forma	
aktinomorph	= strahlig, radiär	
Albinismus, albinotisch	= Weißfärbung, weißgefärbt; farblose, resp. pigmentlose Abweichungen bei Pflanzen und Tieren	11
Alkannin	= Inhaltsstoff bei Boraginaceen, vor allem bei der Gattung *Alkana*	13
Allel	= sich Entsprechendes; sich am gleichen Ort homologer Chrosomen vertretende Gene	23
Allelzentrum	s. Entwicklungszentrum	
Allerweltspflanzen	s. Ubiquisten	
Allgemeine Botanik	= Gegensatz zur speziellen Botanik, umfaßt vor allem Physiologie und Morphologie	5
Allochorie, allochor	= Fremdverbreitung; fremdverbreitet	45
allopatrisch	= mit verschiedener Heimat; Sippen mit sich ausschließenden Arealen	
Alloploidion	= durch Allopolyploidie entstandene Art mit untereinander kreuzbaren Individuen (CAMP & GILLY)	

Seite

Allopolyploidie	= Vervielfachung des Genoms durch Zusammentreten verschiedener, heterogener Genome infolge Kreuzung verschiedener Sippen	29, 111 f
alpin	= der alpinen Höhenstufe angehörig	55
alpisch	= in den Alpen beheimatet	55
alt.	= alter; (der) andere	
alt.	= altitudo; Höhe über dem Meere	
Altbürger	s. Archaeophyten	
alternativ	= gegensätzlich	
Ameisenpflanzen	= Myrmekophyten, Myrmekophile; Pflanzen, die den Ameisen Schutz oder Nahrung bieten	
Ameisensämlinge	s. Myrmecochore	
Amphimixis	= normale sexuelle Vermischung; Fremdbefruchtung	
amphitrop	= herumgebogen, gekrümmt	
Anagenese	= Höherentwicklung	33 f
Analogie, analog	= Ähnlichkeit, ähnlich auf Grund gleicher Geschichte bei verschiedenem Ursprung; entsprechend	8 f, 16
Analyse	= Zergliederung, Untersuchung	
Anatomie	= Zerlegung; Lehre vom inneren Bau	9, 123, 125
Androeceum	= Gesamtheit männlicher Organe der Blüte	
Anemochorie, anemochor	= Windverbreitung, windverbreitet	45
Angiospermen	= Bedecktsamer	
Ankömmlinge	s. Adventive	
Anpassung	s. Adaptation; passive A. s. Praeadaptation	
Anpassungsphase	s. Acme	
Antagonismus, antagonistisch	= Wettstreit, Wettbewerb; gegensätzlich, gegeneinander wirkend. — Kampf ums Dasein	20
Antarktis, antarktisch	= Südpolargebiet, südpolar	
Antigen	= körperfremdes Eiweiß	14
Antiserum	= Antikörper, vom Körper gebildeter Abwehrstoff	14
Anthozyan	= wasserlöslicher Pflanzenfarbstoff	
Anthropochore, anthropochor	= Menschensämlinge, menschenverbreitet	45, 48 f
Anthropophilie, anthropophil	= Menschenvorliebe, menschenliebend (synanthrop); vom Menschen beeinflußte Landschaften bevorzugend	48 f, 60 f
ap.	= apud; bei	
apetal	= kronlos; ohne Blütenblätter	
Apogameon	= Art aus apomiktischen und sexuellen Individuen (CAMP & GILLY)	
Apogamet	s. Apogamie	
Apogamie	= Apomixis; geschlechtslose Fortpflanzung. Man kann unterscheiden Parthenogenese — der Embryo entsteht aus der unbefruchteten Eizelle — und Apogamie — der Embryo entsteht aus anderen Zellen. Apomiktische oder apogame Sippen werden als Apogameten (KUPFFER), Agamospecies (TURESSON), Agameon (CAMP & GILLY) oder Mikrotypen (NILSSON) bezeichnet	30, 32, 78, 92, 111 f
Apogame Sippen	s. Apogamie	111 f
Apomixis, apomiktisch	s. Apogamie	111 f

Glossarium und Schlagwortverzeichnis

Seite

Apophyten	= einheimische Wildsippen, die sich anthropophil verhalten und in die Kulturlandschaft übergehen	49
Archaeophyten	= Altbürger; anthropophile Sippen, schon in frühgeschichtlicher Kulturlandschaft verbreitet	49
Areal	= Siedlungsgebiet, Wohnbezirk	37 ff, 44 ff, 59 ff
Arealanalyse		64 f
Arealbild		38
Arealform	z. B. kontinuierlich, diskontinuierlich, disjunkt, zonal	41 f
Arealgröße		77
Arealkunde	s. Chorologie	
Areallücke		66
Arealtyp	s. Element	43 f
Arealzerreißung		66
Areographie	= Chorologie	
Arillode	= arillusähnliches Anhängsel des Samens	
Arktis, arktisch	= Nordpolgebiet, nordpolar	
arkto-tertiär	= in der Tertiärzeit arktisch verbreitet	44
Art	s. Species	
Artenkreis	= Vereinigung geographisch geschiedener Arten entsprechend einem Rassenkreis, s. Sammelart	103
Artname		116
Artneuzeugung	s. Neuentstehung	
Artpopulation	= Bestand verschiedengestalteter Individuen, die zu einer Art gehören	91
Assimilation	= Angleichung; Umwandlung anorganischer in organische Stoffe	
Atavismus	= Rückfall, Entwicklungsrückschlag; Auftreten von Ahnenmerkmalen bei Nachkommen	16
Atlantis	= sagenhaftes Land im Atlantik; hypothetische Landbrücke zwischen Europa, Afrika und Amerika	
auct.	s. Autor (auctor)	
Auslese	s. Selektion	
Ausnützung	s. Praeadaptation	
Aussterben		27
Ausstrahlung	= über das geschlossene Areal hinausreichend	71
aut.	s. Autor	
Autochore, autochor	= Selbstverbreiter, selbstverbreitet	45 f
autochthon	= bodenständig, einheimisch	
Autogamie, autogam	= Selbstbefruchtung, selbstbefruchtend	85, 92
Autogenese	= Selbstentwicklung; Entwicklung aus inneren (immateriellen) Kräften	34
autonom	= von selbst, unabhängig	
Autopolyploidie	= Vermehrfachung des ursprünglichen Genoms infolge von Kreuzungen innerhalb der gleichen Sippe	
Autor	= Verfasser, Schriftsteller	119
Autorzitat	= den wissenschaftlichen Namen beigefügter Name des Beschreibers	119
Azidität	= Säuregrad	
azonal	= unabhängig von den Zonen	

Seite

Barochore, barochor	= Selbstsäer, selbstsäend (durch das Eigengewicht der Verbreitungseinheiten)	46
basiphil	= Laugen (basische Reaktion) bevorzugend	53
Basis	s. Typus	
Bastard	= Hybride (hybrida); Kreuzungsprodukt zweier Keimzellen bzw. nicht erbgleicher Sippen	29, 37, 79, 91 f, 100, 112, 119, 130 ff
Bastardierung	= Kreuzung zweier nicht erbgleicher Sippen	29, 89
Bastardpopulation	= Nachkommenschaft aus Bastardierung s. Nothocline	97 f, 100, 130
Bäume	s. Makrophanerophyta	
Baumpollen	= Pollen der Holzpflanzen	64
Benennung	s. Nomenklatur	134
Benennungsgrundsätze	s. Nomenklaturregeln	114
Beschreibung	= Deskription	115 f, 122 ff, 134, 142
Bestimmungsschlüssel	= Clavis	126, 137 ff
Bevölkerung	s. Population	
Bezirk	s. Florenregion	
bikollateral	= zweiseitig (Leitbündel mit zweiseit. Siebteil)	
binär	= zweigliederig	
binäre Benennung	= Benennung mit zwei Namen	116, 114, 146
Binom	= Name aus zwei Worten	114, 118 f
Biochemie	= Chemie der Lebewesen	13, 123
Biogenese	= Entstehungsgeschichte der Lebewesen	
Biogenetisches Grundgesetz	= „Die Keimesentwicklung (Ontogenie) ist eine gedrängte und abgekürzte Wiederholung der Stammesentwicklung oder Phylogenie" (ERNST HAECKEL)	10
Biologie, biologisch	= Lehre vom Leben, lebenskundlich	
Biotaxonomie	= Taxonomie; bei SCHILDER Formenkreislehre (systematische, chorologische und ökologische Betrachtung)	
biotisch	= den Lebewesen eigentümlich	
Biotische Faktoren	= Bewirkung durch Lebewesen	56
Biotop	= Standort; ökologisch bestimmter Platz	29, 49 f
Biotyp	= erblich einheitliche, sonst u. U. verschieden gestaltete Organismengruppe = Elementarart (DE VRIES) = Genospecies (RAUNKIAER) = homogenes Syngameon (LOTSY) s. a. Species, s. Isoreagent	85, 90 f
Blütenbiologie	= Lehre von der Blütenbestäubung	125
Boden		52
Bodenanzeiger	= Pflanzen, die durch ihr Vorkommen die Bodenbeschaffenheit anzeigen	52
Bodenläufer	s. Geoanemochore	
Boleoanemochore	= Windstreuer	45
Boleoautochore	= Schleuderer	46
Boleohydrochore	= Regenstreuer	46
Boleozoochore	= Schüttelkletten	46
Botanik	= Kräuterkunde, Phytologie	
Braktee	= Hochblatt	
c.	s. cultigen	
c.	= cum: mit	
calciphil	= kalkliebend	53

Seite

Caliciflorae	= Kelchblütige	
cf., cfr.	= confer: vergleiche	
cg.	= Cultigrex	
Chamaephyta (C)	= Stauden mit Überdauerungsorganen über dem Erdboden	58
Charakter(istik)	= Merkmale (Beschreibung)	
Charakter-Gradient	= Merkmals-Gefälle	99
Chondriosomen	= Inhaltskörperchen im Zellplasma; von einigen Autoren als Vererbungsträger angesprochen	19
Chore	s. Diachore, s. Species	98
Chorologie	= Arealkunde	1, 13, 35 ff
Chromosomen	= Kernschleifen; Inhaltskörperchen im Zellkern, als Vererbungsträger angesprochen	
Chromosomenmutation	s. Mutation	11
chronologisch	= zeitlich, spez. jahreszeitlich	54
Classis	= Klasse, höhere taxonomische Einheit	88, 104, 106, 118
Clavis	s. Bestimmungsschlüssel	126
Cline	s. Synchore	98 f
Coenologie	= Soziologie, spez. Phytocoenologie (Phytosoziologie, Synbotanik), Lehre von den Pflanzengemeinschaften oder Pflanzengesellschaften	3, 36, 112, 125
Coenospecies	s. Sammelart	
Colchicin	= Alkaloid von Colchicum autumnale (Herbstzeitlose), zur künstlichen Erzeugung von Polyploiden verwertbar	19
collin	= der Höhenstufe der Hügel angehörig	56
comb.	= combinatio: (Namens)kombination	
Commiscuum	= Vermischungsgenossenschaft (DANSER), Gruppe sich leicht vermischender Kleinarten; s. a. Species	
Comparium	= Bastardierungsgenossenschaft (DANSER), Gruppe von miteinander kreuzbaren Arten; s. Sammelart	
Component	= Element i. e. S., Arealtyp	
Compound species	s. Species	
Conspecies	s. Subspecies, s. Sammelart	
Conspectus	= Übersicht	125, 136
Consubspecies	= sympatrische Rasse (SCHILDER); Varietät oder Untervarietät	
conv.	= Convarietas	
Convariante	= ausgestorbene Zwischenform (SEMENOV)	
Convarietas (conv.)	= Varietätengruppe (bei Kulturpflanzen) = Proles (VAVILOV)	101, 105, 119
Convivium	= Sippengenossenschaft (DANSER), Gruppe in ständiger Vermischung lebender Sippen (Arten und Untersippen)	
Cormautochore	= Selbstpflanzer; sich vegetativ vermehrende Pflanzen	46 f
Cormophyta	= Sproßpflanzen	
Corolliflorae	= Kronblütige	
corr.	= correxit: verbessert, berichtigt	

  Seite

Cryptic (species)	= verborgene Arten; nur genetisch isolierte, nicht morphologisch erkennbare Sippen; beginnende Sippenbildung, doch keine anzuerkennende Sippe, s. a. Isoreagent	91
Cryptogamen	= Verborgenblüher	
Cultigen (c.)	s. Cultivar. Bei JUZEPCZUK jede Kulturpflanzenart s. Ergasial	
Cultigrex (cg.)	= Sortengruppe bei Kulturpflanzen = Nidus (PANGALO) = Kulturschwarm	101, 105, 110, 119
Cultimorpha	= Kulturpflanzen- bzw. Haustierart bzw. Rasse (SEMENOV) s. Subspecies	
Cultiplex	= Kulturpflanzensammelart (JUZEPCZUK)	
Cultivar (cv.)	= Sorte (früher Cultigen), niederste taxonomische Einheit der Kulturpflanzen	101, 105, 110, 119
cv.	= Cultivar	
Darwinismus	s. Abstammungslehre	
Definition	= Begriffsbestimmung	84
Degeneration	= Entartung s. Paracme	26 f, 34 f
Deme	= kleine, taxonomisch und räumlich sich nahestehende Populationen (GILMOUR and GREGOR) = Ethnos (VOGT) s. Subspecies	99 f
Denksystem		4
descr.	= Descriptio: Beschreibung	
Deskription	s. Beschreibung	
deskriptiv	= beschreibend	
Deskriptive Periode		144
Deszendenz	= Nachkommenschaft	
Deszendenzlehre	s. Abstammungslehre	
Deszendenztheorie	s. Abstammungslehre	
Detail	= Einzelheit	
Diachore	= Chore; gegliederter Rassenkreis, Rassenkette (Unterartenreihe) s. Subspecies	98 f, 100, 108 f
Diagnose	= diagnosis; kurze Darstellung der entscheidenden Merkmale	123 f, 134, 142
Diagramm	= Schaubild; schematische, graphische Darstellung	
Dialektik, dialektisch	= Denkmethode; Entwicklung höherer Begriffe (Synthese) aus Satz (These) und Gegensatz (Antithese); Gesetz der Entwicklung und seine Betrachtungsweise	5
dialypetal	= freikronblättrig	
Diasporen	= Verbreitungseinheiten der Pflanzen (Sporen, Samen, Früchte, Ableger usw.)	45, 66
Dichotomie, dichotom	= gabelige Verzweigung	
diclin	= eingeschlechtig (männliche und weibliche Organe auf getrennten Individuen)	
Differenzierung, differenziert	= Herausbildung von Unterschieden, unterschiedlich gestaltet	
Differentiations- Integrations-Theorie	s. Abstammungslehre	23
dimer	= zweizählig	129
diphyletisch	= zweistämmig; zweierlei Ursprungs	
Diploidie, diploid	= aus zwei Chromosomensätzen (Genomen)	

Glossarium und Schlagwortverzeichnis 185

                                                                           Seite

Begriff	Erklärung	Seite
Disjunktion, disjunkt	= Trennung, unverbunden	41, 43, 54, 65 ff
Disjunktionsbildung		65
Disjunktionsschwelle		41
diskontinuierlich	= unterbrochen, unverbunden	
diskordant	= nicht übereinstimmend, s. Variation	131
Divariante	= Zwischenform, aufgelöst durch Verschmelzen mit der Hauptform (SEMENOV)	
Divergente Sippenbildung		28
Divergenz, divergent	= Auseinanderlaufen, auseinanderstrebend	
Divisio	s. Abteilung	
Dolomit	= Gestein, Mineral aus einem Doppelkarbonat von Kalzium und Magnesium	
Domäne	s. Florenregion	
Dominanz	= Vorherrschaft; in der Erblehre das ständige Hervortreten eines Merkmals	18
dorsiventral	= zweiseitig (mit Bauch- und Rückenseite)	
Driftung	= Treiben, Abtreiben	
Dynamik, dynamisch	= Kräftespiel, bewegt	92
Dynamisches System	= netzartig verknüpftes Pflanzensystem (HAYATA)	30
Dysploidion	= Art aus untereinander fruchtbaren Individuen mit dysploiden Chromosomenzahlen, z. B. 11, 12, 13 (CAMP & GILLY)	
edaphisch	= bodenbedingt, zum Boden gehörig	52
Edaphon	= Kleinlebewelt des Bodens	58
effektiv	= tatsächlich	
Einheimische	s. Indigene	
Einsporkultur	= aus einer isolierten Spore erzogene Individuen	
Einstrahlungen	= aus einem anderen, geschlossenen Areal hereinreichend	71
Eiszeit	= Abschnitt der Erdgeschichte, in dem heute eisfreie Teile der Erde von Eis bedeckt waren	
Eiszeitrelikte	= Überbleibsel der Eiszeit	54
Elektronen	= Elementarteilchen (der Atome)	
Element	= Arealtyp = Florenelement i. e. Sinn = Component; einer bestimmten Florenregion zuzuordnender, floristischer Arealtyp; Unterelement entsprechend einer Unterregion. — Sonst unterschied man noch ein historisches E. (nach der Zeit der Entstehung), ein lokatives (nach dem Ort des Ursprungs), ein genetisches (nach der Abstammung) und ein migratorisches E. (Migrant, nach dem Verlauf der Wanderung)	44, 76
Elementarart	s. Biotyp, s. Species	
Elimination	= Tilgung	23, 79
Embryo, embryonal	= Keimling, im Keimlingszustand	
emend.	= emendavit: verändert im Umfang	
Emergenzen	= Ausgliederungen der Organe, wie Dornen, Haare usw.	
Empirie, empirisch	= Erfahrung, auf Erfahrung gegründet; erfahrungsgemäß	

Glossarium und Schlagwortverzeichnis

Seite

Endemismus, endemisch	= Beschränkung bzw. beschränkt auf einen bestimmten Raum	43, 50, 65, 73 ff, 69 f
	Man unterscheidet Alt-E. = Paläo-E. = Relikt-E. = Konservativer E. = Epiobiotismus	69
	Neu-E. = Neo-E. = Progressiver E.	70
	Insel-E.	70
	Provinzialer E.	74 f
	Lokaler E.	43, 74 f
Endemit	= auf einen bestimmten Raum beschränkte Sippe, s. a. Endemismus	43
Endemitenkarten		73 f
Endophyta	= Schmarotzerpflanzen; in anderen Pflanzen wachsend	58
Endozoochore	= Verdauungssämlinge	46
Entelechie	= im Organismus befindliche, immaterielle, auf ein Ziel hinwirkende Kraft, s. a. Vitalismus	
Entstehungszentrum	s. Entwicklungszentrum	
Entwicklungslehre	s. Abstammungslehre	
Entwicklungsphysiologie	= Lehre von der Ontogenie der Organismen	10
Entwicklungsrichtung		32
Entwicklungszentrum	= Allel-, Entstehungs-, Gen-, Mannigfaltigkeits-, Merkmals-, Ursprungs-Zentrum. Im Übrigen können Primär- und Sekundär-Zentren unterschieden werden	81 ff
Enumeratio	= Aufzählung; Pflanzenverzeichnis	127
Eozän	= Abschnitt des Tertiärs, einer Epoche der Erdgeschichte	
Epacme	= Entwicklungs- oder Virenzphase in der Sippenentwicklung (Typogenese)	26
epallel	= polymer, mehrzählig; in mehrere (parallele) Äste aufgespalten	130
Epharmone	s. Modifikation	
epharmonisch	= eigentlich epharmosisch (Epharmose); funktionell, doch umweltgebunden	128
Ephemerophyten	= Passanten; vorübergehend vorkommend (verwildert)	49
Epibiont, Epibiotismus	= Paläoendemit, Paläoendemismus s. Endemismus	
Epiontologie	= Entwicklungsgeschichtliche (genetische) Pflanzengeographie; Genogeographie	62
Epiphyta	= Überpflanzen; auf anderen Pflanzen, aber ohne körperliche Verbindung mit ihnen, wachsend	58
episepal	= vor den Sepalen stehend	
Epitheton	= unterscheidendes Beiwort	114, 118 f
Epizoochore	= Kletten	46
Erblockerung		19
Ergasial	= Kulturpflanzenart (JUZEPCZUK)	
Ergasiolipophyten	= Kulturrelikte; ehemalige Kulturpflanzen	49
Ergasiophygophyten	= Kulturflüchter; verwilderte Kulturpflanzen	49
Ergasiophyten	s. Kulturpflanzen	49
Erhaltungsgebiete	s. Residualgebiete	71
Etage, étageal	s. Höhenstufe	

Glossarium und Schlagwortverzeichnis 187

Seite

Etappe	= Abschnitt	
Ethnographie	= Völkerkunde	
Ethnos	= räumlich begrenzte Population aus gleichen Biotypen (VOGT) s. Deme	
Euanemochore	= Schweber	46, 48
Euploidion	= Art aus untereinander fruchtbaren Individuen mit euploiden Chromosomenzahlen, z. B. 8, 16 (CAMP & GILLY)	
eurychor	= weit verbreitet (geographisch)	42
euryök	= weit verbreitet (ökologisch) = eurytop . .	50
eurytop	s. euryök	
eutroph	= nährstoffreich	53
Euturma	s. Subspecies	
Evention	= Zufall	22 f
Evolution	= Entwicklung	31 f, 93 f
Evolutionslehre	s. Abstammungslehre	
Evolutionsprozeß	= Entwicklungsvorgang	91 f
excl.	= exclusive: ausschließlich	
Existenz	= Dasein, Vorhandensein	
Exklave	= Vorposten; abgesondertes Arealstück . . .	39, 41, 43, 71
Exotypus	s. Modifikation	
Expedition	= Forschungsreise	
Experimentelle Systematik	= Teilgebiet der Genetik zur Ermittlung taxonomischer Zusammenhänge	11
Exsiccat	= ausgetrocknetes; trockenes, präpariertes Pflanzenmaterial (Herbarexemplare) . . .	126
Extrem	= das Äußerste	
f.	= forma s. Form	
F_1, F_2	= Bezeichnungen für die 1. bzw. 2. Bastardgeneration oder 1. bzw. 2. Generation der Nachkommen aus einer Kreuzung	
Faktor	= der Bewirkende; das für ein Merkmal Bestimmende	
Faktorenkoppelung	= feste Verbindung zweier oder mehrerer Faktoren; s. Korrelation	
fam.	= familia s. Familie	
Familia	= Familie, höhere taxonomische Einheit . .	88, 103, 106, 118
Fauna	= Gesamtheit der Tiere der Erde oder eines Teilgebietes	
Fehlidentifizierung	. . . .	115
Fitness	= Eignung	
Fixierung	= Festlegung, Festigung	
Flächenkarte	= Karte mit Flächeneintragungen . . .	38 f
Flagellaten	= Schwärmer (einzellige Organismen mit Geißel)	
Flieger	s. Plananemochore	
Flora	= Gesamtheit der Pflanzen der Erde oder eines Teilgebietes. Man kann speziell Insel-, Gebirgs-, Übergangs-F. nach Gebieten unterscheiden. Nach der zeitlichen Folge kann man von Primär- und Sekundär- (= Nachfolge-), von Invasions-, Progressions-, Residual- (= Regressions- bzw. Reliktär-) F. sprechen	37, 127 70 70 f
Florenelement	s. Element	

Glossarium und Schlagwortverzeichnis

Seite

Florengefälle	= Abnahme bzw. Zunahme der Florenzusammensetzung in bestimmter Richtung . . .	71 ff
Florenkontrast	= Florengegensatz an den Übergangsgebieten verschiedener Floren	72
Florenregion	= durch spezielle Florenelemente gekennzeichnete Gebiete der Erde. Die Regionen kann man in Unterregionen (Untergebiete), Provinzen (Domänen), Unterprovinzen, Sektoren (Bezirke) und Untersektoren gliedern . .	44
Florenschwelle	= Übergangsgebiet von einem pflanzengeographischen Gebiet zum anderen	72
Floristik	= Zweig der Botanik, der sich mit dem Studium der Pflanzenwelt bestimmt umgrenzter Gebiete befaßt	127
floristische Pflanzengeographie	s. Chorologie	
Forma (f.)	= Form, niedrigste taxonomische Einheit = Subvarietät (ENGLER) = Agrotypus (Sortentyp) bei Kulturpflanzen (SINSKAJA) s. a. Modifikation (ENGLER) s. Subspecies (KLEIN-SCHMIDT) . . . . . 88, 100 f, 105,	109, 111, 118
Formation	= in der Geologie bestimmter Zeitabschnitt: Schichtenkomplex bzw. größere Epoche der Erdgeschichte. In der Botanik physiognomisch bestimmter Vegetationstyp in der Landschaft (z. B. Heide, Wald, Steppe usw.)	
Formenkreis	s. Rassenkreis, s. Species	
Formenkreislehre	s. Biotaxonomie	
Fremdbefruchtung	= Amphimixis	
Fortschritt	. . . .	33 ff
Fossil, fossil, fossilisieren	= Versteinerung, versteinert, versteinern; Überbleibsel von Organismen in den Gesteinsschichten der Erde	
Fundort	= geographisch bestimmter Punkt des Vorkommens eines Objektes	50
Funktion	= Betätigungsweise, Aufgabe, Bedeutung . .	33
funktionell	= durch Funktion bedingt, von einer Aufgabe abhängig	
Funktionswechsel	= Aufgabenwechsel	
Galmei	= Zinkerz	
Galmeipflanzen	= an das Vorkommen von Galmei gebundene Pflanzen (besonders in Westdeutschland und Belgien)	53
Gamet	= Geschlechtszelle	
gamopetal	= verwachsenkronblättrig	
Gattung	= Genus (Geschlecht), taxonomische Einheit zur Zusammenfassung von Arten . . 88, 102 f,	105 ff, 118 f, 145
Gattungskreis	= geographisch vikariierende Gattungen in Art eines Rassenkreises	103
Gattungsnamen	. . . .	114, 118
Gattungsstandard	= Leitart s. Standard	
Gattungswechsel	. . . .	119 f
Gehörknöchelchen	= Ambos, Hammer und Steigbügel im Gehörgang	
gen.	= Genus s. Gattung	

Glossarium und Schlagwortverzeichnis

Seite

Gen	= Erbanlage (im Chromosom)	
Generationenfolge	= Generationswechsel; Wechsel zw. geschlechtlicher und ungeschlechtlicher Generation	10, 153
Generationswechsel	s. Generationenfolge	
generell	= allgemein	
Genetik, genetisch	= Vererbungslehre; erblich bedingt	10, 125, 161
Genetische Pflanzengeographie	s. Epiontologie	
Genetische Sippenbildung		29 ff
Genetisches System		20
Genfilter	= Merkmalsfilter	79
genisch	= durch Gene bedingt	
Genmutation	= sprunghafte Veränderung eines Gens	
Genogeographie	s. Epiontologie	
genogeographische Isolierung		28
Genom	= Gesamtheit der Chromosomen eines Kernes	11
Genommutation	= Veränderung im Chromosomenbestand eines Kernes, s. Mutation	11
Genomorphe	= Genus (fossile künstliche Gattungen)	
Genospecies	s. Biotyp	
Genotyp	= in der Vorstellung befindlicher, durch die Gesamtheit der Erbanlagen bestimmter Typ einer Sippe	19, 85
Gens	s. Sippe	
Genus	s. Gattung	
Genzentrum	s. Entwicklungszentrum	
Geoanemochore	= Bodenläufer	46
Geoautochore	= Selbstableger	46
Geobotanik	= Pflanzengeographie i. w. S.	35
Geographie	= Erdkunde	
Geographisch=Morphologische Methode	= taxonomische Methode der Verknüpfung von Morphologie und Chorologie	77 ff, 99 ff
Geologie, geologisch	= Erdgeschichte, erdgeschichtlich	
Geoœcotyp	= geographisch geprägter Oecotyp (SINSKAJA) s. Subspecies	
Geophyta (G)	= Stauden mit unterirdischen Überdauerungsorganen	58
Geospecies	= durch geogr. Isolierung entstandene Art (SINSKAJA) s. Species	
Gips	= Gestein resp. Mineral aus schwefelsaurem Kalk	
Gitternetzkarte	= Karte mit in ein Gitternetz eingetragenen Verbreitungsangaben	37 f
Glazial=	= Eiszeit=, eiszeitlich	
Glazialdisjunktion	= Durch die Eiszeit bewirkte D.	68
Glazialrelikt	s. Eiszeitrelikt	69
Gleichwertigkeit		104
Glossarium	= Schlagwortverzeichnis mit Erklärungen	
Gradient	= Gefälle	99
Grex	= Herde, bisweilen als Sippenkategorie verwendet (Unterart, Rasse) s. Subspecies	
Großart	s. Species und Sammelart	
Großdisjunktion	= Kontinente überspringende Disjunktion	41, 67
Gruppenmerkmale		128

Glossarium und Schlagwortverzeichnis

Seite

Gymnospermen	= Nacktsamer	
gypsophil	= gipsliebend	53
Hab.	= Habitat: Wohnort, Verbreitung	
Habitus	= Aussehen, Haltung	123
Halbsträucher	s. Hemiphanerophyta	
Halbwaise	= hybridogene Sippe, deren einer Elter im Verbreitungsgebiet der Sippe fehlt	30
Halophile	= salzliebende Pflanzen	53
Halophyten	= Salzpflanzen	53
Hamstersämlinge	s. Synzoochore	
Harmonie	= Einklang, Ebenmaß	
Hauptregeln (der Nomenklatur)		115
Hemeradiaphore	= kulturindifferente Pflanzen	49
Hemerophobe	= Kulturfeinde; kulturmeidende Pflanzen	49
Hemerophyten	s. Synanthrope	
Hemicryptophyta (H)	= Stauden mit Überdauerungsorganen an der Erdoberfläche	58
Hemiphanerophyta (S)	= Halbsträucher	58 f
Herbarexemplare	s. Exsiccat	122, 126
Herbarmaterial		122
Herbarium	= Sammlung getrockneter Pflanzen	
Herpautochore	= Kriecher	46
heterofazial	= ungleichseitig; gegliedert	
heterogen	= verschiedenen Ursprungs; uneinheitlich	
heterozygot	= mit ungleichen Erbfaktoren; gemischterbig, spalterbig	
heuristisch	= erfinderisch; zum Gewinnen neuer Erkenntnisse dienlich	
Hiatus	= Lücke	23, 28, 93 f
Histologie	= Gewebelehre	9
Historische Karten	= Wanderungskarten	73
Historische Pflanzengeographie	s. Epiontologie	62
Höhenstufen	= Stufe, Etage; charakteristische Verteilung der Vegetation auf bestimmte Höhenlagen, so unterscheidet man nivale, subnivale, alpine, subalpine, oreale, montane, colline und planare H.	55 f
Hologenie	= Phylogenie	
Holostandard	s. Typus	
Holotypus	s. Typus	
homogen	= einheitlichen Ursprungs; gleichförmig	
Homogeneon	= Art mit untereinander fruchtbaren, morphologisch und genetisch einheitlichen Individuen (CAMP & GILLY)	
Homologe Variation	= gleichsinnige (parallele) Variation	25
Homologie, homolog	= Entsprechung, sich entsprechend auf Grund gleichen Ursprungs bei verschiedener Geschichte, vgl. Analogie	8 f, 16
Homonyme	= gleichlautende Namen, die sich auf diverse Objekte beziehen	115 f, 118
homozygot	= mit gleichen Erbfaktoren; reinerbig	
horizontal	= waagerecht	
Hybride	= (hybrida), s. Bastard	

Glossarium und Schlagwortverzeichnis 191

Seite

Hybridisation	s. Bastardierung	30
Hybridisation, introgressive		130 ff
Hybrid=Index		131 ff
hybridogen	= bastardentsprossen	131 f
Hybridogene Sippenbildung		29, 100 ff
Hybrid=Polygon		133
Hydrochore, hydrochor	= Wasserverbreiter, wasserverbreitet	46
Hydrophyta (A)	= Wasserpflanzen; Überdauerungsorgane unter Wasser	52, 58
Hygrochasie, hygrochastisch	= im Wasser, bei Feuchtigkeit sich öffnend	46
hygrophil	= feuchtigkeitsliebend	52
Hygrophyten	= in ständiger Feuchtigkeit lebende Pflanzen	52
Hyponym	= Name für ein unbekanntes Objekt	
Hypothese	= unbewiesene wissenschaftliche Annahme	
ic.	= Icon (Bild) resp. Iconographie	
Iconographie	= Bilderwerk; Sammlung von Bildern oder Bilderverzeichnis	
Idealismus, idealistisch	= Vorstellungswelt, in der Vorstellungswelt vorhanden, gedacht	
idealistische Morphologie	= auf einer gedachten Urform (Typ) aufgebaute Gestaltlehre	32
identifizieren	= feststellen, gleichsetzen	
Idiobotanik	= Lehre von den Pflanzen (im Gegensatz zu den Pflanzengesellschaften)	5
Idiom	= Sprache eines Volkes	
illegitim	= unrechtmäßig, unecht	
imbrikat	= dachziegelig	
indifferent	= wirkungslos, gleichgültig	
Indigene	= Einheimische, Proanthrope, Autochthone (Pflanzen)	49
Individuum	= Einzelwesen	85
Individualbeschreibung	= Beschreibung eines Einzelexemplars	122
Information	= Auskunft	
Inhaltsstoffe		13
Inselendemismus	s. Endemismus	
inserieren	= einordnen, einfügen	
Instabilität, instabil	= Unbeständigkeit, unbeständig	
instruktiv	= einprägsam, lehrreich	
Integration	= Zusammenschluß, Vervollständigung	
Integrierung	s. Integration	
Introgression, introgressiv	= Durchdringung, durchdringend	130 f
Invasionsflora	= eingewanderte Pflanzengruppe	71, 75
Irradiation	s. Einstrahlung	
irreal	= unwirklich	
Irreversibilität	= Unumkehrbarkeit	
Irreversibilitätsgesetz oder =regel		35
Isogenhomozygotisches	= Isogene Einheit (LEHMANN) = Genospecies (RAUNKIAER) = Elementarart (LOTSY) = Homozygoter Biotyp s. Species	
Isohyeten	= Linien gleicher Regenmenge	50
Isolation	= Trennung, Absonderung, Isolierung. Man unterscheidet z. B. vertikale, horizontale, edaphische, ökologische, jahreszeitliche, genetische I.	21 ff, 78, 92, 97 f

Glossarium und Schlagwortverzeichnis

Seite

Isolierung	s. Isolation	
Isolierungsfaktoren		78
Isophänen	= Linien gleicher Entwicklungsdaten (Phänologie)	
Isopollen	= Linien gleicher Pollenhäufigkeit	47, 73
Isopollenkarten		47, 73
Isoporien	= Linien gleicher Artenzahl	74, 80 ff
Isoporienkarten		76, 81
Isopsepheren	= Linien gleicher Merkmalshäufigkeit	81 f
Isoreagenten	= Biotypen mit völliger morphologischer Identität, evtl. genotypisch verschieden (RAUNKIAER); Bestandteil einer ökotypischen Population, doch ohne Anpassungsmerkmale (SINSKAJA) = Cryptic species	
Isosemen	= Linien gleicher Merkmalsverbreitung (το σημα = das Merkmal)	80
Isostandard	s. Typus	
Isotypus	s. Typus	
Isothermen	= Linien gleicher Temperatur	50 f
Jordanon	s. Species	
Jura	= Epoche der Erdgeschichte	
kaktoid	= kaktusähnlich, stammsukkulent	
Kalk	= kohlensaurer Kalk (Kalziumkarbonat)	
Kalkpflanzen		53
Kapitälchen	= große Druckbuchstaben, z. B. LINNÉ	127
Karpobiologie	= Lehre von der Verbreitung der Früchte und Samen usw.	45 f, 125
Karpophor	= Fruchtträger	
Kartierung	= das Eintragen in Karten	
Karyologie	= Lehre vom Zellkern	
Kategorie	= Rangstufe, Rangordnung	78, 83, 88, 90, 94 ff, 102 ff, 110 ff
Kategorienbildung		83, 105 f, 107
Kausalität, kausal	= Zusammenhang von Ursache und Wirkung, ursächlich	
kausalgenetisch	= kausalbedingt	
Keimbahn		19
Keimkoppelung	s. Synaptospermie	
Kladogenese	= Stammbaumentwicklung	26 ff, 93 f
Klasse	s. Classis	
Klassifizierung	= Einteilung, Einordnung	
klassisch	= mustergültig, dann besonders auf die Kultur der Antike als Vorbild bezogen; heute übertragen: das bisher Mustergültige (was im Begriff ist überholt zu werden)	
Kleinart	s. Species	
Kleinsippe	s. Species	112
Kleistogameon	= Art aus sich kleistogam (selbstbefruchtend) vermehrenden Individuen (CAMP & GILLY)	
Kletten	s. Epizoochore	
Klima	= Witterungsablauf	50
Klimatypus	= klimatisch geprägter Oecotyp (SINSKAJA) s. Subspecies	78
Klon	= vegetativ, ungeschlechtlich vermehrte Sippe	78, 85, 112

Glossarium und Schlagwortverzeichnis

Seite

Knospenvariation	s. Variation	32, 86
kollateral	= seitlich verbunden; Leitbündel mit einseitig verlaufendem Siebteil	
Kolonne	= Gruppe, Reihe	
Kombination, kombiniert	= Verbindung zweier oder mehrerer Glieder zu einem Ganzen; Vereinigung von Sippen	18, 78, 86, 95 f, 100 f
Kombinatorische Sippenbildung	s. Kombination	31
komplex	= zusammengesetzt, umfassend	
Komplizierung	= verwickelte Zusammensetzung	
Komponente	= Bestandteil	
konkordant	= übereinstimmend, gleichsinnig, s. Variation	131
Kongreß, Botanischer		114, 121
Konglutination	= Verklumpung	14
Konkurrenz	= Wettbewerb	29, 52, 69
Konservativismus	= Beharrlichkeit; am Alten hängend	35
Konsistenz	= (Beschaffenheit) Dichtigkeit	
Konspezies	s. Subspecies	
Konstanz	= Beständigkeit	17
konstitutiv	= das Wesen bestimmend	
Konstitution	= Verfassung (Beschaffenheit), Veranlagung	
Kontakt	= Berührung	
Kontinentalverschiebungstheorie	= WEGENERS Theorie von der Driftung (vom Treiben) der Kontinente	67
kontinuierlich	= ununterbrochen	
Konvergente Sippenbildung		29, 31
Konvergenz, konvergent	= Annäherung, sich annähernd	9, 101
Konvergenzhypothese		65
konzentrisch	= um einen gemeinsamen Mittelpunkt (angeordnet)	
Koordinaten	= Zugeordnete; senkrechte und waagerechte Achsen eines Systems (Netzes) zur Festlegung bestimmter Punkte	
Kormophyten	= Sproßpflanzen mit Spaltöffnungen, meist in Wurzel, Sproß und Blatt gegliedert	
Korpuskel	= Stoffteilchen, kleinstes Körperchen	
Korrelation	= Wechselbeziehung, Entsprechung	11
Kosmopolit	= Weltbürger, auf der ganzen Erde verbreitet	42 f, 50
Kotyledonen	= Keimblätter	
Krakatau	= Insel im Indischen Ozean	48, 66
Kräuterbücher	= Botanische Werke des Mittelalters	144
Krautstämme	s. Pseudodendrophyta	
Kreide(zeit)	= Epoche der Erdgeschichte	
Kreuzung	s. Bastard resp. Bastardierung	
Kreuzungsgemeinschaft	s. Syngameon	
Kriecher	s. Herpautochore	
Kriterium	= Kennzeichen, Prüfstein	
Kulturbegleiter	s. Adventive	
Kulturfeinde	s. Hemerophobe	
Kulturflüchter	s. Ergasiophygophten	
Kulturfreunde	s. Synanthrope	
Kulturindifferente	s. Hemeradiaphoren	
Kulturlandschaft		49

Glossarium und Schlagwortverzeichnis

Seite

Kulturpflanzen	= Ergasiophyten; in menschlicher Kultur befindliche Pflanzensippen; der Entstehung nach kann man primäre und sekundäre K. unterscheiden . . . . 31, 49, 57, 73, 100 ff, 119	
Kulturpflanzensippe	s. Ergasial	
Kulturrelikte	s. Ergasiolipophyten	
Kulturschwarm	s. Cultigrex	110
Kultursteppe	= vom Menschen geschaffene, der Steppe ähnliche Kulturlandschaft, vor allem des Getreidebaues	49
Kulturwald	= Forst; vom Menschen bewirtschafteter Wald, oft einartige Baumgesellschaften (Monokulturen)	49
Künstliche Formenbildung		19
Künstliche Systeme		145
Kupferpflanzen		53
Kursiv	= *schrägliegende* Druckbuchstaben	
Labilität, labil	= Unbeständigkeit, schwankend	
Läger	= durch Nitratreichtum ausgezeichnete Lagerplätze von Wild oder Weidevieh besonders im Gebirge	48, 56
Lamarckismus	= eigentlich Abstammungslehre (HAECKEL), heute meist zur Bezeichnung einer Richtung der Biologie, die die Vererbung von im Individualleben bewußt erworbenen Anpassungsmerkmalen vertritt	
Landbrückentheorie	= Theorie, die die ehemaligen Verbindungen der Kontinente als jetzt versunkene Landbrücken betrachtet	
Laterit	= rotgefärbter Bodentyp der Tropen . . .	52
l. c.	= loco citato: am angegebenen Ort	
Lebensformen	= Charakterisierung der Pflanzen nach ihren Überdauerungsorganen	57 ff
Lectostandard	s. Typus	
Lectotypus	s. Typus	
Leitart	= Gattungstypus	117
Lemurien	= hypothetische Landbrücke im Indischen Ozean	67
letal	= todbringend	
Licht	= ein klimatischer Umweltfaktor	51
Ligula	= Läppchen, Anhängsel von Blättern oder Blütenblättern	
linear	= bandförmig, mit parallelen Seiten	
Linie	= Reine Linie = Pure Line (JOHANNSEN) = Strain = homozygote Nachkommenschaft autogamer Individuen	78, 85
Linneon, Linneont	s. Species	
Literatur	= Gesamtheit der Bücher, gedruckte Quellen	133
Locus classicus	= Originalfundort, Fundort der Erstbeschreibung	
Logik	= Denklehre; ausschließende Denkmethode	
lokal	= örtlich	
Lokalendemit	= Endemit geringer Verbreitung	43
lokativ	= örtlich	
lokulizid	= fachspaltig, längs des Faches sich öffnend	

Glossarium und Schlagwortverzeichnis

Seite

Löß	= aeolische Ablagerung aus staubfeinen Tonteilchen	52
Lücke	s. Hiatus	
Luft	= ein klimatischer Umweltfaktor	52
Lusus	= Spiel; (Spielart) s. Modifikation	110 f
Macrophanerophyta (M)	= Bäume	58 f
Makroklima	= Klima großer Räume	50
manifestieren	= in Erscheinung treten	
Mannigfaltigkeitszentrum	s. Entwicklungszentrum	80
Massenkollektionen		131
Materialismus, materialistisch	= alle nichtstofflichen Grundlagen ablehnende Weltanschauung	
Mechanismus, mechanistisch	= materialistische Auffassung, alle Vorgänge auf die Folge Ursache-Wirkung zurückführend. Im Gegensatz zum Vitalismus und zum Dialekt. Materialismus werden die Lebensvorgänge als rein physikalisch-chemisch bedingte Vorgänge aufgefaßt	
Mediane	= Mittelachse	
Mediterran	= mittelländisch, zum mittelländischen Meer bzw. seinen Ländern gehörig	
Mendelismus	= Richtung der Genetik, die die Vererbungserscheinungen nur oder vorwiegend auf die Chromosomen und die Mendelschen Regeln (meist als Gesetze gefaßt) zurückführt	
Menschensämlinge	s. Anthropochore	
Merkmale	= Man unterscheidet Adaptations- und Organisationsmerkmale, oder auch adaptative, alternative, analoge, dimere, epallele, funktionelle, homologe, konservative, konstitutive, polymere, progressive und regressive Merkmale	34, 128 ff
Merkmalsareal		80
Merkmalsauswertung		130
Merkmalsgeographie	= Verbreitung der Merkmale	79
Merkmalskomplex	= Summe der Merkmale	146
Merkmalsprogression	= Merkmalswanderung	80
Merkmalsphylogenie	= Merkmalsgeschichte	6, 80
Merkmalstabelle		130, 134 f
Merkmalstransgression	= Merkmalsüberschreitungen	79
Mesophyten	= Pflanzen mit mittleren Wasseransprüchen	52
Metaphysik	= Lehre vom Übersinnlichen, Unwirklichen	
Meteorologie	= Wetterkunde	
Methode	= Verfahren	
Microrace	= Mikrosubspecies s. Subspecies	99
Micton	= hybridogene Art (CAMP & GILLY)	
Migrant	= Wanderungselement (historischer M. auf Wanderungszeit, lokativer M. auf die Richtung bezogen) s. Element	
Migration	= Wanderung	
Mikroklima	= auf kleinstem Raum sich abspielendes Klima	50
mikroskopisch	= nur mit dem Mikroskop faßbar	
Mikrosubspecies	= lokale Population geringer Ausdehnung (HUXLEY) = Microrace (DOBZHANSKY) s. Subspecies	99 f

Glossarium und Schlagwortverzeichnis

Seite

Mikrotypus	s. Apogamie	
Milieu	= Umwelt	
Milieufaktoren	= Umweltbedingungen	
Modell	= Muster, praktisches Beispiel	
Modifikation	= nichterbliche Abänderung = Exotypus (REMANE) = Epharmone (COCKAYNE & ALLAN) = Form (ENGLER) = Aberration (SEMENOV) = Somation = Lusus = Spielart = Status = Phase = Oecade = Oecophaene (TURESSON) = Paramorphe (TURILL)	11, 17 ff, 85 f, 88, f, 110 ff
modifizieren, modifikativ	= abändern, abgeändert, s. Modifikation	
Monochlamydeen	= mit einfacher Blütenhülle versehene Pflanzen	
monoclin	= gemischtgeschlechtig, hermaphroditisch	
monofaktoriell	= einmalig bedingt, einfach bedingt	
Monographie	= einmalige Beschreibung; allseitige Darstellung eines Themas, bzw. hier einer Pflanzengruppe	124 ff, 134
Monomorphie, monomorph	= Einheitlichkeit, einförmig, von unabgewandelter Gestalt	97, 100, 111
Monophylie, monophyletisch	= Einstämmigkeit, einstämmig, d. h. eines Ursprungs, einmaliger Abstammung	25 f, 65, 161
monotop	= von einem Ort, an einem Ort (entstanden)	25, 37
monotypisch	= von einmaliger, einförmiger, unabgewandelter Gestalt; mit einzigem Typ	100, 105
Monstrositas	= monströse (anormale) Abänderung, s. Modifikation	
montan	= zur Berghöhenstufe gehörig	56
Moorpflanzen	= moorbewohnende Pflanzen	53
Morpha	= nicht klar definierte Einheit (SEMENOV), die teils mit unserer Subspecies, Varietät oder Form übereinstimmt	
Morphologie	= Lehre vom Bau, von der Gestalt	7, 78, 123 f
Morphologische Systeme		145
Mosaik	= aus Einzelteilchen zusammengesetztes (Bild)	
Mutante	= sprunghaft geänderte Sippe s. Mutation	
Mutation, mutativ	= sprunghafte, erbliche Abänderung; erblich abgeändert, s. Variation	18
Mykorrhiza	= Wurzelpilze; Kleinpilze, die an und in den Wurzeln höherer Pflanzen als Symbionten leben	57
Myrmecochore, myrmecochor	= Ameisensämlinge, ameisengesät	46
Myrmecophile	= ameisenliebende Pflanzen	57
Myrosin	= charakteristisches Ferment der Cruciferen	13
Mystik, mystisch	= Geheimlehre, geheimnisvoll, dunkel	
Myxospermie	= Schleimsamigkeit	46
n.	= nomen: Name	
Nachfolgeflora	s. Sekundärflora	71
Namensform		118
Namensschutz		120
Namensverwerfung		120
Nanophanerophyta (N)	= Sträucher	58 f
Natio	s. Subspecies	

Glossarium und Schlagwortverzeichnis

Seite

Natürliche Systeme	. . . .	146 ff
Naturreich	s. Reich	88, 104, 118
Nautohydrochore	= Schwimmer	46
Neoendemiten	s. Endemismus	
Neolamarckismus	s. Psycholamarckismus	
Neolithicum	= Jüngere Steinzeit der menschlichen Kulturentwicklung	
Neophyten	= Neubürger; in historischer Zeit zugewanderte Kulturbegleiter	49
Neostandard	s. Typus	
Neotypus	s. Typus	
Neuentstehung	= Neuzeugung: Polychronismus, Polytopie und Polyphylie von Sippen höherer Ordnung wie z. B. Arten (LYSSENKO 1950) ist abzulehnen (vgl. ROTHMALER 1953)	
Netzförmige Sippenbildung	. . . .	30, 129
Neubürger	s. Neophyten	
Nidus	= unterhalb der Art stehende Sortengruppe (PANGALO) s. Varietät	
Nitrat	= Stickstoffverbindung (salpetersaures Salz)	
Nitratpflanzen	= nitrat-(stickstoff-)liebende Pflanzen . . .	53
nitrophil	= nitratliebend	
nival	= zur Höhenstufe der Schneeregion gehörig .	55
Nixus	s. Ordnung (Ordo)	
nom.	= nomen: Namen	
Nomen	= Name (in der Nomenklatur); man unterscheidet: n. abortivum (unberechtigt neugebildeter N.), n. ambiguum (mehrdeutig gewordener N.), n. dubium (nicht sicher deutbarer N.), n. confusum (auf verschiedene Bestandteile gegründeter N.), n. conservandum (zu schützender N.), n. illegitimum (ungültiger N.), n. nudum (ohne Beschreibung veröffentlichter, daher illegitimer N.), n. novum (neu veröffentlichter N.)	120
Nomenklatur	= Lehre von der Namengebung . . .	113 ff
Nomenklaturregeln (resp.Gesetze)	. . . .	114 f, 134
Nothocline	= Bastardformenschwarm, Bastardpopulation .	97 f, 100, 130
Nothomorphe	= Untereinheit eines Bastardes oder Teil einer Nothocline	119, 133
Notwendigkeit	. . . .	18
nov.	= novus, novum: neu, neuer	
nud.	= nudus: nackt	
n. v.	= non vidi: (ich habe) nicht gesehen	
Oecade	= Standortsform s. Modifikation	
Oecoelement	= oecotypische Population mit Anpassungsmerkmalen, Vorstufe für lokale Oecotypen (SINSKAJA), s. Varietät	
Oecophaene	s. Modifikation	
Oecospecies	= ohne geographische Isolierung entstandene, ökologische Art, meist Synchoren bildend (SINSKAJA) s. Species	

Seite

Oecotyp, Ökotyp	= einen bestimmten Biotop besiedelnde Untersippe (TURESSON) = lokaler O. (SINSKAJA) = Regionaler O., geogr. geprägt (Geoöcotyp) oder klimatisch geprägt (Klimatyp), eine Unterart höherer Ordnung (SINSKAJA) s. Subspecies	78, 91
ökobiotisch	= ökologisch-biologisch bedingt	
ökogeographisch	= ökologisch-geographisch bedingt	
ökoklimatisch	= ökologisch-klimatisch bedingt	
Ökologie	= Lehre von den Beziehungen der Lebewesen zur Umwelt	13, 28, 36, 57, 78
Ökonomie	= Wirtschaftskunde, Haushalt	
Oligozän	= Abschnitt des Tertiär, einer Epoche der Erdgeschichte	
Ombrohydrochore	= Regenschwemmlinge	46
ombrophil	= regenliebend	52
Ontogenie	= Lebenskreis eines Individuums von seinem Entstehen bis zu seinem Vergehen; ursprünglich nur auf die Jugendentwicklung geprägt	10, 12, 16, 125
Optimum, Optima	= das Günstigste, die Günstigsten; die besten Lebensbedingungen	
Ordinate	= die senkrechten Koordinaten bei graphischen Darstellungen, im Gegensatz zur Abszisse	
Ordnung		3
Ordnung	= Ordo = Nixus, höhere taxonomische Einheit	
Ordo	s. Ordnung	88, 103, 106, 145, 147, 150, 152
oreal	= zur Höhenstufe des Gebirgswaldes gehörig	55
Organisationshöhe		146, 156
Organisationsmerkmale	s. Merkmale	129
Organismus	= lebender Körper; Lebewesen	
Organismensystem	= Ordnung der Lebewesen	164
Organismenwelt	= höchste taxonomische Einheit	85, 88, 104, 106, 164
Organographie	= Teilgebiet der Morphologie, Lehre von den (äußeren) Organen der Pflanzen	8, 123, 125
Orographie, orographisch	= Gebirgsbeschreibung, die Gebirgsformen beschreibend	54 f
Orthogenese	= (innerlich) gerichtete Entwicklung	32 f
Orthoselektion	= (äußerlich), durch Auslese gerichtete Entwicklung	32
Ovarium	= Samenanlage, Eibehälter	
oxyphil	= säureliebend	53
Paläobotanik	= Lehre von den fossilen Pflanzen	6, 13, 62, 120, 125
Paläoendemiten	s. Endemismus	
paläofloristisch	= die fossile Flora betreffend	44
Paläolithicum	= ältere Steinzeit der menschlichen Kulturentwicklung	
Paläontologie	= Lehre von den fossilen Lebewesen	
Palatum	= Gaumen; Vorstülpung der Unterlippe bei den *Scrophulariaceae*	
pandemisch	= allgemein verbreitet, Gegensatz zu endemisch	
Panmixie	= allseitige, geschlechtliche Vermischung	21, 31
Pantropisten	= über alle Tropengebiete der Erde verbreitete Organismen	

Glossarium und Schlagwortverzeichnis 199

Seite

Paracme	= Spezialisations- oder Degenerationsphase in der Sippenentwicklung (Typolyse)	26 f
Parageneon	= Art mit untereinander fruchtbaren Individuen von geringer genetischer und morphologischer Variabilität (CAMP & GILLY)	
parallel	= in gleichem Abstand verlaufend; gleichsinnig	
Parallele Variation	= gleichsinnige Veränderlichkeit bei verwandten Sippen	25, 32
Paramorphe	= intraspezifische Variante, Abweichung unbestimmter Art, also Modifikation oder Sippe unterhalb der Unterart (TURILL)	
Parasiten	= Schmarotzer	20
Parasorte	= (Reine) Linie aus einer Herkunft (PANGALO)	
Parastandard	s. Typus	
Paratypus	s. Typus	
Parthenogenese, parthenogenetisch	s. Apogamie	32
Partikel	= Teilchen	
Partizipationstheorie		129
Passanten	s. Ephemerophyten	
passiv	= untätig	
passive Anpassung	s. Praeadaptation	33
Patres Botanicae	s. Väter der Botanik	
perennierend	= mehrjährig	
Perigon	= Blütenhülle	
Pflanzengeographie	= Geobotanik; Lehre von den Beziehungen der Pflanze zur Erde, Zusammenfassung verschiedener Wissenschaftszweige; s. Ökologie, Soziologie, Epiontologie und Chorologie	
Pflanzensippen		87
Pflanzensoziologie	s. Coenologie	
Phanerogamen	= Blütenpflanzen	
Phänoareal	= Merkmalsareal (phenocontour)	80
Phänomen	= Erscheinung	
Phänotyp	= Erscheinungsbild der Organismen auf Grund von Erbstruktur und Umwelteinwirkung; real existentes Individuum im Gegensatz zum gedachten Genotyp	19, 85
Phase	= Entwicklungsabschnitt, Zustand, s. a. Modifikation	
philologisch	= sprachwissenschaftlich	
Phrase	= Artnamen mit mehrgliedrigem Epitheton	113
PH-Wert	= Säuregrad; Wert der H-Ionen-Konzentration	
Phylade	= Sippenstammeslinie s. Sammelart	
Phylogenie	= Stammesentwicklung	6, 12, 16, 153, 156, 161
Phylogenetik	= Lehre von der Stammesentwicklung	6, 12
Phylogenetische Systeme		161
Phylum	s. Abteilung	88, 104, 118
Physik	= Lehre von den Bewegungen der unbelebten Natur	4
physiognomisch	= nach der äußeren Erscheinung beurteilt	
Physiologie	= Lehre von den Lebenserscheinungen	123, 125
Phyto-	= zu den Pflanzen gehörig	
Phytochorologie	s. Chorologie	6

		Seite
Phytocoenologie	s. Coenologie	
Phytogeographie	s. Pflanzengeographie	
Phytographie	= Lehre der Pflanzenbeschreibung	6, 7, 121 ff
Phytologie	= Botanik	
Phytopaläontologie	s. Paläobotanik	
Plananemochore	= Flieger	46
planar	= zur Höhenstufe der Ebenen gehörig	56
Plankton	= Schwebeflora	58
Plasma, plasmatisch	= Zytoplasma; Zellinhalt ohne Kern; zum Plasma gehörig	
Plasmon	= Gesamtheit des Zytoplasmas	
Plasmonmutationen	s. Mutation	
Plastiden	= zum Plasmon gehörige Inhaltskörperchen, meist Farbstoffträger	
plastisch	= biegsam, bildsam	
Plazenta	= Mutterkuchen; Ansatzpunkt der Samenanlagen	
Plural	= Mehrzahl	
Podsol	= Bleicherde; Bodentyp mit Bleichhorizont	52
Pollen	= Blütenstaub	21, 62
Pollenanalyse	= Untersuchungsmethode für fossilen Pollen	62 ff
Pollendiagramm	= Schaubild zur Pollenanalyse	63 f
Pollenschlauch	= Keimschlauch des Blütenstaubkornes	
Pollenspektrum	s. Pollendiagramm	
Polychore Sippen	s. Verbindungselemente	
Polychronismus	= unabhängige Entstehung einer Sippe zu verschiedenen Zeiten, s. a. Neuentstehung	
Polygonmethode		132 f
polymer	= vielfach, vielzählig	130
Polymorphie, polymorph	= Vielgestaltigkeit, vielgestaltig	95, 97, 130
Polyphasie	s. Polytypie	
Polyphylie, polyphyletisch	= Vielstämmigkeit, vielstämmig; mehrmaligen, nicht einmaligen Ursprungs, s. a. Neuentstehung	25 f, 31, 65, 95 f, 101
Polyploidie	= Vermehrfachung der Genome; mit mehr als zwei Genomen	18, 31
Polytopie, polytop	= an mehreren Stellen (entstanden)	24 f, 31, 37, 66, 95, 100
Polytypie, polytypisch	= Vielgestaltigkeit, vielgestaltig = Polyphasie (FORD)	97
Pontische Relikte	= Relikte einer xerothermen Steppenzeit, angeblich vom Pontus (Schwarzen Meer) stammend	69
Population	= Bevölkerung; an einem Ort vereinigte Individuen einer Sippe	1 f, 28, 85, 90, 132
Populationskomplex	= über größere Flächen ausgedehnte Population	28
Populationswellen	= Schwankungen in der räumlichen Ausdehnung von Populationen	22
postglazial	= nacheiszeitlich	
Postulat	= Forderung	
p. p. max., min.	= pro parte maxima: zum größten (minima: kleinsten) Teil	
Praeadaptation	= Ausnützung (GOEBEL) = passive Anpassung (HUXLEY); spätere Verwertung eines Organs durch neue Funktionen	33

Glossarium und Schlagwortverzeichnis 201

Seite

präglazial	= voreiszeitlich	
praeoccupieren	= vorbesetzen	118
Prävalenz	= Vorherrschaft	
Präzipitat(ion)	= Niederschlag(ung)	14
präzise	= genau	
primär	= zuerst, erstmalig	
Primärfloren	s. Floren	71
Primärzentrum	= erstes Entwicklungszentrum (s. d.)	82
Prinzip	= Grundsatz	
Priorität	= Vorrecht des zuerst Veröffentlichten	116
Prioritätsregel		116
prismatisch	= prismaförmig, in Form einer Kantensäule	
Proanthrope	s. Indigene	
problematisch	= fraglich, zu klärendes	
Prodromus	= Vorläufer (eines umfassenderen Werkes)	127
Produktion	= Erzeugung, Gegensatz zu Reduktion	34
Profil(darstellung)	= Querschnitt(zeichnung)	40 f
Progression, progressiv	= Fortschritt, fortschrittlich	34
Proles	s. Subspecies, s. Varietät	
Proportion	= Verhältnis	
Prospecies	= Subspecies (SCHILDER)	
Protoplasma	s. Plasma	
Provar	= Varietät bei Kulturpflanzen (MANSFELD)	
Provinz	s. Florenregion	
provinzial	= im Rahmen einer (pflanzengeographischen) Provinz, eines Untergebietes einer Region	
Prozeß	= Vorgang	
psammophil	= sandliebend	54
Pseudodendrophyta (P)	= Krautstämme	58
pseudosaisonpolymorph	= fälschlich als saisondimorph bezeichnet, von SÓO p. genannt, wohl einfach als ökologisch bedingt zu betrachten	97
Pseudosynonym		115
Pseudovikarianz } Pseudovikariismus }	= ähnliches ökologisch-morphologisches Verhalten von Sippen verschiedenen Ursprungs	54
Psycholamarckismus	= Neolamarckismus z. T.; Abstammungslehre, die die Entwicklung auf den Willen der Organismen zur Vervollkommnung zurückführt	15
Punktkarte	= Verbreitungskarte mit Verbreitungspunkten	36, 38 ff
Pure Line	s. (Reine) Linie	
Qualität	= Beschaffenheit	
Quant	= kleinste Energieeinheit oder Menge	
Quantensprünge	= Da auch die Quanten, die kleinsten Teilchen, noch Größen sind, gibt es keine gleitenden, sondern nur aus Sprüngen bestehende Reihen	
Quantität	= Menge	
quoad	= bezüglich, in Bezug auf	
radiär	s. aktinomorph	
Rangstufe	s. Kategorie	88
Rangstufenwechsel		119
Rasse	s. Subspecies	99
Rassengruppe	= Rassenkreis s. Species	77
Rassenkette	s. Species	99, 108

Seite

Rassenkreis	s. Species	99,
Rassenkreislehre		77, 82
Rassenschnur	s. Species	98
Rassenvarietät	s. Subspecies	
Rationalisierung	= Vereinheitlichung, zweckmäßige Gestaltung	
Raum und Zeit		77
Reaktion	= Rückwirkung	
Reaktionsbreite	= Wirkungsbreite	130
Realisierung	= Verwirklichung	
Realität	= Wirklichkeit	85
Realität der Art		96
Reduktion	= Zurückführung, Rückbildung	34 f
Reduktionsreihe	= Reihe fortschreitender Rückbildung	34
reduziert	= zurückgebildet, vereinfacht	
Refugialgebiete	s. Residualgebiete	
Regenschwemmlinge	s. Ombrohydrochore	
Regenstreuer	s. Boleohydrochore	
Region, regional	= Gebiet, zum Gebiet gehörig; s. Florenregion	
Regnum	s. Reich	
Regression, regressiv	= Rückschritt, Rückbewegung, rückschrittlich	34
Reich	= Regnum, höchste Sippenkategorie in der Organismenwelt	88, 104, 106, 117
Reihe	s. Ordnung	
reinerbig	s. homozygot	
Reine Linie	s. Linie	
relativ	= verhältnismäßig	
Relief	= Erhebungen über einer Fläche	
Relikt	= Überbleibsel (einer früheren Vegetation)	68 f, 83
Relikt(är)flora	= Restflora s. Flora	71
Reliktendemiten	s. Endemismus	68 f
Rendzina	= Bodentyp: Humuskarbonatboden	52
Repräsentant	= Vertreter	
Residualfloren	= Erhaltungsfloren s. Floren	70 f
Residualgebiete	= Erhaltungsgebiete, Rückzugsgebiete	71
retikulat	= netzartig, netzförmig verzweigt, verbunden	
retikulate Sippenbildung		30, 129
retrospektiv	= zurückblickend	
Revision	= Rückschau, Durchsicht, Überblick	124, 126
Rezessivität, rezessiv	= Zurückweichen; in der Erblehre Gegensatz von Dominanz	18
reziprok	= rückbezüglich, wechselseitig	
Rheogameon	= Rassenkreis (CAMP & GILLY)	
Ruberythrin	= Inhaltsstoff der *Rubiaceae*	13
Rückkreuzung	= Kreuzung eines Bastardes mit einem seiner Eltern	
Rückzugsgebiete	s. Residualgebiete	
Ruderale	= Halbkulturpflanzen u. zw. nitraliebende Wegrand- und Schuttpflanzen	49
Ruderalpflanzen	s. Ruderale	53
saisondimorph	= zweigestaltig nach der Jahreszeit, Organismen mit jahreszeitlich verschieden gestalteten Generationen	97

Glossarium und Schlagwortverzeichnis

Seite

saisondiphyl	= zweistämmig nach der Jahreszeit; Sippen mit jahreszeitlich verschiedenen und unterschiedenen Untersippen, früher saisondimorph genannt. Ein Teil der saisondiphylen Sippen wird heute als pseudosaisonpolymorph betrachtet	97
säkular	= jahrhundertlich, im Lauf von Jahrhunderten	
Salzpflanzen	s. Halophyten, s. Halophile	52 f
Sammelart	= Gruppe verwandter, untereinander bastardierender Arten = Coenospecies, Genotyp compound (TURESSON) = Conspecies (SEMENOV) = Comparium (DANSER) = Supraspecies, species lata (HUXLEY) = Artenkreis (RENSCH) = Superspecies (SCHILDER) = Phylade = Cultiplex (JUZEPCZUK) bei Kulturpflanzen; bisweilen auch Großart (Linneon) s. Species	
Saprophyt	= Fäulnispflanze; von verfaulender organischer Substanz lebend	57
Satztypen	. . . .	127
Schleuderer	s. Boleoautochore	
Schlüssel	s. Bestimmungsschlüssel . . .	139
Schlüsselmerkmale	. . . .	141
Schlüsselregeln	. . . .	141
Schüttelkletten	s. Boleozoochore	
Schwarzerde	s. Tschernosem	
Schweber	s. Euanemochore	
Schwimmer	s. Nautohydrochore	
Sectio	= Sektion, Untereinheit einer Gattung . .	103, 108 f, 118
Segetale	= Halbkulturpflanzen u. zw. Ackerpflanzen (Unkräuter)	49, 53
Sektion	s. Sectio	
Sektor	s. Florenregion	
sekundär	= an zweiter Stelle, zweites	
Sekundärflora	= Nachfolgeflora s. Flora	
Sekundärzentrum	= zweites, späteres oder nachfolgendes Entwicklungszentrum, s. d.	
Selbstableger	s. Geoautochore	
Selbstbefruchtung	s. Autogamie	85, 92
Selbstpflanzer	s. Cormautochore	
Selbstsäer	s. Barochore	
Selbstverbreiter	s. Autochore	
Selektion	= Auslese bzw. natürliche Auslese	15 f, 20 f, 23, 32 ff, 80, 94
Selektionsdruck	. . . .	20, 34
Selektionstheorie	s. Abstammungslehre	
Semispecies	s. Subspecies	99
sens. lat., ang., ampl.	= sensu (im Sinn) latiore, angustiore, ampliore (weiteren, engeren, erweiterten)	
Sepalen	= Kelchblätter	
septizid	= scheidewandspaltig, längs durch das Fach sich öffnend	
Serie	= series; Artengruppe, Einheit unter der Gattung. — Gruppe von Sippen unterhalb der	

		Seite
	Art, eine Synchore bildend (SINSKAJA) s. Species	103, 109, 118
Serodiagnostik	= Verwandtschaftsbestimmung durch Serum= (Eiweiß=)Reaktion	14
Serpentin	= Gestein bzw. Mineral; kristalliner Schiefer bzw. Magnesiumsilikat	
Serpentinpflanzen	= nur auf Serpentin vorkommende Pflanzen	53
Sexualsystem	= LINNÉS Pflanzensystem nach den Sexual= organen	146
Signatur	= Zeichnung, Bezeichnung	
Sippe	= gens, taxon; taxonomische Einheit allgemein, unabhängig von der Kategorie. Man unter= scheidet au'ochthone (einheimische, indigene, proanthrope, spontane) S. s. Indigene; iso= lierte und kohärente (DIELS) s. Species	14, 49, 86
Sippenalter		104 f
Sippenbildung	= Bildungsweise von Sippen; man unterscheidet divergente (u. zw. genogeographische, öko= geographische, ökoklimatische u. genetische), kombinatorische, konvergente, retikulate und sukzessive S.	28 ff
Sippenentwicklung		23 ff
Sippengliederung		107
Sippenkreis	s. Species	77
Skala	= Stufenleiter	
Skepsis, skeptisch	= Zweifelsucht, mißtrauisch	
Soma	= Körper, im Gegensatz zum (geschlechtlichen) Keim	
Somation	s. Modifikation	
somatisch	= die Körperzellen, im Gegensatz zu den Keim= zellen, betreffend	
Somatische Mutation	= Knospenmutation s. Mutation	
Sorte	s. Cultivar	110
Sortentyp	= Agrotypus (SINSKAJA), Kulturpflanzenvarietät, mehrere, morphologisch übereinstimmende Sorten zusammenfassend, s. Form	
Soziologie	s. Coenologie	
sp.	= species	
Spätglazial	= Späteiszeit, Ausgang der Eiszeit	
Species (spec.)	= Art, Untereinheit der Gattung. Man unter= scheidet: 1. Monotypische S. [monomorph, homofazial (DU RIETZ) isoliert (DIELS)] = Oecospecies (TURESSON) = Geospecies (SINSKAJA), hier= zu meist zu rechnen: Kleinart = Jordanon = Elementarart = Biotyp = Genospecies (RAUNKIAER) = Homogenes Syngameon (LOTSY) = Isogene Einheit (LEHMANN) = Conivivium (DANSER) z. T. = Apogamet (KUPFFER), Agamospecies (TURESSON), Mi= krotypus (NILSSON) b. Apogamie = Ergasial (JUZEPCZUK), Specioid (MANSFELD) b. Kul= turpflanzen = Agameon, Alloploidion, Apo=	

Glossarium und Schlagwortverzeichnis 205

Seite

	gameon, Dysploidion, Euploidion, Homogeneon, Kleistogameon, Micton, Parageneon (CAMP & GILLY) . . . . . 88 ff, 97 f, 105 f, 109, 118	
	2. Polytypische S. [heterofazial (DU RIETZ), kohärent (DIELS)] = Typus polymorphus (ENGLER) = Rassenkette (SARASIN) = Sippenkreis = Formenkreis (KLEINSCHMIDT) = Rassenkreis (RENSCH) = Rheogameon (CAMP & GILLY) = Chore, Diachore (ROTHMALER) = Compound S. (COCKAYNE & ALLAN) = Commiscuum (DANSER) = Rassengruppe und z. T. Großart = Linneon; sie ist aus Subspecies zusammengesetzt, s. a. d.	97, 99
	3. Polymorphe S. = Cline (HUXLEY) = Rassenschnur, Synchore (ROTHMALER) = Serie, Oecospecies (SINSKAJA), hierher z. T. Großart = Linneon, s. a. Sammelart; sie zeigt keine klare Trennung ihrer Componenten, die sonst als Subspecies (Conturma) bewertet werden; s. Subspecies	98
Species excludendae	= auszuscheidende Arten	126
Specioid	= Art bei Kulturpflanzen (MANSFELD)	
Spektrum	= durch Lichtzerlegung entstehendes Farbenbild; bildliche Darstellung aus einzelnen Komponenten oder Teilbildern	
Spezialisierung	= Sonderentwicklung	34 f
Spezialisten	= Sonderlinge; gesondert Angepaßte . . .	50
Spezielle Botanik	= im Gegensatz zur Allg. Botanik, die Zweige der Systematik (Taxonomie) und Pflanzengeographie (Chorologie und z. T. Coenologie) umfassend	5
Spielart	s. Modifikation	.
spontan	= von selbst, selbsttätig	
Springsteine	= stepping stones	66
ssp.	= Subspecies	
Stabilität, stabil	= Beständigkeit, feststehend	35, 77
Staminodium	= nicht funktionsfähiges Staubblatt ohne Anthere	
Stamm	s. Abteilung	
Stammbaum	= bildliche Darstellung der Phylogenie . .	26, 93, 95
Stammbaumentwicklung	. . . .	93
Stammesentwicklung	s. Kladogenese	92, 9!, 104
Stammkreis	= Verwandtschaftsdarstellung in Kreisform .	95
Stammrasen	= Verwandtschaftsdarstellung für polyphyletisch entstandene Gruppen	95
Standard	s. Typus	
Standardmethode	s. Typenmethode	
Standort	s. Biotop	49 f
Status	s. Modifikation = Zustand	110 f
stenochor	= eng (nicht weit) verbreitet (geographisch) .	42, 50
stenök	= eng verbreitet (ökologisch) = stenotop . .	50
Sterilität	= Unfruchtbarkeit	91
Strain	s. Linie	

  Seite

Sträucher	s. Nanophanerophyta	
Stropha	= Modifikation (CAMP & GILLY)	
Stufe	s. Höhenstufe	
subalpin	= zur Krummholz=Höhenstufe gehörig; auch für die oreale Stufe gebraucht	55 f
Subclassis	= Unterklasse	118
Subdivisio	= Unterabteilung	88, 118
Subfamilia	= Unterfamilie	103, 118
Subforma	= Unterform	
Subgenus	= Untergattung	103, 118
Subnival	= zur unteren Schnee=Höhenstufe gehörig	55
Subordo	= Unterordnung	88, 118
Subphylum	= Unterstamm	88, 118
Subregnum	= Unterreich	
Subsectio	= Untersektion	109, 118
Subseries	= Unterserie	
Subspecies (ssp.)	= Unterart, Teil einer polytypischen Species (s. d.) = geogr. Rasse (RENSCH) = Form, Rasse (KLEINSCHMIDT) = Turma resp. Euturma (IRMSCHER) = Konspecies (REICHENOW) = Oecotyp (TURESSON; CLAUSEN, KECK HIESEY) = Rassenvarietät (ENGLER) = Proles (KORSHINSKIJ) = Varietät (ENGLER p. p. max.) = Semispecies, Mikrosubspecies, Subsubspecies (HUXLEY), hierzu auch meistens Microrace (DOBZHANSKY), Deme (GILMOUR & GREGOR), Ethnos (VOGT), Morpha z. T., Natio (SEMENOV), Supervarietas, Prospecies (SCHILDER), dann auch Oecotyp mit Suboecotyp, Klimatyp und Geooecotyp (SINSKAJA) sowie Grex, Cultimorpha (SEMENOV), Proles zum Teil (VAVILOV), Subspecioid (MANSFELD) b. Kulturpflanzen und Haustieren. — Auch von polymorphen Species (s. d.) werden bisweilen Einzelsippen = Unterarten = Conturma (IRMSCHER) unterschieden	88, 91, 97 ff, 105, 109, 118
Subspecioid	= Unterart bei Kulturpflanzen (MANSFELD)	
Substrat	= Unterlage, Boden	
Subsubspecies	s. Subspecies	
Subtribus	= Untertribus	103, 108, 111
Subvarietas	= Untervarietät, s. a. Form	88
Sukkulente	= Fettpflanzen mit verdickten Blättern und Sprossen	52
Sukzessionstheorie		129
sukzessiv	= aufeinanderfolgend	
sukzessive Sippenbildung	= eine Sippe bildet sich aus einer vorhergehenden	29, 97, 105
Superspecies	= Sammelart (SCHILDER)	
Supervarietas	= Unterart (SCHILDER)	
Supraspecies	s. Großart oder Sammelart	99
syn.	= Synonym	
Symbiose	= Zusammenleben	20, 57

Glossarium und Schlagwortverzeichnis 207

Seite

Synagonismus, synagonistisch	= Mitstreit, Mitwirkung, Unterstützung	20
Synanthrope	= Kulturfreunde, Hemerophyten, Anthropophile; Pflanzen, die die Kulturlandschaft bevorzugen	49
Synaptospermie	= Keimkoppelung; die Samen werden zu mehreren bis vielen gemeinsam an einer Stelle ausgesät, also eine natürliche Horstpflanzung, wie sie bei Wüsten- und Steppenpflanzen vielfach vorkommt	46
Synbotanik	= Lehre von den Pflanzengesellschaften s. Coenologie	5
Synchore	s. Species (polymorpher, ungegliederter Rassenkreis = Rassenschnur = Cline)	98 f, 100, 101, 130
Synonym	= ein anderer Name für das gleiche Objekt	115 ff, 124, 134
Synonymie, Synonymik	= Gesamtheit der verschiedenen Namen für das gleiche Objekt	124, 136, 141
Synopsis	= Vorschau (über eine Flora)	127
Syngameon	= Kreuzungsgemeinschaft (LOTSY) = Comparium (DANSER); man unterscheidet homogene (einheitliche) und heterogene (uneinheitliche) S., s. a. Species und Biotyp	85, 90
Synzoochore	= Hamstersämlinge	46
System	= Ordnung, geordnete Darstellung	
Systematik	= Ordnungslehre, Taxonomie (s. d.) s. a. Experimentelle S.	
Systematische Periode		145
Systemgeschichte		144 ff
Tautonym	= Artname, bei dem das Epitheton den Gattungsnamen wiederholt	120
Taxon	s. Sippe = Plural: Taxa, nach SCHILDER Taxone	
Taxonomie	= Ordnungslehre, auch Systematik genannt	1, 5, 112, 127, 161
Taxonomische Einheiten		84 ff
Taxonomische Technik		121 ff
Technik	= Fertigkeit, Verfahren	
Temperatur		51
Temperatursumme	= Summe aus den Jahres- oder Jahreszeit-Temperaturen	51
Tendenz, tendieren	= Neigung, neigen zu	
Terminologie, Terminus (Termini)	= Fachsprache, Fachausdruck	115
ternär	= dreigliederig (ternäre Nomenklatur)	118
Tertiär	= Epoche der Erdgeschichte	
Tertiärflora	= Pflanzenwelt des Tertiärs	70
Tertiärrelikte	= Überreste der Tertiärflora in unserer Zeit	68 f
Thalamiflorae	= Achsenblütige (die Blütenteile auf dem Thalamus angeordnet)	
Thalamus	= oberes Ende der Blütenachse	
Thallophyten	= Gegensatz zu Cormophyten, Pflanzen ohne Spaltöffnungen und ohne Gliederung in Wurzel, Sproß und Blatt	
Thema	= Vorwurf, Gegenstand	
Theorie, theoretisch	= wissenschaftliche Lehre; Verknüpfung von Hypothese (Annahme) und Tatsache, die mit keiner Erfahrung in Widerspruch steht; wissenschaftlich, nicht praktisch	

		Seite
Therophyta (T)	= einjährige Pflanzen, in den Samen überdauernd	58
These	= Forderung, Behauptung, Satz	
Tiersippen		86
Tierverbreiter	s. Zoochore	
Topographie, topographisch	= Geländebeschreibung, geländebeschreibend	52, 55
Topostandard	s. Typus	
Topotypus	s. Typus	
Torus	s. Thalamus	
Tradition	= Überlieferung	
Transgression	= Übergreifen, Überflutung	130 f
Transpiration	= Verdunstung	52
Trennung	s. Isolation	
Tribus	= taxonomische Einheit oberhalb der Gattung	88, 103, 106ff, 118
Trinom	= dreigliederiger Name, wie solche in der Zoologie (ternäre Nomenklatur) üblich sind	
Tropen	= Tropenzone, Tropengürtel zwischen den Wendekreisen der Erde	
Tropophyten	= jahreszeitlich von Xero- zu Hydrophyten wechselnde Pflanzen (Laubbäume der gemäßigten Zonen)	52
Trümmerflora	= Vegetation auf Kriegsruinen	48, 61
Trypanospermie	= Samen mit Bohreinrichtung	46
Tschernosem	= Schwarzerde, in Steppenlandschaften entstehender Bodentyp	52
Turma	s. Subspecies	
Typogenese	s. Typostrophenlehre	
Typolyse	s. Typostrophenlehre	
Typonym	= auf den gleichen Standard (Typus) gegründeter Name (Synonym)	
Typostase	s. Typostrophenlehre	
Typostrophenlehre	= Lehre zur Deutung der Kladogense mit Epacme (Typogenese), Acme (Typostase) und Paracme (Typolyse)	
Typus	= Grundform = Standard = Basis (MANSFELD) = nomenklatorischer Typus. Man unterscheidet Holo-T., Iso-T., Lecto-T., Para-T., Topo-T. und Gattungs-T. (Leitart), sowie Typus aller übrigen Einheiten	116 f, 122 f, 134
Typenmethode	= Verfahren bei Verwendung eines Typus	116 f, 122
Typus polymorphus	s. Species	
Überdauerungsorgane	= Organe zum Überstehen der ungünstigen Jahreszeit	57
Überspezialisierung	s. Paracme	
Ubiquisten	= Allerweltspflanzen, ohne oder mit geringer ökologischer Bindung	50
Umrißkarte	= Arealdarstellung durch Umrisse	39 ff
Umwelt	= Milieu	45 ff, 86, 88 f
Unterabteilung	s. Subdivisio	
Unterart	s. Subspecies	
Unterelement	s. Element	44
Unterfamilie	s. Subfamilia	
Unterform	s. Subforma	
Untergattung	s. Subgenus	

Glossarium und Schlagwortverzeichnis

Seite

Unterklasse	s. Subclassis	
Unterordnung	s. Subordo	
Unterregion	s. Florenregion	44
Unterstamm	s. Subphylum	
Untertribus	s. Subtribus	
Ursprungszentrum	s. Entwicklungszentrum	
v.	= vidi: (ich habe) gesehen	
var.	= varietas: Varietät	
Variabilität	= Veränderlichkeit; man unterscheidet homologe (parallele) V.	17, 25, 33, 131
Variante	= Abweichung	86
Variation	= erbliche Abänderung. Man unterscheidet homologe V. (gleichsinnige Abänderung) weiterhin diskordante und konkordante V.	17 ff, 23 f, 86, 94, 100 f, 131
Variationsbreite	= Breite der Variabilität einer Sippe von einem Extrem zum andern	
Varietät (var.)	= Varietas, Untereinheit der Art = Abart = Consubspecies (SCHILDER), Morpha z. T. (SEMENOV) = Oecoelement (SINSKAJA) = Nidus z. T. (PANGALO), Sortentyp (SINSKAJA), Proles z. T. (VAVILOV), Provar (MANSFELD) bei Kulturpflanzen. — Bei ENGLER s. Subspecies	88, 99, 105, 109 ff, 118 f
Varietätengruppe	s. Convarietas bei Kulturpflanzen	
Väter der Botanik	= Patres Botanicae, die Begründer der mitteleuropäischen Botanik in der Renaissancezeit	145
Vegetationslinien	= Verbreitungsgrenzen, die mit Klimagrenzen in Beziehung zu bringen sind	50
vegetativ	= pflanzlich; ohne Geschlechtsvorgänge bei der Vermehrung	
Verbalkonstruktion	= auf Zeit-(Tätigkeits-)worten begründeter Satzbau	
Verbindungselemente	= Verbindungssippen, polychore Sippen (EIG); Elemente, die verschiedenen Regionen gleichzeitig angehören	
Verbreitung		137
Verbreitungsbiologie	= Karpobiologie	45
Verbreitungsmittel		77
Verdauungssämlinge	s. Endozoochore	
Vererbung		19
Vererbungslehre	s. Genetik	
verifizieren	= beweisen	
Veröffentlichung		115 f
Vertation	= Plasmonmutation s. Mutation	
vertikal	= senkrecht	
Vikarianz	= Vikariismus; das Sichvertreten von nahe verwandten Sippen in benachbarten Räumen, also zumeist bei Rassenkreis-Gliedern, wo man unterscheidet: orographische (Höhen- und Talrassen), edaphische (Bodenrassen), geographische (geogr. Rassen), ökologische (Formationsrassen) und chronologische (jahreszeitliche Rassen) Vikarianten	54, 65, 69, 97

Glossarium und Schlagwortverzeichnis

Seite

vikariant, vikariierend	= Sippen mit Vikarianz (s. o.)	
Vikariismus	s. Vikarianz	
Virenzperiode	s. Epacme	
Virus	= unter der mikroskopischen Sichtbarkeitsgrenze liegende Eiweißkörper, die Lebensmerkmale zeigen und z. T. Organismennatur haben	
Vitalismus, vitalistisch	= Lehre, die für die Lebewesen innere Sonderkräfte (Entelechie) annimmt, die der unbelebten Materie nicht eigen sind; diese werden meistens immateriell gedacht	
Viviparie	= Lebendgebären; vegetative Vermehrung in der Blütenregion	46
Vogelblumen	= auf Vogelbestäubung eingerichtete Blüten	56
Volksnamen	= nomina vernacularia; im Volksmunde gebräuchliche Namen, im Gegensatz zu den (lateinischen) wissenschaftlichen Namen	113
Vorposten	s. Exklave	
Waise	= hybridogene Sippe, in deren Verbreitungsgebiet beide Eltern nicht vorkommen bzw. ausgestorben sind	30
Wanderung	= Migration	46f, 60f, 66, 73
Wanderungskarten	= Karten zur Darstellung von Pflanzenwanderungen	73
Wanderungsträgheit		46
Wärmezeit	= Zeitabschnitt der Nacheiszeit, wobei man unterscheiden kann eine frühe (6800—5500 v. d. Ztr.), eine mittlere (5500—2500 v. d. Ztr.), eine späte W. (2500 v. — 800 n. d. Ztr.), an die sich die Nachwärmezeit (800 bis jetzt) anschließt	
Wasser		52
Wasserpflanzen	s. Hydrophyta	
Wasserverbreiter	s. Hydrochore	
Wegrandpflanzen	s. Ruderale	
Wildläger	s. Läger	48, 56
Wind	= ein klimatischer Faktor	52
Windstreuer	s. Boleoanemochore	
Windverbreiter	s. Anemochore	
Wuchsformen	= ökologisch-physiognomisch festgelegte Wuchstypen, wie z. B. Dornpolster, Spalierstrauch etc.	57
Xerochasie, xerochastisch	= bei Trockenheit geöffnet	46
xerophil	= trockenheitsliebend	52
Xerophyten	= an extreme Trockenheit angepaßte Pflanzen	52
Xerotherme Relikte	= Überbleibsel einer trockenwarmen Zeit	69
Zeitfaktor		59 ff
zonal, zonar	= zu den Zonen gehörig, den Zonen der Erde gemäß	
Zoochorie, zoochor	= Tierverbreitung, tierverbreitet	
Zoologie	= Tierkunde (zoologische Nomenklatur s. S. 118)	
Zufall		18
Zusätze		120
zygomorph	= zweilippig, dorsiventral	

Glossarium und Schlagwortverzeichnis

Seite

Zygote	= Produkt aus der Vermischung zweier, einer weiblichen und einer männlichen Gamete
Zyklus	= Kreislauf; Kulturpflanzensippe aus retikulat-kombinatorisch verbundenen Untersippen (SINSKAJA); Kulturpflanzensippe unterhalb der Art aus mehreren Nidus bestehend; mehrere Zyklen bilden eine Abteilung (PANGALO)
zymös	= ohne Ausbildung einer Hauptachse verzweigt (im Gegensatz zur razemösen Verzweigung)
Zytologie	= Lehre vom Bau der Zelle 9, 11
Zytogenetik	= Teilgebiet der Zytologie, die Übereinstimmung von Chromosomenbau und Vererbungsverhältnissen festzustellen sucht.

Abbildungsverzeichnis

Seite

Abb. 1. Analogie und Homologie. Analoge Organe sind die aus Blättern gebildeten Ranken in A(r) und C(b) und die aus einem Sproß entstandene Ranke in B(R), sowie die aus Nebenblättern gebildeten Dornen in D(n) und die aus Sprossen umgebildeten Dornen in E. Homolog sind die verschieden gestalteten Nebenblätter in C (als Laubblätter), D (als Dornen), F (als hinfällige Blättchen). (Nach SCHENCK und NOLL) 8

Abb. 2. Jugendexemplar einer Akazie *(Acacia pycnantha)*, die noch die für die Leguminosen charakteristischen Fiederblätter zeigt, während die späteren Blätter der erwachsenen Pflanzen nur aus blattartigen Blattstielen bestehen. (Nach SCHENCK) 10

Abb. 3. Darstellung der aus den Ontogenien der einzelnen aufeinanderfolgenden Individuen zusammengesetzten Phylogenie einer Sippe. (Nach ZIMMERMANN) 12

Abb. 4. Schema der verschiedenen Verteilung von Individuen in einem gegebenen Areal. Ist der Aktionsbereich (– – –) klein, oder sehr klein (unten rechts), dann macht sich Isolation bereits auf kleinem Raum bemerkbar. (Nach TIMOFEEF-RESSOVSKY) 21

Abb. 5. Schema territorialer Populationsschwankungen (– – – frühere, ▬▬▬ spätere Verhältnisse). Die Pfeile zeigen vordringende Populationswellen an. Populationsinseln entstehen und vergehen. (Nach TIMOFEEF-RESSOVSKY) 22

Abb. 6. Stammbaum der Gesamtgruppe der Unpaarhufer. Explosionsartige Entfaltung (Epacme) im Eozän; die Acme oder Anpassungsphase liegt teils im Oligozän, teils noch darüber; ein Teil der Gruppe und der Untergruppen tritt vom Oligozän ab bereits in die Phase der Degeneration (Paracme) ein. (Nach HENNIG) 26

Abb. 7. Divergente Entwicklung zweier Sippen A und B; die verbindenden Sippen + starben aus, so daß zwischen A und B ein Hiatus entsteht 27

Abb. 8. Schematische Darstellung historischer Sippenentwicklung. A. Echt sukzessiv, Ablösung bzw. Umwandlung einer Sippe in eine ihr folgende jüngere Sippe. B. Scheinbar sukzessiv, indem die ältere Sippe ausstirbt und eine aus ihr hervorgegangene die Linie fortsetzt 30

Abb. 9. A. Entstehung einer hybridogenen Sippe b aus der Kreuzung der Vorfahren der Sippen a und c. B. Entstehung der Sippen a, b und c aus früheren Sippen bei reicher Panmixie innerhalb des Kreuzungsbereiches der Sippen; retikulate Sippenbildung bei niederen Einheiten. (Nach ZIMMERMANN) 31

Abb. 10. Punktkarte der Verbreitung von *Potentilla arenaria* in Südschweden. (Nach STERNER) 36

Abb. 11. Gitternetz der Verbreitung von *Dentaria bulbifera* in Schleswig-Holstein; die Art kommt in den mit × ausgefüllten Netzmaschen vor. (Nach CHRISTIANSEN) . . 37

Abb. 12. Flächenkarte für die Verbreitung der Eibe *(Taxus baccata)* in Mitteleuropa. (Nach MEUSEL) 38

Abb. 13. Umrißkarte für die Verbreitung der Varietäten von *Ulex parviflorus* var. *calycotomoides* (▬▬▬) var. *funkii* (– – –) und var. *glabrescens* (...). Beginnende Sonderung der Varietätenareale im Hauptareal 39

Abbildungsverzeichnis 213

Seite

Abb. 14. Kombinierte Flächen- und Punktkarte für die Verbreitung von *Euphorbia palustris* in Mitteleuropa. Häufiges (=) und vereinzeltes (●), sowie früheres (+) Vorkommen gesondert hervorgehoben. (Nach BEGER) 40

Abb. 15. Schema der Höhenstufenverteilung von I Buche, II Ahorn, III Weißtanne in einem NS-Profil Europas. (Nach MEUSEL) 41

Abb. 16. Kombinierte Umriß- und Flächenkarte für die Verbreitung südwestiberischer *Ulex*-Sippen. Die zwei Unterarten von *U. argenteus* besiedeln benachbarte, sich ausschließende Areale 42

Abb. 17. Großdisjunktion in der Verbreitung der Gattungen *Fagus* (senkrecht schraffiert) und *Nothofagus* (waagerecht schraffiert). Die verbindenden Fossilfunde für *Fagus* (●) und *Nothofagus* (+) sind mit eingezeichnet. (Nach IRMSCHER) 43

Abb. 18. Isopollenkarten für die Ausbreitung der Hainbuche in Mitteleuropa im Postglazial. In der frühen Wärmezeit (a) finden wir den Niederschlag ihrer Pollen in Höhe von 0,05 Prozent nur östlich der Weichselmündung; in der mittleren Wärmezeit (b) liegt das gesamte Weichselgebiet bereits bei über 1 Prozent Pollenniederschlag, fast ganz Mitteleuropa zeigt Niederschläge von 0,05 Prozent, die sich in der späten Wärmezeit (c) auf 1 Prozent erhöhen, während die Weichselniederung einen Niederschlag von 5 Prozent zeigt. Bis zur Jetztzeit, der Nachwärmezeit (d), vergrößern sich sowohl Areal als auch Niederschlagshöhe der Hainbuchenpollen in ganz Mitteleuropa weiter. (Nach FIRBAS) 47

Abb. 19. Die Verbreitung von *Ilex aquifolium* (schraffiert) in Vergleich gesetzt zur 0^0 Januar-Isotherme (—) und zu einer Linie, die die Orte verbindet, bei denen an 345 Tagen das Temperaturmaximum 0^0 überschreitet (— — — —). (Nach ENQUIST) 51

Abb. 20. Schematische Darstellung einiger Lebensformen. Die überdauernden Teile sind schwarz ausgefüllt, die hinfälligen nur in ihren Umrissen gezeichnet. 1 Macrophanerophyta, 2, 3 Nanophanerophyta resp. Hemiphanerophyta, 4 Hemicryptophyta, 5, 6 Geophyta, 7—9 Hydrophyta. (Nach RAUNKIAER) 58

Abb. 21. Die Ausbreitung von *Elodea canadensis* in Mitteleuropa im 19. Jahrhundert. (Nach SUESSENGUTH) 60

Abb. 22. Die Ausbreitung von *Juncus tenuis* in Mitteleuropa seit der Einschleppung 1824 bis 1932. (Nach SUESSENGUTH). In neuerer Zeit sind noch zahlreiche weitere Punkte in Mittel- und Norddeutschland dazugekommen 61

Abb. 23. Spätglazialer Teil eines Pollendiagrammes vom Federseeried. Links Baumpollen von Birke *(Betula)*, Weide *(Salix)*, Kiefer *(Pinus)*, Hasel *(Corylus)* und Eiche. Rechts, auf die Menge der Baumpollen bezogen, das Vorkommen von Riedgräsern (I), Gräsern (II), sonstigen Kräutern (III) und Sanddorn *(Hippophaë)*. Der Pfeil zeigt die Grenze von Wald und Tundra an. (FIBRAS nach BERTSCH) 63

Abb. 24. Vergleich verschiedener Pollendiagramme aus Mitteleuropa über die Ausbreitung der Buche in der Nacheiszeit. Die Buche (schwarz) bezogen auf das Haselmaximum (....). (Nach BERTSCH) 64

Abb. 25. *Coriaria*, eine monophyletische Gattung, mit heute disjunktem Areal. (Nach R. D'O GOOD) 65

Abb. 26. Entstehung von Disjunktionen: A. durch Fernverbreitung, B. durch spätere Arealverkleinerung, C. durch Zerreißung eines zusammenhängenden Areals, D. mit Hilfe von „Springsteinen" und E. durch Auseinanderwandern. (Nach G. L. STEBBINS) . . 66

Abbildungsverzeichnis

Seite

Abb. 27. Kontinente, Pole und Äquator in ihren verschiedenen Lagen im Karbon, Eozän und Alt-Quartär nach der Kontinentalverschiebungstheorie. (Nach WEGENER) . . 67

Abb. 28. *Rhododendron ponticum* als Tertiärrelikt in Südeuropa. $+$ Fossile Vorkommen. (Nach P. CRETZOIU) 68

Abb. 29. Die Verbreitung von *Dryas octopetala* in heutiger Zeit (schraffiert und •) und fossil ($+$). (Nach GAMS) 72

Abb. 30. Wanderweg der durch die Römer im westlichen Mittelmeergebiet eingeführten Kulturpflanzen 73

Abb. 31. Florengefälle im baltischen Gebiet. Die Pfeile beziehen sich jeweils auf 100 km, die beigefügten Ziffern geben Ab- und Zunahme der Artenzahl an. (Nach KUPFFER) . . 74

Abb. 32. A. Lokale und B. Provinziale Endemiten in ihrer Verteilung in Portugal . 75

Abb. 33. Isoporienkarten für Portugal. A. Die nördlichen, vorwiegend mitteleuropäischen (—), und südlichen, vorwiegend mediterranen (— — —) Elemente. B. Die westlichen, vorwiegend atlantischen (—), und die östlichen, vorwiegend iberischen (— — —) Elemente. Zur vollständigeren Erfassung der Flora des Landes ist noch auf die Verteilung der Endemiten (Abb. 32) hinzuweisen 76

Abb. 34. A. Isoporien und B. Isopsepheren für die *Alchemilla*-Gruppe *Calycanthum*. Die gemeinsame Betrachtung beider Karten zeigt im Kaukasus zwölf gleichzeitig vorkommende Arten mit 80 Merkmalen, im Balkan vier Arten mit 60 Merkmalen und in den Alpen zehn Arten mit 40 Merkmalen. Wir hätten den Kaukasus als primäres, die Alpen als sekundäres Entwicklungszentrum und den Balkan als Reliktengebiet aus heterogenen Elementen anzunehmen 81

Abb. 35. Isopsepheren der Gattungen *Ulex*, *Nepa*, *Stauracanthus* und *Echinospartium* auf Grund von zweiundzwanzig untersuchten Merkmalen 82

Abb. 36. Schema verschiedener morphologischer Gruppen, die mehr oder weniger stark verwandte Abstammungsgemeinschaften differenten Grades bilden 87

Abb. 37. Stammbaumentwicklung. Die beiden Netze stellen Querschnitte zu verschiedenen Zeitpunkten, das untere in der Urzeit der Sippe, das obere in der Jetztzeit dar. Wir nehmen auf dem rezenten Querschnitt das darüber angegebene Bild aus vier Gruppen wahr, die wir nach dem ganz oben dargestellten Schema aneinanderreihen, was vermutlich der wahren Entwicklung zwischen den beiden Querschnitten entspricht. (Nach BARKLEY) 93

Abb. 38. Stammesentwicklung mit zu verschiedenen Zeitmomenten entnommenen Querschnitten. (Nach SIMPSON) 94

Abb. 39. Stammbaumdarstellung. Auf der Ordinate die geologischen Zeitepochen (Jahreszahlen in Jahrmillionen), auf der Abszisse die Zahl der verschiedenen Zelltypen, die bei den betreffenden Sippen vorkommen. Die oberste Waagerechte stellt den derzeitigen Querschnitt dar. (Nach ZIMMERMANN) 95

Abb. 40. Verwandtschaftsdarstellung in Kreisen. Zwei nahe verwandte, aber deutlich geschiedene Sippen der Gattung *Gomphrena*: *G. pseudodecumbens* und *genuina* in völlig getrennten Kreisen; die Sippen *brunnea* und *nitida* sind zwar gut geschieden, zeigen aber Übergänge zu *genuina*. Die Sippe *pseudodecumbens* enthält zwei deutlich unterschiedene Untersippen, *genuina* deren drei, wovon *grandifolia* in nicht klar geschiedene, verzweigte (*ramosa*) und unverzweigte (*simplex*) Typen zerfällt, *villosa* gliedert sich in zwei gut geschiedene Untersippen, während *parvifolia* monotypisch ist. (Nach STUCHLIK) 96

Abbildungsverzeichnis

Seite

Abb. 41. Das Areal der *polymorphen Ajuga chia* ist mit dem der im Nordwesten sehr einheitlichen *Ajuga chamaepitys* durch einen Schwarm von Zwischenformen verbunden. Beide können zu einer synchoren Art zusammengefaßt werden. (Nach W. B. TURRILL) 98

Abb. 42. Verbreitung der europäischen Tannen (*Abies*). Die Sippen bilden eine Kette sich ausschließender Formen; im Berührungsgebiet von *A. alba* und *A. cephalonica* im mittleren Balkan hat sich eine hybridogene Sippe (*A. borisii-regis*) gebildet. (Nach MATTFELD) 102

Abb. 43. Stammesentwicklung vom Erscheinen einer neuen Art bis zur Unterscheidbarkeit von einer Familie mit zwei Unterfamilien, drei Gattungen und acht lebenden Arten. (Nach SIMPSON) · 104

Abb. 44. Hybrid-Index von B = *Tradescantia canaliculata* und F = *T. virginiana*, A—Y sind Bastardpopulationen verschiedener Herkünfte zwischen beiden Arten. Die Angaben beruhen auf je 30 Exemplaren. (Nach ANDERSON) 131

Abb. 45. Hybrid-Index einer Population zwischen Art A (mit dem Wert 0) und Art B (mit dem Wert 20). Die Individuen mit den Werten 1—19 (auf der Abzisse) sind als Bastarde zu bezeichnen. Auf der Ordinate ist die Zahl der Individuen eingetragen . . 132

Abb. 46. Hybrid-Polygone für A *Betula occidentalis* und C *Betula papyrifera*. B stellt eine der zahlreichen Nothomorphen des Bastardes *Betula* × *andrewsii* dar. Nach FROILAND) . 133

Abb. 47. Hybrid-Polygon für zwei Arten und zwei Nothomorphen ihres Bastardes: *Anemone ranunculoides* (mit dem Wert 0 im Innenring) und *A. nemorose* (mit dem Wert 20 im Außenring). Die ausgezogene Linie stellt *A.* × *intermedia* nm. *laciniosa* (9) die unterbrochene *A.* × *intermedia* nm. *albescens* (15) dar 133

Abb. 48. Netzartige Beziehungen der *Petrocoptis*-Arten. Die schwarzen Balken verbinden Arten mit 8—9, die weißen solche mit 6—7, die dünnen Linien solche mit 4—5 gemeinsamen Merkmalen 136

Abb. 49. Verschiedene Auffassungen über die Entwicklung der Angiospermen. (Nach ZIMMERMANN) 162